数学女孩 6 庞加莱猜想

Poincaré Conjecture

[日] 结城浩 ◇ 著
陈朕疆 ◇ 译

人民邮电出版社
北京

图书在版编目（CIP）数据

数学女孩. 6，庞加莱猜想 /（日）结城浩著 ；陈朕疆译. -- 北京 ：人民邮电出版社，2022.8
（图灵新知）
ISBN 978-7-115-59433-4

Ⅰ. ①数… Ⅱ. ①结… ②陈… Ⅲ. ①数学—普及读物 Ⅳ. ①01-49

中国版本图书馆CIP数据核字(2022)第100309号

内 容 提 要

《数学女孩》系列以小说的形式展开，重点描述一群年轻人探寻数学之美的过程。内容由浅入深，数学讲解部分十分精妙，被称为“绝赞的数学科普书”。

《数学女孩 6：庞加莱猜想》以百年数学难题“庞加莱猜想”为主题，从柯尼斯堡七桥问题入手，详细讲解了拓扑学、非欧几何、流形、微分方程、高斯绝妙定理和傅里叶展开式等数学知识，还原了庞加莱猜想的探索历程，带领读者一同追寻“宇宙的形状”。整本书一气呵成，非常适合对数学感兴趣的初高中生以及成人阅读。

◆ 著　　　　[日] 结城浩
　译　　　　陈朕疆
　责任编辑　高宇涵
　责任印制　彭志环
◆ 人民邮电出版社出版发行　　北京市丰台区成寿寺路 11 号
　邮编　100164　　电子邮件　315@ptpress.com.cn
　网址　https://www.ptpress.com.cn
　固安县铭成印刷有限公司印刷
◆ 开本：880 × 1230　1/32
　印张：12.875　　　　2022 年 8 月第 1 版
　字数：333 千字　　　2024 年 7 月河北第 9 次印刷

著作权合同登记号　图字：01-2019-7529 号

定价：69.80 元

读者服务热线：(010) 84084456-6009　印装质量热线：(010)81055316

反盗版热线：(010)81055315

广告经营许可证：京东市监广登字 20170147 号

致读者

本书涵盖了形形色色的数学题，从小学生都能明白的简单问题，到大学生也难以理解的难题。

本书通过语言、图形以及数学公式表达登场人物的思路。

如果你不太明白数学公式的含义，姑且看看故事，公式可以一眼带过。泰朵拉和尤里会跟你一同前行。

擅长数学的读者，请不要仅仅阅读故事，务必一同探究数学公式。如此一来，也许你能发现隐藏其中的规律。

主页通知

关于本书的最新信息，可查阅以下网址。

ituring.cn/book/2786

目录

CONTENTS

序　言

容貌好、性情佳、风度又出众，
与世人交往，都无一点瑕疵之人。
——清少纳言《枕草子》[1]

形状、形状、形状。
我们一眼就能看出形状。
肉眼所看到的物体的样子，就是形状。

但，真是如此吗？

改变位置，形状也会跟着改变。
改变角度，形状也会跟着改变。
形状真的就是肉眼所看到的那样吗？
声音的形状、香味的形状、温度的形状。
看不到的东西，就没有形状了吗？

① 林文月译，译林出版社2011年出版。——编者注

钥匙小小的，
小到可以被我们握在手中。
宇宙大大的，
大到我们可以在其中徜徉。

还有因为太小而看不到的形状，
以及因为太大而看不到的形状。
说起来，我们自己有形状吗？

让我们用手中小小的钥匙，打开眼前的门，
跃入大大的宇宙中吧！

为了终有一天会找到自己的形状。
为了终有一天……会找到你的形状。

第1章
柯尼斯堡七桥问题

在几何学中，距离领域一直都备受瞩目。
不过，还有一个领域几乎不为人所知。
最先谈及这个领域的莱布尼茨，
将其称为“位置几何学”。
—— 莱昂哈德 · 欧拉[10]

1.1 尤里

“最近哥哥给人的感觉好像不太一样。”尤里说。

现在是星期六的下午，这里是我的房间。

上初中三年级的表妹尤里来找我玩。

我们从小一起玩到大，她总是直接叫我“哥哥”。

尤里穿着牛仔裤，栗色的头发扎成了马尾辫。她从我的书架上抽出几本书，懒洋洋地读着。

“哪里不一样了？”我反问她。

“怎么说呢，有点太沉稳了，感觉很无聊喵。”

尤里一边翻着书，一边用她独特的猫语说道。

“是吗？毕竟我已经上高三了，也该有高考生的样子了。”

“不是。”她马上否定了我的解释，“哥哥以前会和我玩很多不同的游戏，但是最近，应该说是暑假结束后，就没怎么理我了。现在都已经是秋天了！”

话毕，尤里把手上的书“啪”地合起。那是一本给高中生读的数学书，虽然里面有一些比较难的内容，但尤里应该也能读懂。

“都已经是秋天了…… 不不不，正因为已经是秋天了，身为高考生，才得开始认真读书啊。再说，你也快中考了吧？”

“你是想说，初三学生也得有点中考生的样子吗？”

伶牙俐齿的尤里明年也要中考了。她的成绩并不差，所以应该能考进想读的学校，也就是我就读的高中。

“可是上学好无聊啊。”尤里边叹气边说。

啊，是因为“那个家伙”转学了吧。

1.2　一笔画问题

“对了，你知道柯尼斯堡七桥问题吗？”

“柯尼…… 什么？”尤里反问。

“柯尼斯堡，是一座城市的名字。这座城市有七座桥。”

“不知道。听起来像奇幻小说。这座城市有七座神圣的桥，勇者需要通过这些桥，才能打败恶龙……”

“呃…… 不是这样的。柯尼斯堡七桥问题是历史上很有名的数学问题。”

“这样啊。”

“也就是**一笔画问题**。”

“是指一笔画完所有的边吗？”

“是的。具体来说，就是柯尼斯堡这座城市有河流经过，然后市内有这样的七座桥。”

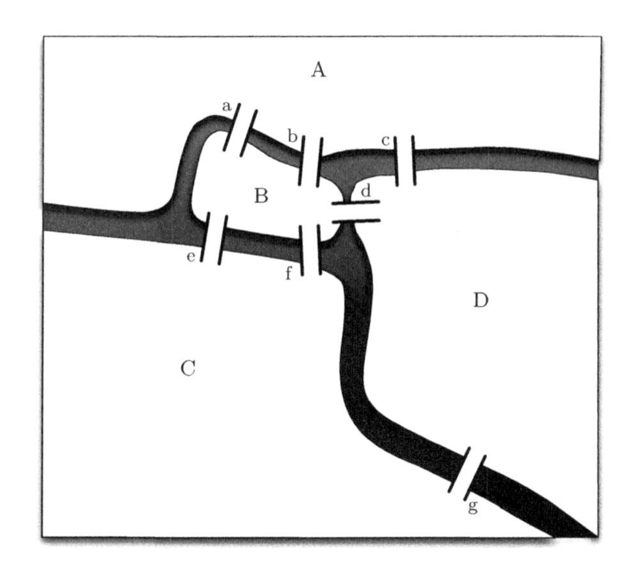

柯尼斯堡七桥地图

“这不是六座桥吗？ a、b、c、d、e、f。”

“右下方不是还有 g 桥吗？陆地有四块，分别是 A、B、C、D；桥有七座，分别是 a、b、c、d、e、f、g。”

“噢，然后要用一笔画的方式走过所有的桥吗？”

“没错。不管从 A、B、C、D 中的哪一块陆地开始都行。在不重复经过同一座桥的条件下，能不能走遍所有的桥呢？”

问题 1-1（柯尼斯堡七桥问题）

在不重复经过同一座桥的条件下，能不能走遍柯尼斯堡的七座桥呢？

“要走遍所有的桥，但不能重复经过同一座桥。也就是说，每座桥都只走一次，对吧？”

“没错，条件只有这些。”

“不对。”尤里笑嘻嘻地说，“还得加上不可以游泳过河之类的条件，不是吗？‘勇者啊，切记不要游泳过河。’”

“当然。既然是和桥有关的问题，就不能游泳过河嘛。”

“而且还要加上只有一个人过桥的条件才行。要是没有这个条件，只要七个人分工，就可以马上走完七座桥了。”

“知道了，知道了。过桥的只有一个人，而且不能坐直升机、火箭过河，也不能挖地道过河，当然也不能瞬间移动。”我边摇头边说。尤里总是追究这些细节。

“还有，一定要回到一开始出发的那块陆地吗？”

“最后不用回到一开始出发的陆地。当然，回去也没关系。在柯尼斯堡七桥问题中，只要没有重复走过同一座桥，并且每座桥都有走过就行了。”

“有办法一次走完这些桥喵？呜，我觉得应该可以。”

“那就试试看吧。”

尤里拿着自动铅笔，尝试用一笔画的方式走完这些桥。

“……”

“怎么样？完成了吗？”

“不行，办不到。你看，假设我们从 A 开始走，按照 $a \to e \to f \to b \to c \to d$ 的顺序过桥，最后就没有路可以走了。这样就没有办法过 g 桥了。”

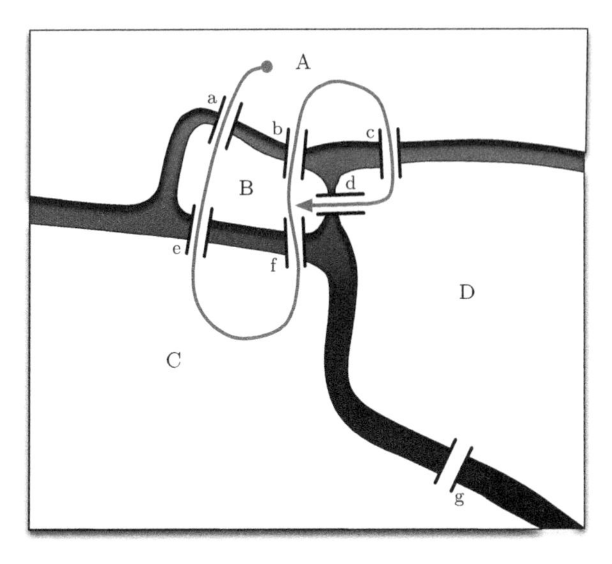

按照a→e→f→b→c→d的顺序过桥（没办法过g桥）

“是啊。走过 d 桥来到陆地 B 时，会发现连接陆地 B 的五座桥都已经走过了，没办法再从 B 走到其他陆地。但是，还有一座 g 桥没有过。”

“没错。”

“说不定还有其他走法呢。可以试着从其他陆地开始走。”

“我试了很多种走法，就是不行。”

“试了很多种走法并不代表试完了所有走法，不是吗？”

“话是没错……”尤里说，“但肯定不行。”

“那么，这就是你猜想的结论，对吧？”

“什么意思？”

“为了解开柯尼斯堡七桥问题，你用了许多方法，最终认为不可能用一笔画的方式走完所有的桥。但你还没有用数学方法证明这个结论，所以这只是你个人的猜想。”

“用数学方法证明……这有可能做到吗？这是一笔画问题，虽然哥哥擅长算式推导，但也没有办法使用算式来证明吧？”

“我们可以用图来证明能不能用一笔画的方式走完所有的桥，不需要用到算式。”

“图？”

“没错。这里说的图并不是折线图或饼状图那种用于统计的图，而是由边连接起许多顶点的图。讨论那些可以一笔画完的图具有哪些性质属于数学范畴。”

“由边连接起许多顶点的图……那是什么？我听不懂。”

“以柯尼斯堡七桥问题为例，陆地就相当于顶点，桥相当于边，所以我们可以得到一个这样的图。图中顶点之间的连接方式非常重要。你看，这个图的连接方式与七桥地图的连接方式相同。”

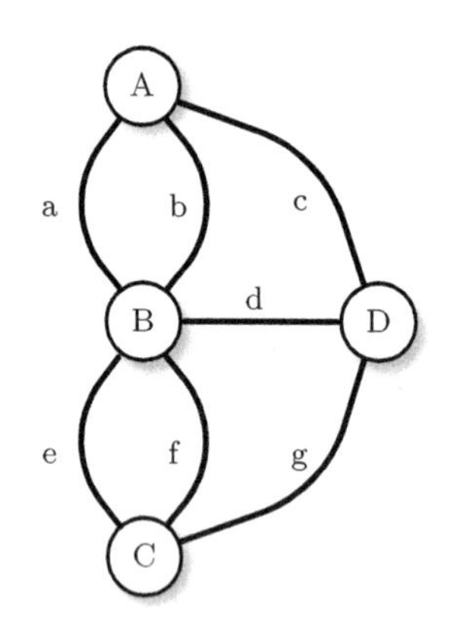

用图展示柯尼斯堡七桥问题

“这完全不一样吧。”

“一样啊。仔细看，地图上表示陆地的 A、B、C、D 分别对应于画了圆圈的顶点。也就是说，将大块陆地缩小、变形，以一个顶点来表示。地图上表示桥的 a、b、c、d、e、f、g 与边对应。”

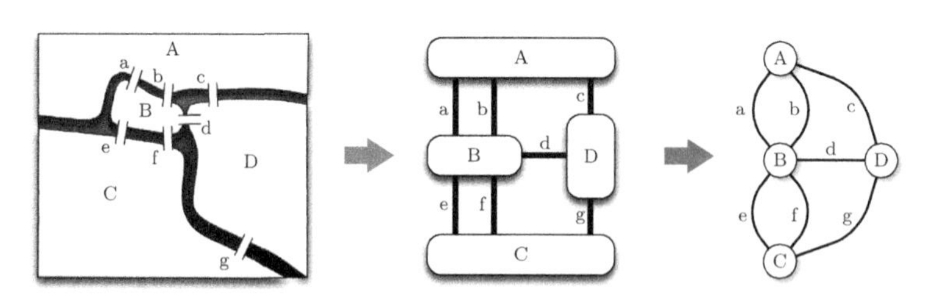

将地图变形为“图”

“变形…… 原来是这样啊。”

“在一笔画问题中，我们不需要考虑陆地的面积和桥的长度之类的。各块陆地有哪些桥才是重点。”

“原来如此。”尤里点了点头，“边可以弯曲吗？”

“可以。只要连接方式相同，边有多长、有没有弯曲都无所谓。地图上的 g 桥虽然在较偏的位置，但我们只要注意不要改变陆地之间的连接方式，就可以把 g 桥往中间拉。将图整理好也有助于证明猜想。”

“我知道图是什么了，但是该怎么证明猜想呢？”

“我们一起来想想这个一笔画问题吧。”

“嗯！”

1.3 从简单的图开始

“我们先从简单的图开始思考。图①这种由 2 个顶点和 1 条边组成的图明显可以一笔画成，对吧？”

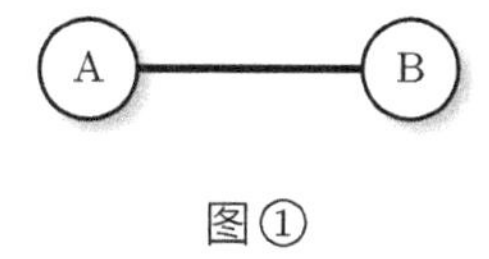

图①

“当然。从A画到B就好了。”

“我们用箭头来表示一笔画的路径。这条路径是由A画到B的。A是开始的点，我们称它为起点；B是结束的点，我们称它为终点。”

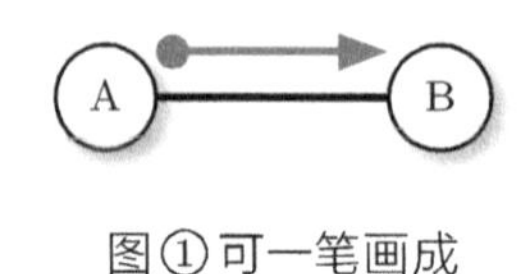

图①可一笔画成

“嗯嗯。”

“接下来我们思考一个复杂一点的图。看图②。”

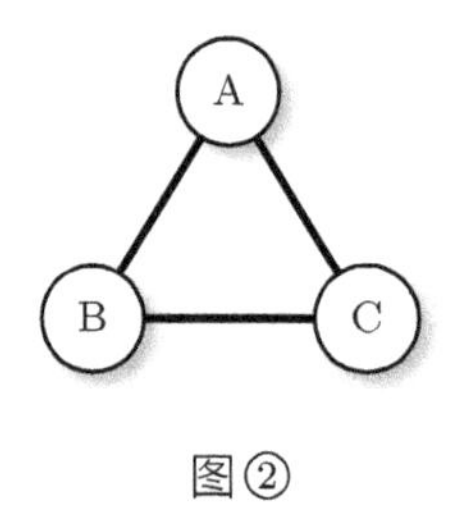

图②

“这个一点都不复杂。只要绕一圈就可以一笔画成！”

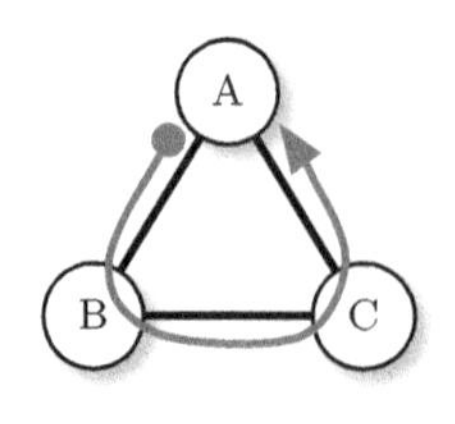

图②可一笔画成

“是啊。按照这种方式画，起点和终点都是A。”

“嗯，其实就是绕了一圈。”

“那图③可以一笔画成吗？”

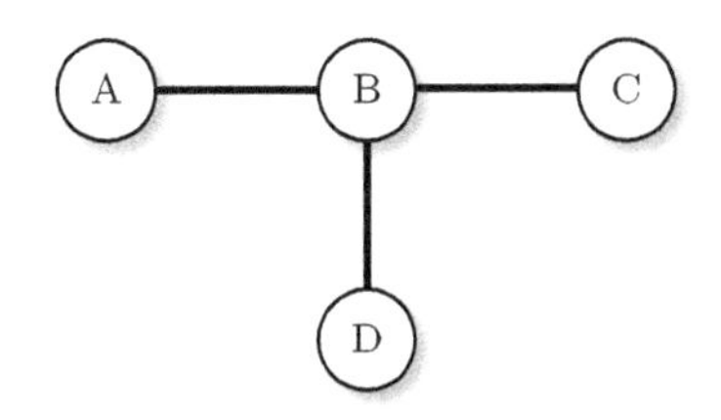

图③可一笔画成吗

“不行。”

“为什么呢？”

“因为不管从哪个点开始，都不可能走过所有的边。”

“没错。举例来说，如果起点是 A，接着会走到顶点 B，然后可以走到顶点 C。这样就剩 B 和 D 之间的边没有走了，但我们没有办法走到这条边上，这是为什么呢？”

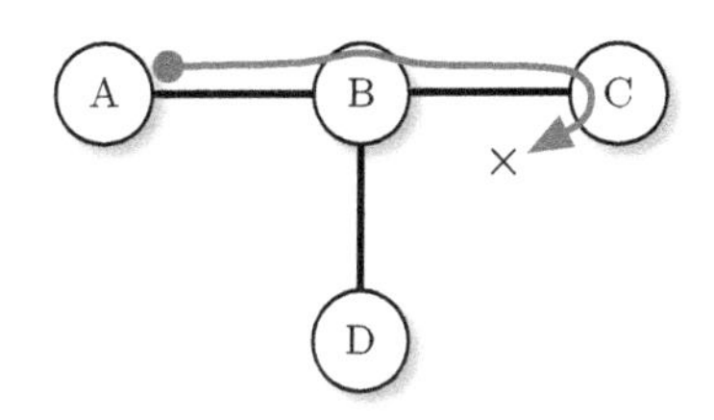

图③没办法一笔画成（起点为 A）

“因为到顶点 C 之后就没办法再移动了。”

“是啊，没办法再移动了。因为只有 1 条边连接到顶点 C，我们从别的顶点走到顶点 C 时已经把这条边用掉了，所以之后没办法再移动了。A → B → D 和 A → B → C 的情况相同，而且不管起点是顶点 C 还是顶点 D，结果都一样。”

“嗯。”

“另外，将顶点 B 当作起点也没办法一笔画成。譬如 B → A，之后就没办法移动了。”

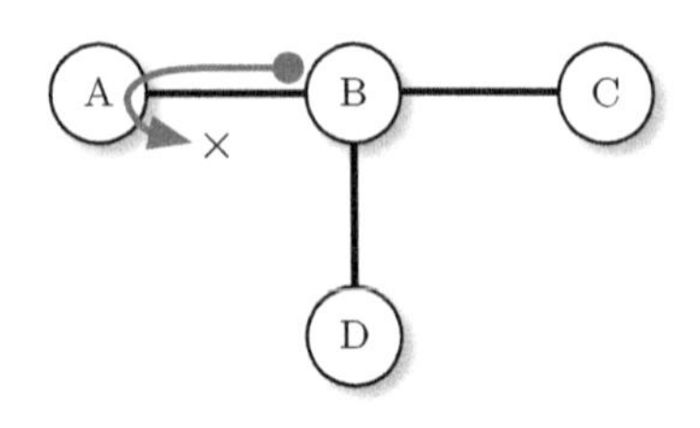

图③没办法一笔画成（起点为B）

“原来如此，如果存在只有1条边连接的顶点，就不能一笔画成了，因为如果从这条边连到这个顶点，就没办法再走出来了。”

“不，这话说得太早了。图③确实如此，但在某些情况下就不是这样了。一开始我们提到的图①，就是由顶点A与顶点B以1条边连接而成的，但这个图可以一笔画成。”

图①仅用1条边连起顶点A与顶点B，却可以一笔画成

“那是因为这两个点就是起点和终点，所以这两个点即使只有1条边连接也没问题。”

“没错，你发现的这一点非常重要。”

“什么意思？”

1.4 图与次数

“刚才你说的内容就是一笔画问题中的一个很重要的发现。”

- 考虑连接顶点的边的数量
- 将“起点和终点”与“途经点”分开考虑

“嗯？”

“假设有一个可以一笔画成的图。我们只看与起点连接的边，忽略其他顶点，那么起点周围应该是这个样子的。”

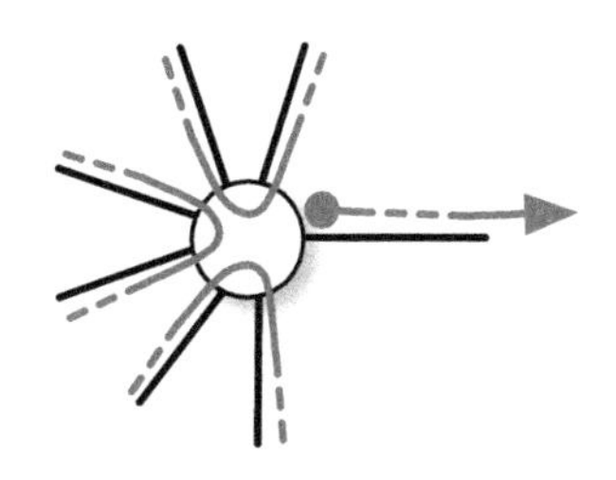

可一笔画成的图的起点

“什么意思？”

“注意看图中与起点相连的边。假设有 7 条边与这个点相连，由于这个点是起点，所以总有 1 条边是一笔画的起始边，其他边则一定会以‘进入边’和‘离开边’的形式两两成对出现。当前图中的顶点有 3 对这样的边。当然，如果图不同，成对的连接边数亦会不同，也可能出现没有成对边的情形。”

“这样啊……”

“在能一笔画成的图中，起点有 1 条一笔画的起始边，其他边两两成对出现。这表示与起点相连的边有**奇数**条。也就是说，边数为 1、3、5、7 等。”

“哥哥，你好聪明啊。”

“同样，在一个可以一笔画成的图中，终点周围看起来是这个样子的。”

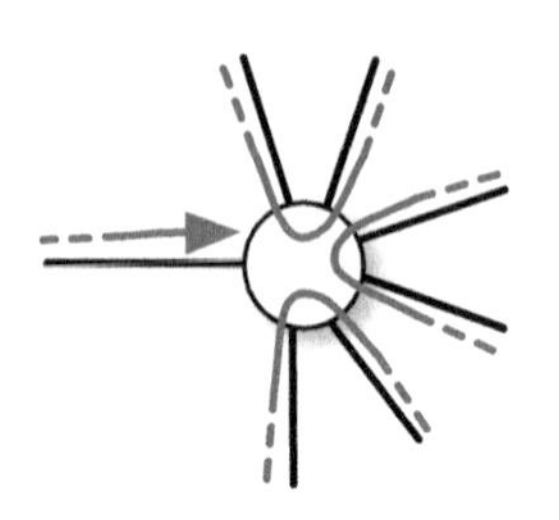

可一笔画成的图的终点

“连接终点的边也有奇数条。”

“没错。成对出现的边一定有偶数条，最后再加上 1 条进入边，所以与图的终点相连的边有奇数条。”我说，“另外，途经点的周围是这样的。”

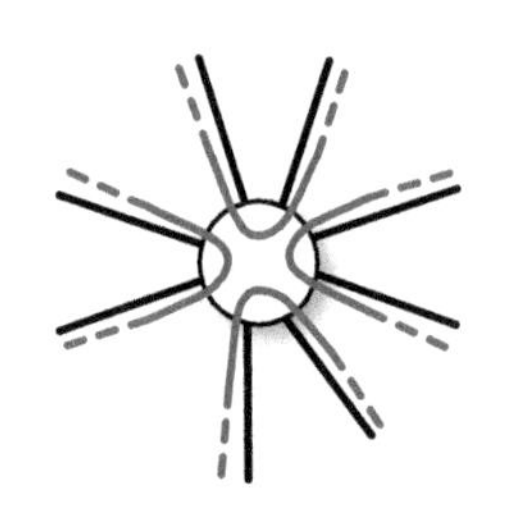

可一笔画成的图的途经点

“偶数！”

“是啊。途经点的进入边与离开边必定成对出现，所以连接途经点的边一定有偶数条。顶点有起点、终点、途经点这三种，所以前面说的就是所有可能的情况了。”

“好有趣。”

“前面我们思考的是起点与终点不是同一个顶点的情况。如果起点和终点是同一个顶点，情况又会如何呢？从起点开始一笔画到终点结束。”

“哥哥，我知道答案！如果起点和终点相同，这个顶点所连接的边就有偶数条，因为起始边和最后进入该顶点的边都会连接到这个顶点。”

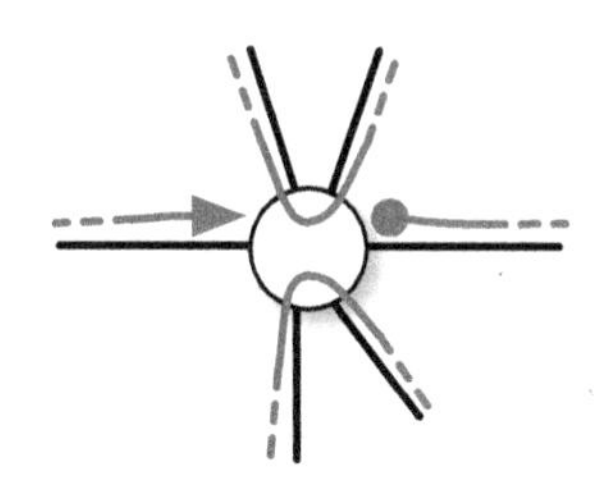

起点与终点相同的图

“没错，如果起点和终点相同，所有顶点连接的边都有偶数条。正如我们刚才提到的，如果起点和终点不同，连接起点和终点的边就有奇数条，连接其他点的边则有偶数条。我们把目前为止得出的结论整理一下吧。”

- 在可一笔画成的图中，当起点与终点**相同**时：
    - 起点：连接边数为偶数
    - 终点：连接边数为偶数
    - 途经点：连接边数为偶数
- 在可一笔画成的图中，当起点与终点**不同**时：
    - 起点：连接边数为奇数
    - 终点：连接边数为奇数
    - 途经点：连接边数为偶数

“原来如此……”尤里说。

“由此我们可以注意到一个很重要的问题。”

如果一个图可以一笔画成，

那么图中连接边数为奇数的顶点有几个？

“有几个…… 要么没有 —— 或者说有 0 个 —— 要么有 2 个吧？如果起点和终点相同就有 0 个，如果起点和终点不同就有 2 个。—— 啊！”

“想到了吧？”

“柯尼斯堡七桥问题中，连接边数为奇数的顶点有 4 个！”

“没错，A 有 3 条连接边，B 有 5 条连接边，C 有 3 条连接边，D 有 3 条连接边，所以连接边数为奇数的顶点有 4 个。”

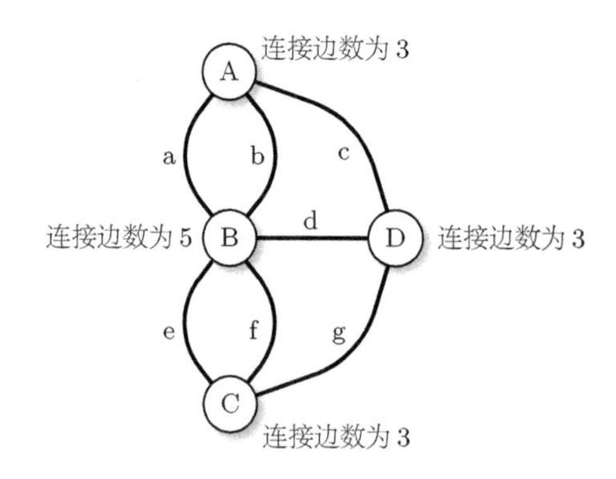

连接边数为奇数的顶点有4个

“有 4 个就不行了。”

“没错。如果一个图可以一笔画成，那么连接边数为奇数的顶点应该有 0 个或 2 个。可是柯尼斯堡七桥的图中有 4 个这样的顶点，所以 ——”

“没办法一笔画成！”

“是啊。我们绝对没办法一笔画成柯尼斯堡七桥的图。也可以说，柯尼斯堡七桥问题无解。这样就结束证明了。”

解答 1-1（柯尼斯堡七桥问题）

如果柯尼斯堡七桥的图可以一笔画成，那么图中连接边数为奇数的顶点必须有 0 个或 2 个。然而在柯尼斯堡七桥的图中，连接边数为奇数的顶点有 4 个。因此，柯尼斯堡七桥问题无解。

“原来如此！就算不试完所有情况也可以证明。”尤里的眼睛闪闪发光。

“某个顶点的连接边数又称为该顶点的**次数**。所以，如果改用次数来描述一笔画问题的已知性质，就是下面这样。”

一笔画问题的已知性质

如果一个图可以一笔画成，

那么次数为奇数的顶点会有 0 个或 2 个。

“孩子们，茶泡好了。”妈妈的声音传进我的房间。

1.5　这也是数学吗

“尤里，你又长高了。”妈妈说。

“是吗？”尤里把手放在头上。

“她还在长身体呢。”我附和着。

这里是客厅。我和尤里正在喝妈妈端来的花草茶 —— 至少尤里确实在喝。

“怎么样，好喝吗？”妈妈问。

“这是德国洋甘菊茶吧？喝了觉得心情平静很多。”尤里回答。

“尤里懂得真多。”妈妈夸道。

“你觉得好喝吗？”妈妈又转头问我。

“等我喝了再说。对了尤里，刚才说的柯尼斯堡七桥问题都懂了吗？”

“嗯，都懂了。”尤里回答。

“哎呀，又要开始讲数学了吗？”妈妈走回厨房。

“第一个证明柯尼斯堡七桥问题的是数学家欧拉，只是他一开始似乎认为这个问题和数学没什么关系。”

“欧拉和我想的一样呢。”

“瞧把你得意的。不过，后来欧拉在这个问题中发现了与数学相关的地方，还写了一篇论文说明柯尼斯堡七桥问题的解法。”

“发现与数学相关的地方是指什么？”

“柯尼斯堡七桥问题不只是单纯的益智游戏，它还有深入研究的价值。这个问题与**几何学**很像，属于一种处理图形的数学问题。”

“是正方形或圆形这类图形吗？”

“没错，不过它和一般的几何学不太一样。这是一种只要不改变连接方式，就算改变边的长度也没有关系的几何学。”

“啊，没错。毕竟刚才我们把整个地图都缩小、变形了。”

“对。只要连接方式相同，或者说只要连接方式不发生改变，就算将广阔的陆地缩小成一个点也没关系。如果把桥视为边，也可以将其伸长或缩短。柯尼斯堡七桥问题，就是这个新的几何学领域诞生的契机。”

“新的几何学领域……”

“不过，欧拉在论文中并没有画我们刚才画的图。他的论文写于十八世纪，刚才我们画的图到十九世纪才出现。”

“原来不计算也能证明出答案啊。”

“并不是完全没有用到计算，我们不是有检查次数是奇数还是偶数吗？欧拉在论文中引用了莱布尼茨的‘位置几何学’的概念。欧拉可以说是这个数学新分支的开创者，不过确立这个领域在数学世界地位的人，是一位叫庞加莱的数学家。庞加莱在论文中用‘位置分析’的方法探讨了这个领域。最终，这个领域被命名为拓扑学。”

“我听说过拓扑学。”

“拓扑学关注的就是连接方式。”我说。

◎ ◎ ◎

拓扑学关注的就是连接方式。

我们平时使用的地图，各个地点要准确地画在相应的位置，而在一笔画问题中，就算各个地点没有画在正确的位置上也没有关系。只要顶点和边的连接方式没有发生改变就可以了。顶点可以自由移动，边也可以随意伸缩。顶点的位置和边的长度与一笔画问题是否有解无关。

边的长度对我们研究某图能否一笔画成并不重要。

那么，什么才是关键点呢？

解开一笔画问题的关键点，就是某个顶点的连接边数，也就是次数。尤里，你能注意到次数，真是太厉害了！

◎ ◎ ◎

“真是太厉害了。”我说。

“你夸得我都不好意思了。”

“在一笔画问题中，次数为奇数的顶点的个数相当重要。对了，我们把次数为奇数的顶点命名为**奇点**吧，这样就能用更简洁的方式表示能一笔画成的图具备什么样的条件了。也就是说，‘如果一个图可以一笔画成，那么它必定有 0 个或 2 个奇点’。”

1.6 逆定理的证明

欧拉想解出的并不只是柯尼斯堡七桥问题，他还想解出更为一般化的问题。如果能将问题一般化，其解法自然也能套用在柯尼斯堡七桥问题上。

在研究问题时，使用例子帮助思考是一件很重要的事。如果没有一个具体的例子，就很难思考一般化的情况。仔细思考例子还可以帮助自己加深理解，毕竟**示例是理解的试金石**。

不过，只思考一个相对特殊的例子，对我们来说并没有什么帮助。重要的是深入思考，尽可能从具体例子延伸到一般化的情况。欧拉在论文的最后写出了他的结论。

◎ ◎ ◎

“欧拉在论文的最后写出了他的结论。与奇数座桥连接的陆地块数分以下三种情况。

- 如果大于 2 块，就不可能不重复地走完所有桥
- 如果刚好有 2 块，就可以从中任择一块作为起点，不重复地走完所有桥
- 如果是 0 块，不管以哪块陆地为起点，都能不重复地走完所有桥

这和我们刚才得出的结论一样，对吧？”

“哥哥，反过来会怎样？”尤里突然提高了嗓门。

“反过来？”

“刚才哥哥说如果一个图可以一笔画成，那么它必定有 0 个或 2 个奇点，可是反过来呢？我们可以说如果一个图有 0 个或 2 个奇点，则一定能一笔画成吗？”

“可以。”

“为什么？”尤里马上反问。

“什么为什么？”

“我们还没有证明反过来的情形。哥哥也只是观察了可以一笔画成的图的起点、终点和途经点而已吧？虽然我们讨论过可以一笔画成的图有什么性质，但是并没有讨论过不能一笔画成的图是什么样子的。说不定某些有 0 个或 2 个奇点的图并不能一笔画成。”

“哎呀！”

尤里的直觉真的很敏锐，确实如此。刚才我们证明的是如下内容。

$$\text{可以一笔画成的图} \Longrightarrow \text{有0个或2个奇点}$$

但是，我们并没有证明反过来的命题，即

$$\text{可以一笔画成的图} \Longleftarrow \text{有0个或2个奇点}$$

是否成立。也就是说，我们并没有证明如果一个图有0个或2个奇点，则该图一定能一笔画成。

“嗯……”我开始思考。

“对吧？没证明对吧？快证明吧！”

我陷入沉思，到底该怎么证明呢？

和尤里一起回到房间后，我在 A4 纸上画了一些图，并开始思考。

“啊，哥哥，反过来不成立！”尤里说，“因为我画出了一个没有奇点的图，这个图没办法一笔画成。”

“什么？你找到**反例**了？”

“你看，图④就没办法一笔画成吧？”

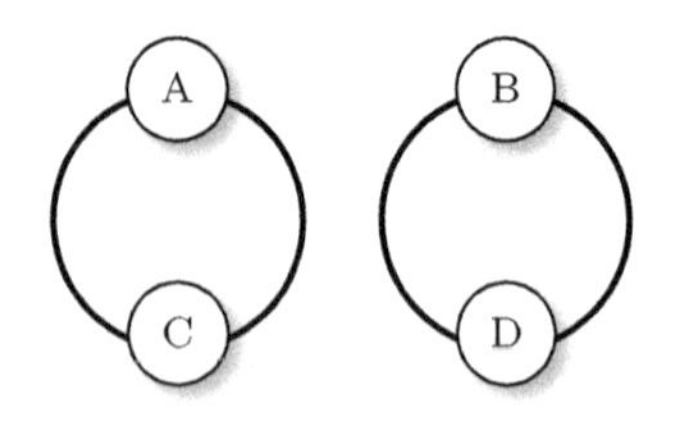

虽然没有奇点，但没办法一笔画成的图④

“这个…… 确实如此。”我表示认同，“顶点的次数都是 2，没有奇点，但因为图④分成了两个部分，没有连在一起，所以我们自然也没办法一笔画过所有的边。”

“就是这样。”

“嗯，分开的图没办法一笔画完，如果只考虑连接在一起的图，即任选图中两个顶点，都可以找到由多条边组成的一条路径来连接这两个顶点，那就太理所当然了，反而不怎么有趣。”

“是啊。”

“如果是这样…… 尤里，图⑤也没办法一笔画成。”

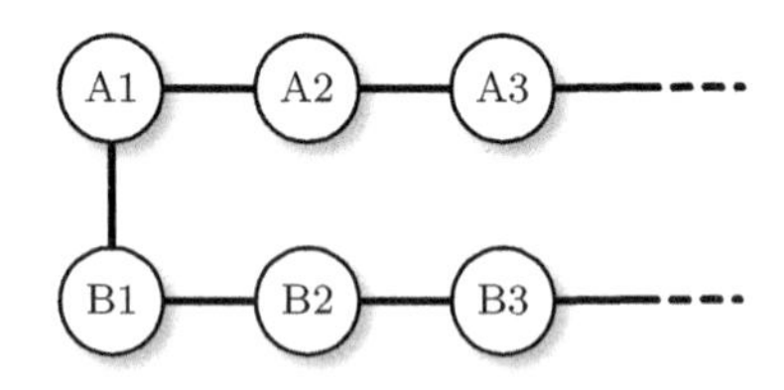

虽然没有奇点，但没办法一笔画成的图⑤

“最右边的点点点是什么？”

“图⑤中的顶点会无线延伸下去，就像 A1, A2, A3, $\cdots$ 和 B1, B2, B3, $\cdots$ 这样。”

“哇，这样也可以吗？”

“在思考一笔画问题的时候，我们并不希望这种情况出现。图⑤中各个顶点的次数确实是偶数，但因为这些点会无限延伸下去，所以没办法一笔画成图⑤。因此，必须加上‘顶点的个数是有限的’这个条件。”

“哎？”尤里发出了不满的声音，“既然这样，也得加上‘边数是有限的’这个条件才行啊。”

“顶点的个数是有限的，边数自然也是有限的。”

“不是这样的，图⑥中的边就有无限条。”

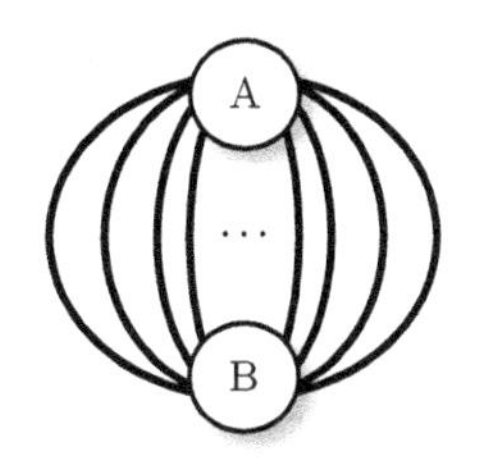

顶点为有限个，但边是无限条的图⑥

“原来如此，确实如你所说。而且，这个图⑥的顶点次数还是一个不确定的数，或者可以说次数无限大。那么，我们就把‘顶点和边都是有限的’加入条件内吧。”

问题 1-2（与问题 1-1 相反）

如果一个图有 0 个或 2 个奇点，那么该图一定可以一笔画成吗？

其中，顶点的个数和边数是有限的。只考虑所有顶点连接在一起的图。

“先不说条件了，这个问题很难吗？”尤里看着我的脸说。她的头微微歪向一边，后面的马尾辫轻轻晃动着。

“不知道……”

我又想了几个具体的例子，并试着画出相应的图。尤里也在我的旁边试着一笔画出各种图。时间在我们不断尝试的过程中静静流淌着。

“嗯，看起来可以完美证明出来。”我说，“如果一个图有 0 个或 2 个奇点，我们可以实际找到一笔画出这个图的方法，也就是所谓的**构造性证明**。”

“那是什么啊？”

“就是不只能证明能否一笔画出一个图，还能知道如何一笔画出这个图。我来按照顺序说明吧。”

◎　◎　◎

我来按照顺序说明吧。

首先，将图分成“有 0 个奇点”和“有 2 个奇点”两种情况。当有 2 个奇点时，暂且添加 1 条边连接这 2 个奇点，使这个图成为有 0 个奇点的图。这么一来，我们只要证明有 0 个奇点的图皆能一笔画成就行了。

之所以这么说，是因为在一笔画成有 0 个奇点的图时，所画路径最后一定会回到起点。我们先把这样的路径称为自环。因为图可以一笔画成，所以这个自环一定也包括了刚才添加的那条边。既然如此，如果我们从一笔画的自环中拿掉刚才添加的那条边，图就会变回有 2 个奇点的状态，而且这个图也能够一笔画成。

所以，我们只要考虑有 0 个奇点的图是否一定可以一笔画成即可。换句话说，就是针对只有偶点的图思考。到这里懂了吗？

◎　◎　◎

“到这里懂了吗？”我问。

“原来如此喵。我懂了……然后呢？”

“嗯。”我继续说，“刚才提到要画出自环，这一点非常重要。”

“为什么呢？”

“因为我们要用‘连接自环’的方法实现一笔画。”

“连接…… 自环？”

“嗯。我们先试着一笔画成只有偶点的图吧。”

◎ ◎ ◎

试着一笔画成只有偶点的图。

以下是我想到的一笔画成一个图的步骤。

一笔画成一个图的步骤

假设图中只有偶点，至少有一条边且边数是有限的。

- 从某个顶点开始，沿着边画出一个自环，我们把它称为 L_1。
  将 L_1 的边从图中移除。
  接着从 L_1 的顶点中选择一个有剩余其他边的顶点。

- 从这个顶点开始，沿着剩余的边画出一个自环，我们把它称为 L_2。
  将 L_2 的边从图中移除。
  接着从 L_1 和 L_2 的顶点中，选择一个有剩余其他边的顶点。

- 从这个顶点开始，沿着剩余的边画出一个自环，我们把它称为 L_3。
  将 L_3 的边从图中移除。
  接着从 L_1、L_2、L_3 的顶点中选择一个有剩余其他边的顶点。

- 照着这个顺序一直画下去，直到所有的边都被移除。
  此时，将 $L_1, L_2, L_3, \cdots, L_n$ 连在一起形成一个自环，这个自环就是一笔画成这个图的路径。

“嗯？我看不太懂，所以只要随便画出一个自环，再把这些自环连接起来就可以了吗？用这么简单的方法就可以一笔画成一个图吗？”

“可以。我用图⑦来说明吧。”

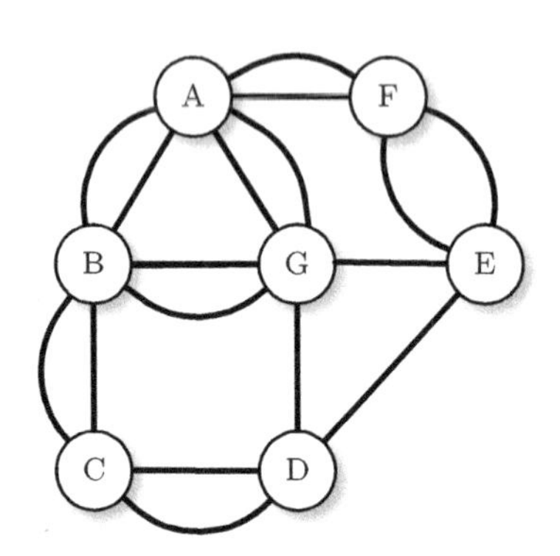

试着一笔画成只有偶点的图⑦

“只要画出一个自环就行了吧？”尤里说着，很快便画出 A → F → E → D → C → B → A 这样的一条路径。

“嗯，没错，我们把这个自环命名为 L_1。”

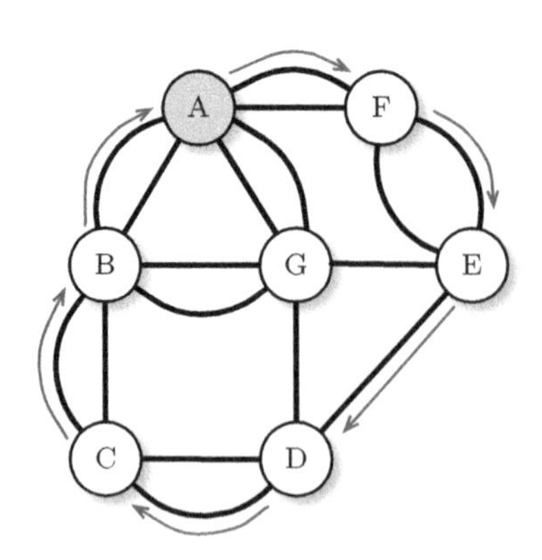

画出 A → F → E → D → C → B → A 这个自环，并把它称为 L_1

“嗯嗯。”

“接着，将 L_1 的所有边从图中移除。”

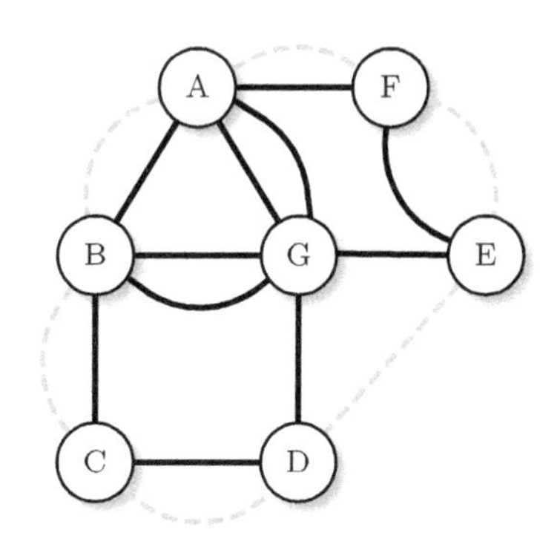

移除自环 L_1 的边

“拿掉 L_1 的边了。”

“嗯。拿掉自环之后，图中仍然全是偶点。所以我们可以继续找出其他自环，进而实现一笔画。”

“嗯。只要用 L_1 以外的边再随便画出一条自环就可以了吗？”

“没错，不过先想想看怎么选择新自环的起点吧。我们必须从 L_1 经过的顶点中，选择一个有剩余其他边的顶点作为新自环的起点。”

“听不太懂。”

“自环 L_1 的路径是 $A \to F \to E \to D \to C \to B \to A$。接下来，我们要从这条路径经过的顶点中选择一个还有边未被移除的顶点。比方说，可以试着从顶点 F 开始再画一个自环。”

“我要画！”

尤里画出了 $F \to A \to G \to E \to F$ 这个自环。

“我们把它称为 L_2。”我说。

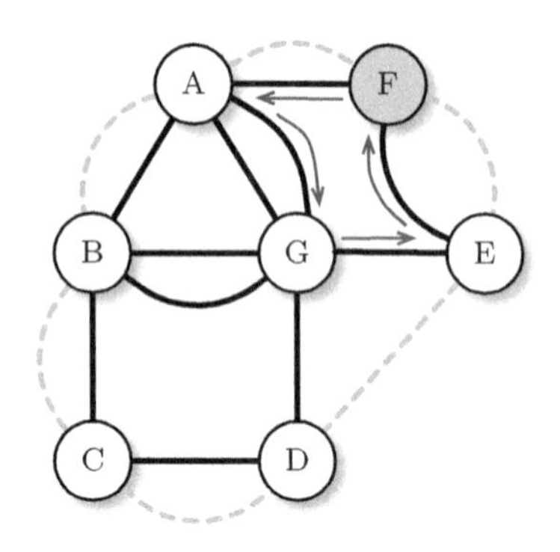

画出F → A → G → E → F这个自环，并把它称为L_2

“然后把 L_2 的边移除…… 好像越来越空了。”

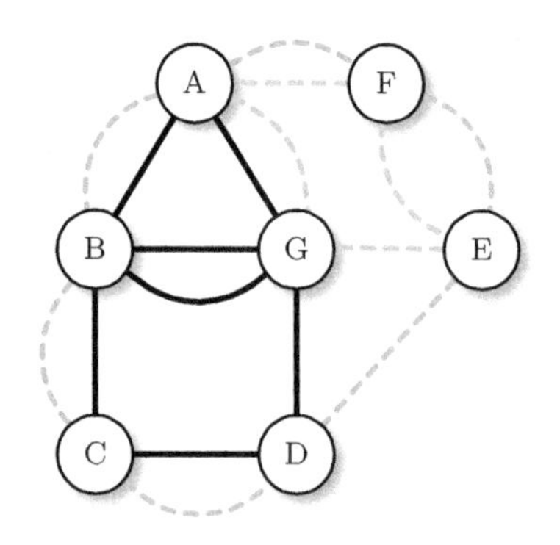

移除自环L_2的边

“是啊。接着再将 L_1 和 L_2 连接起来，得到自环$\langle L_1, L_2 \rangle$。”

“把自环连接起来…… 是什么意思啊？”

“就是以 F 为连接点，将两个自环连接起来。从自环 L_1 开始，途经顶点 F 时‘换乘’到 L_2 上。在 L_2 上绕一圈回到顶点 F 后，再回到 L_1 上，然后走完自环 L_1 剩下的路径。于是，我们就得到了一个新的自环$\langle L_1, L_2 \rangle$。”

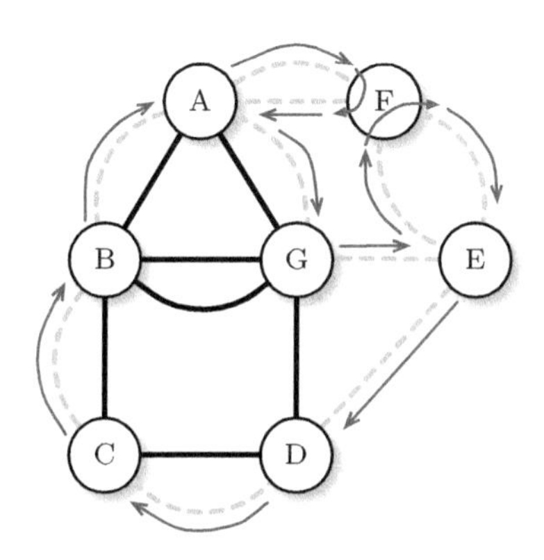

画出一个相连的自环$\langle L_1, L_2 \rangle$

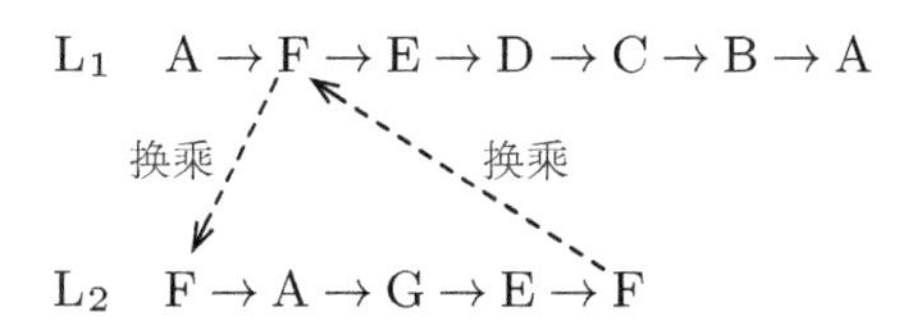

“原来如此。太有趣了！”

“之后就是重复同样的步骤。也就是说，接着要画出一条自环 L_3，然后把它移除。我们必须从$\langle L_1, L_2 \rangle$经过的顶点中选择一个有剩余其他边的顶点作为 L_3 的起点。这里我们就选顶点 A 吧。”

“这样的话，就从顶点 A 开始，画出自环 $A \to B \to G \to A$，把它当作 L_3。这样可以吗？”

“可以。”

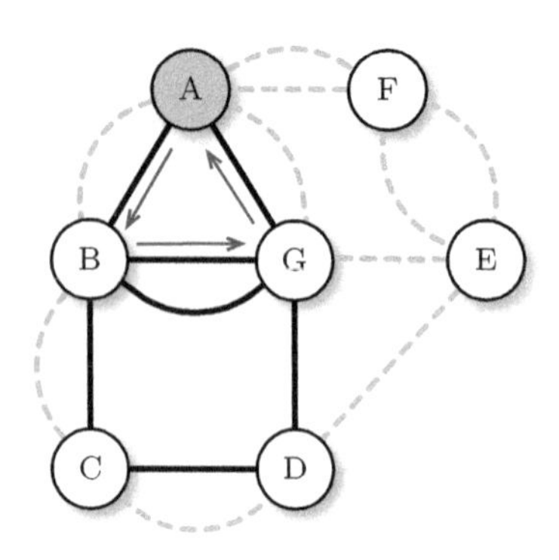

画出 A → B → G → A 这个自环，并把它称为 L_3

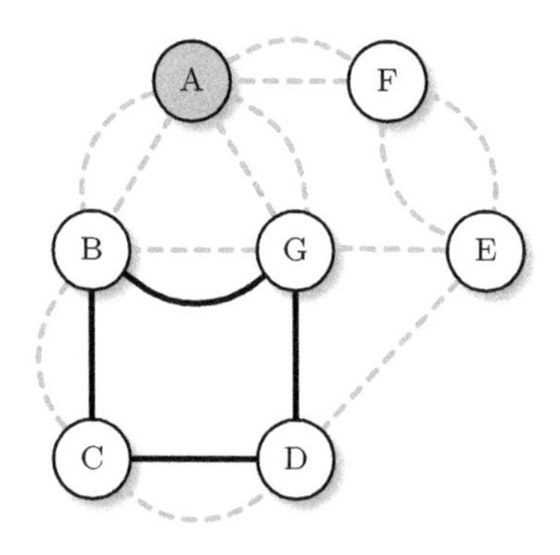

移除自环 L_3 的边

“同样，我们可以将这个自环与前面的自环相连，得到 $\langle L_1, L_2, L_3 \rangle$，并将顶点 A 当作换乘点。”

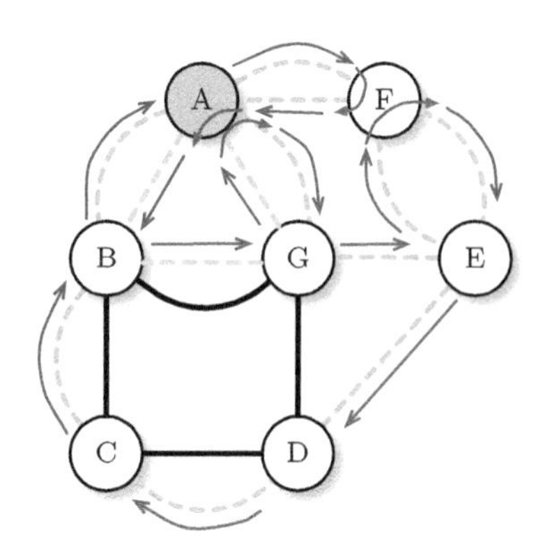

画出一个较大的自环，即$\langle L_1, L_2, L_3 \rangle$

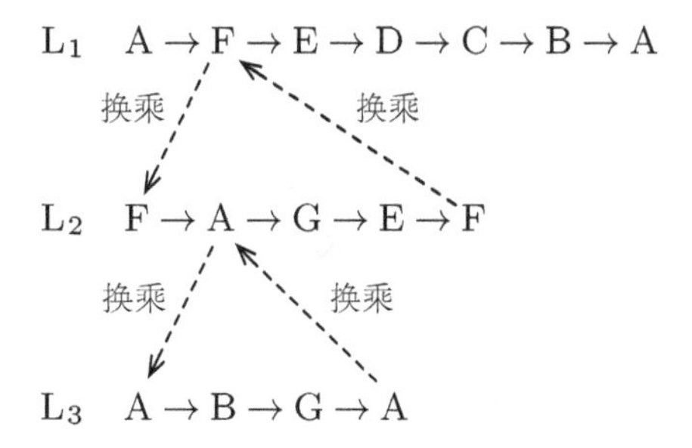

“接着，将顶点 B 当作起点…… 剩下的边刚好就是一个自环。”

“没错。可令 B → C → D → G → B 为自环 L_4，然后将这些边移除。”

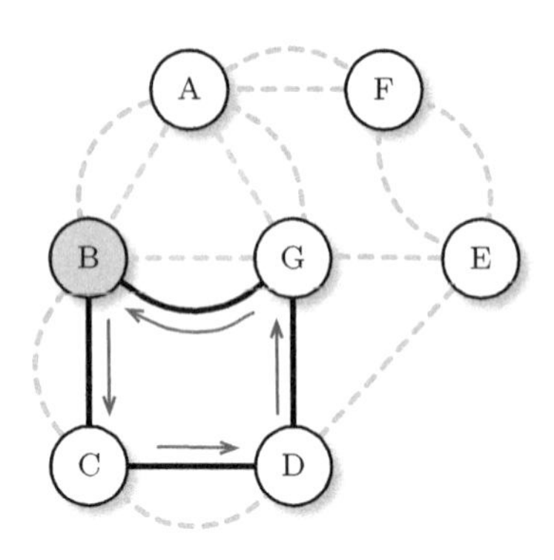

画出B → C → D → G → B这个自环，并把它称为L_4

“边全都消失了。”

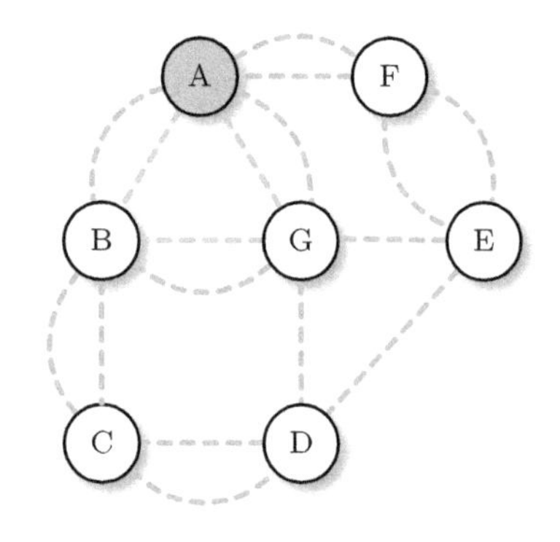

移除自环L_4的各边

“将前面画出来的自环全部连接起来，得到$\langle L_1, L_2, L_3, L_4 \rangle$，这样就完成了图⑦的一笔画路径。”

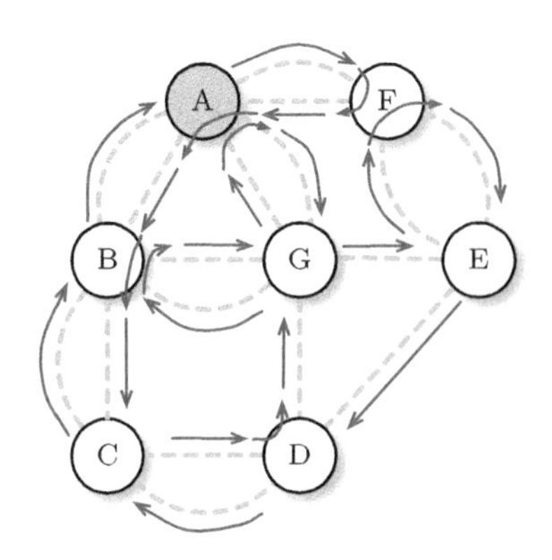

连接所有自环，得到$\langle L_1, L_2, L_3, L_4 \rangle$，便可得到图⑦的一笔画路径

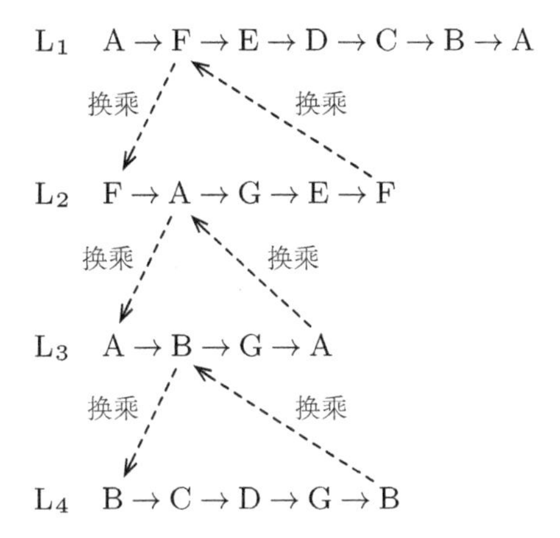

“好厉害！等一下，哥哥。也有可能是这个图刚好可以用这种方法找出一笔画路径。你可以保证这种方法可以用在任何图上吗？”

“嗯，保证可以。”

“难道拿随便一个顶点当起点，都可以画出一个自环？”

“都可以。因为我们现在所考虑的图都符合‘边数是有限的’和‘所有顶点都是偶点’这两个条件。毕竟从一个顶点出发后，不可能无止境地走过无数条边。”

“因为边数是有限的？”

“没错。另外，如果没办法画出一个自环，就表示走到某个顶点 X 时没办法再走下去了。可以走到顶点 X，却没办法从顶点 X 走出来，所以顶点 X 是一个奇点，但这就违背了所有顶点都是偶点的条件。”

“原来如此。所以，一定可以画出一个自环……”

“没错。”

“嗯，这个我懂了。可是，刚才哥哥说的方法还是有点奇怪。你说先从某个顶点开始画出一个自环，然后把自环的边移除，之后再另外选一个顶点当作下一个自环的起点。这种方式真的可以在最后把所有的边都移除吗？”

“可以，因为还有另一个条件，那就是图中各个顶点是连接在一起的。”

“一开始的图确实是这样的，但之后的步骤中不是会把一些边移除吗？这样的话，图不是也有可能被分成两三个比较小的图吗？”

“嗯，有时确实会被分成几个较小的图。不过，这些较小的图和我们之前移除的自环之间一定会有共享的顶点。如果不是这样，一开始的图就不是各个顶点连接在一起的了。”

“这样啊……”

“所以说，我们通过这种方法便可以证明反过来也是正确的。顶点次数这种单纯的数值居然和一笔画问题有关，不是很有趣吗？”

解答 1-2（与问题 1-1 相反）

如果一个图有 0 个或 2 个奇点，那么该图一定可以一笔画成。

其中，顶点的个数和边数是有限的。

另外，仅考虑所有顶点连接在一起的图。

“这么说来……”尤里说，“肚子饿了。”

“不是才吃过东西吗？”

“刚才只喝了花草茶而已。”尤里笑着说，“谁让人家还是个正在长身体的少女呢！我去找东西吃啦。”

尤里小跑着离开我的房间。

只剩我一个人在思考。

顶点次数居然和一笔画问题有关，真是有趣。

只要计算顶点次数，就可以判定一个图是否能一笔画成。

但是……

我看了一眼桌上的参考书，以及眼前的考前计划表。

但是，我的未来又该用什么来判定呢？

高考吗？用考试分数来判定吗？但分数毕竟只是判定一个人能否进入一所大学就读的门槛而已。就算考上大学，那也不是终点。高考对我而言，对我的未来而言，究竟有什么意义呢？

“哥哥！”

尤里的叫声把我的思绪拉了回来。

“快！快过来！”

我从没听过尤里那么惊慌的叫声。

我迅速穿过客厅，跑到厨房。

妈妈晕倒了。

“妈妈！”

如果与奇数座桥连接的陆地超过两块，
便不存在满足条件的路径。
然而，如果与奇数座桥连接的陆地刚好为两块，
从这两块陆地中任选一块作为起点，
便可得到满足条件的路径。
最后，如果没有一块陆地与奇数座桥连接，
不管以哪块陆地作为起点，皆可得到满足条件的路径。

——莱昂哈德·欧拉[10]

第2章 默比乌斯带和克莱因瓶

没错，是泡沫。

无数细小的泡沫。

它们的形状很特别，我曾一直凝视着它们。

——森博嗣《天蚀》[①]

2.1 楼顶

2.1.1 泰朵拉

“那还真是危险。”泰朵拉说道。

“嗯，不过好在没出什么事。”我回答，“只是轻度眩晕导致走路不稳，不过以防万一，我还是跟她说去医院检查一下。”

这里是学校的楼顶，现在是午休时间。我和学妹泰朵拉在这里一起吃午餐。风吹起来很舒服，却也带着丝丝寒意。校园周围的梧桐树早已落尽树叶。已经是秋天了。

我一边吃着在小卖部买的面包，一边和泰朵拉说妈妈的事。在厨房看到倒下的妈妈时，我真的吓了一跳。不过，妈妈马上就自己站了起来，

① 原书名为『スカイ・イクリプスSky Eclipse』，暂无中文版。——编者注

还不好意思地笑了笑。虽说实际上也没受什么伤，但是——

“这样啊，还好没出什么大事。”泰朵拉放下心来，开始吃玉子烧。

“是啊。”我回答。不过，什么才是大事呢？虽然没对泰朵拉说，但那天之后，我感到了一种难以言喻的不安。妈妈一直很健康，就算生病，也是感冒之类的小病。这么健康的妈妈却倒了下来，对我的心理是一个冲击。没想到亲人身体变差居然会让人感到如此不安。

我试着改变话题：“你最近有挑战什么新的问题吗？”

泰朵拉上高二，是小我一届的学妹。她高中刚入学的时候很不擅长数学，但现在已经变得很喜欢数学了。我们常常一起讨论数学问题，并乐在其中。

“没有，最近没碰到什么特别的问题。”泰朵拉回答，“双仓图书馆的研讨会[①]和伽罗瓦节[②]实在太有趣了，所以我也想做一件事……”

“咦？什么事？”

“没……没什么，还不能告诉你。”

泰朵拉说着，满脸通红地用双手遮住嘴巴。

2.1.2 默比乌斯带

吃完午餐后，泰朵拉用粉红色的布把她的便当盒包起来，问道：“对了，学长，你应该知道默比乌斯带吧？”

“知道啊。”

“昨天晚上的电视节目中提到了默比乌斯带。把一条带子扭一圈，然后像这样把两端连接起来。”

泰朵拉用双手比来比去，模拟制作默比乌斯带的过程。

“是这个形状吧？”我在笔记本上画出一个默比乌斯带，“不过不是扭

①《数学女孩4：随机算法》中的内容。

②《数学女孩5：伽罗瓦理论》中的内容。

一圈，是扭半圈。”

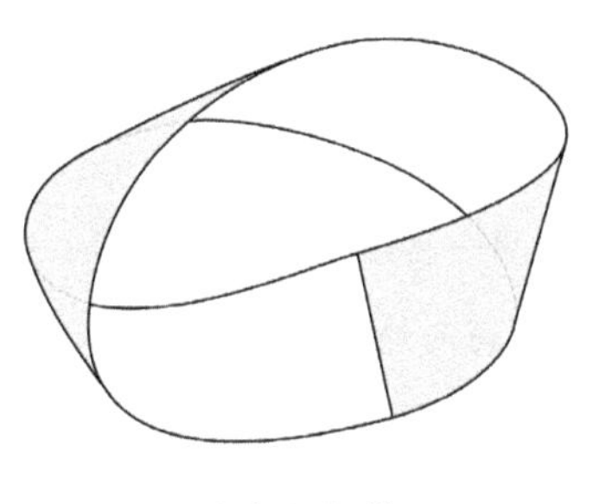

默比乌斯带

“扭半圈…… 啊，没错。不过，明明只是一个扭了半圈的环状带子，为什么要专门取‘默比乌斯带’这样的一个名字呢？默比乌斯是一位数学家，对吧？默比乌斯带在数学领域很重要吗？电视节目中只用纸带演示了一下就结束了。”

原来如此。泰朵拉还是那个泰朵拉。她对事物的本质和根源始终抱有好奇，绝不会不懂装懂。她最在意的永远是自己是否真的了解。

“默比乌斯带非常有趣。”我回答，“举例来说，如果把没有扭过的纸带两端连接起来，就会变成环带，对吧？”

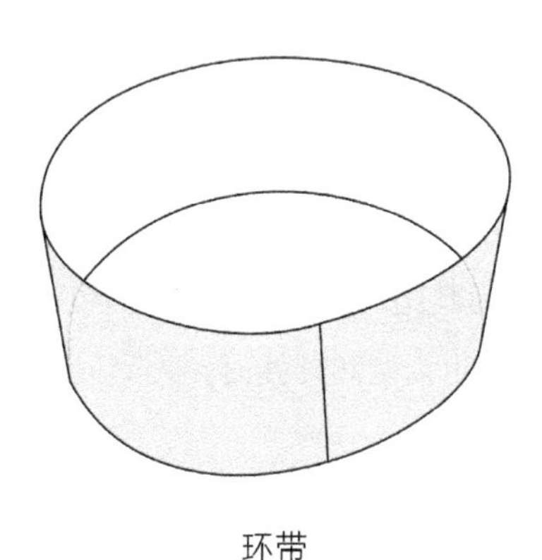

环带

"是的。"泰朵拉点了一下头。

"假设我们给这个环带的外侧涂上颜色 —— 比如涂红 —— 这样一来，环带的外侧就会变成红色，而环带的内侧仍是原来的颜色。"

"没错。"

"环带内侧可以涂上另一种颜色，比如蓝色。因为外侧和内侧分别涂了不同的颜色，所以环带**有内外之分**。"

"默比乌斯带不是这样的吧？"泰朵拉说。

"没错。环带与默比乌斯带的不同点在于是否扭了半圈。不过，如果我们像刚才那样给默比乌斯带也涂上一整面红色，整个默比乌斯带就会涂满红色，没有一处保留原来的颜色。这表明默比乌斯带**没有内外之分**。"

"的确如此。即使我们想只涂纸带的外侧，在涂到纸带两端的连接处时也会跑到纸带内侧，使纸带内外两侧都被涂成同一种颜色。"

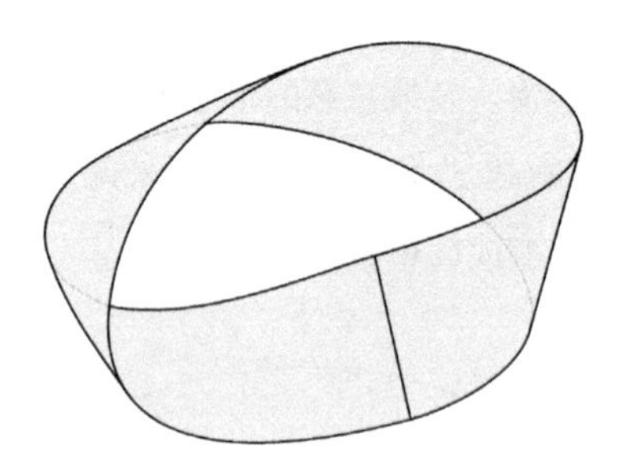

默比乌斯带能用一种颜色涂满

"是啊。不过，因为默比乌斯带能用一种颜色涂满，所以内外侧的说法不太准确。只有区分出内侧和外侧时，才可以说一面是内侧，另一面是外侧。"

"没错。但是，So what？所以呢？"

泰朵拉睁着她圆圆的大眼睛，直直地朝着我看过来。

就是这个。她的问题听起来很普通，却总是一针见血。我在许多书上看到过有关默比乌斯带的说明。特别在数学科普书中，默比乌斯带一定会被提及。但是，我从来没有想过默比乌斯带为什么会那么有名。我觉得默比乌斯带很有趣，也知道它没有内外之分。然而，我并没有去思考为什么默比乌斯带会得到人们的重视。

“对…… 对不起。问了一个奇怪的问题。”

大概是注意到我陷入了沉默，泰朵拉不好意思地说着。

“没有必要道歉。我觉得你问得很好。不过，我也回答不上来。虽然我知道把纸带扭半圈再连接起来可以得到一个默比乌斯带，也知道数学的拓扑学领域会讨论这个问题，但我并不知道为什么默比乌斯带那么重要。”

“这样啊。”

上课铃响，我们怀着疑问回到各自的教室。

2.2 教室

自习

我回到教室。这节课是自习课，我打算复习一下物理，于是拿出题库本。

我是一名高三学生。到了秋天，选修课和自习时间变多了。每个学生都为了准备考试，努力挤出自己的时间来读书。

每个学生的水平不同，想上的学校不同，为考上理想的学校需要付出的努力也不同。若强迫每个人都按照相同的方式学习，只会限制个人的能力。实际上，自习的时候每一位同学都专注于不同的科目或习题，朝着各自的目标、各自的未来前进。

自己的未来…… 只做了三道物理题，我就陷入了沉思。

关于未来，说真的，我没有头绪。我不知道自己适合往哪个方向发展，也不知道自己能做哪些事。我不知道整个社会是什么样子的，对自己也一无所知。

这对我来说是一个棘手的问题。

“你将来想做什么呢？”

在与未来相关的问题中，这个问题最难回答。如果只是问我想读理科还是文科，那就简单多了——毫无疑问，我想读理科。如果要我回答擅长哪个科目，这也不难——我擅长数学，不擅长地理和历史。想上哪所大学？嗯，我当然也有自己想上的大学。这次合格判定模拟考[①]后交上去的登记表中，我就写了自己想要就读的大学，一共填了三个志愿。

不过，要是问我将来想做什么，我可能答不出来……这让我觉得很苦闷。答不出自己将来想要做的事真是令人沮丧。自己的“形状”尚不明确。我觉得自己就像没有骨架的史莱姆[②]一般，只能在地上扭曲爬行。

我到底想做什么呢？

2.3 图书室

2.3.1 米尔嘉

“因为数学家很在意‘相同’这件事。”米尔嘉回答。

“在意‘相同’？”泰朵拉不解。

这里是图书室，现在已经放学了。我和泰朵拉像往常一样坐在米尔嘉的对面。

---

① 日本的合格判定模拟考用于判定考上志愿学校的可能性。判定结果一般分五个等级，从A～E依次降低。A等级最高，表示考上志愿学校的概率在80%以上。——编者注

② 史莱姆是一种果冻状或半液体状的虚构生物，能够分裂或融合，常出现在电子游戏和奇幻小说中。——编者注

“没错，泰朵拉。”米尔嘉说。

米尔嘉是我的同班同学。她有一头黑色长发，戴着一副金属框眼镜，是一个数学能力非常出众的才女。我、泰朵拉和米尔嘉常常聚在图书室讨论数学。

对于泰朵拉的疑问“为什么默比乌斯带那么重要”，米尔嘉带着微笑，用讲课的腔调开始说明。

“不管是数、图形、函数还是什么，我们在研究任何与数学有关的东西时，都会在意什么和什么相同。数学领域内的讨论越严谨越好。要是没有弄清楚想讨论的是什么，讨论本身就无法成立。当眼前有两个对象时，如果没办法判断出这两个对象相同还是相异，就很难继续讨论下去。”

“如果讨论的对象是数，就不会用‘相同’，而是用‘相等’来描述。”我说。

“现在我要讲更抽象的内容了。”米尔嘉继续，“相等只是相同的一种而已。对两个数来说，除了相等，还有其他定义‘相同’的方法。”

“相同可以分成好几种吗？”泰朵拉说，“所以在某些情况下，我们可以把 1 和 7 看成是相同的？”

“举例来说。”米尔嘉放慢语速，“我们都知道奇偶的概念，也就是奇数和偶数。1 和 7 都是奇数，所以我们可以说 1 和 7 的奇偶一致。奇偶是否一致，也是一种定义两个数是否相同的方式。”

“所以相同也有很多种不同的定义，是吗？”我说。

“对。”米尔嘉边说边用食指推了推她的眼镜，“我们回到默比乌斯带的话题上。泰朵拉刚才说将纸带扭半圈就可以得到默比乌斯带，对吧？”

“是的。”

“不过，仔细想想就能明白，问题并不在于有没有把纸带扭半圈，而在于扭半圈的次数上。特别是奇偶的差别。”

“扭半圈的次数……”泰朵拉琢磨着。

“原来是这样！如果扭半圈的次数是偶数，就和环带‘相同’了。”我说，“如果扭半圈的次数是 $0, 2, 4, 6, \cdots$，也就是扭偶数次，就和环带一样有内外之分。具体来说，扭半圈的次数为 0 时，直接就是环带；扭半圈的次数是其他偶数时，纸带虽然看起来扭曲，却也和默比乌斯带是不同的。”

“确实如此。”泰朵拉点了点头，“如果扭半圈的次数是 $1, 3, 5, 7, \cdots$，也就是扭奇数次，就和默比乌斯带一样，没有内外差别了。”

“你怎么不考虑负数的情形呢？”米尔嘉说。

“负数？哎呀！对啊，可以把反方向扭半圈的次数视为扭负数次！”我说。

依照扭半圈的次数分类（是否有内外之分）

- 当扭半圈的次数为偶数（$\cdots, -4, -2, 0, 2, 4, \cdots$）时：
  会形成有内外之分的曲面（与环带相同）。

- 当扭半圈的次数为奇数（$\cdots, -5, -3, -1, 1, 3, 5, \cdots$）时：
  会形成无内外之分的曲面（与默比乌斯带相同）。

“这么一说我就明白了。也就是说，‘扭半圈次数的奇偶’和‘是否有内外之分’互相对应。”我说。

“由此便可看出‘数的性质’与‘图形的性质’之间的对应关系——虽然这只是非常简单的对应。”米尔嘉说。

“我有问题。”泰朵拉举起了手。即使对方就在眼前，泰朵拉还是会像上课的时候一样举手发问。

“请说，泰朵拉。”米尔嘉像老师一样，示意泰朵拉发言。

“不好意思有点刨根问底了，但我还是不太懂。”泰朵拉说，“我现在知道我们可以做出环带，知道可以把纸带扭半圈，做出默比乌斯带，也知道我们可以依照扭半圈的次数是奇数还是偶数将纸带分成两类。可是，我还是不明白这有什么重要的……不，应该说，我隐约感觉到它很重要，但我不知道该如何清楚地表达出它哪里重要。”

“嗯……”

米尔嘉闭起眼睛，将食指放在嘴唇上，若有所思。

我和泰朵拉屏气凝神，静待她的下一句话。

“分类是研究的第一步。”米尔嘉说。

2.3.2 分类

分类是研究的第一步。

当眼前有各种不同的研究对象时，最先要做的就是对象的分类。动物类、植物类、矿物类……要把收集到的研究对象分成不同的类别。这种做法有时也被称为博物学研究。分类时要有一定的判定基准，用来判断什么和什么相同，什么和什么相异。

以整数为例，整数包含 $\cdots,-3,-2,-1,0,1,2,3,\cdots$，可分为奇数和偶数两个类别。在数学上，整数的集合可以用多个没有共同元素的集合之和来表示。也就是说，整数的集合可以被不遗漏、不重复地分成多个集合。这种形式的分类在数学上称为**类别**。

我们可将整数的集合按照奇偶进行分类。

$$\text{整数的集合} = \{\cdots, -4, -3, -2, -1, 0, 1, 2, 3, 4, \cdots\}$$
$$\Downarrow$$
$$\text{偶数的集合} = \{\cdots, -4, \quad -2, \quad 0, \quad 2, \quad 4, \cdots\}$$
$$\text{奇数的集合} = \{\cdots, \quad -3, \quad -1, \quad 1, \quad 3, \quad \cdots\}$$

偶数的集合∪奇数的集合＝整数的集合

偶数的集合∩奇数的集合＝空集

这是以‘除以 2 后余数为 0 还是 1’为基准对整数分类的结果。如果余数为 0 就是偶数，如果余数为 1 就是奇数。整数不是偶数就是奇数，所以不会出现遗漏的情况。另外，不会有任何一个整数既是偶数又是奇数，所以也不会出现重复的情况。因此，使用这种分类方式可以成功地将整数分成两个类别。

将纸带扭转不同次数后形成的图形的集合也可以分成多个类别。这次我们采用的基准是‘是否有内外之分’。将纸带扭转不同次数后所形成的图形的集合，其中的元素必定属于“有内外之分”和“无内外之分”二者之一。按照这个标准，我们也可以将集合不遗漏、不重复地分成两类。而且，分类的结果和扭半圈次数的奇偶是对应的。

接下来要讲的才是重点。为什么默比乌斯带那么重要呢？这是因为“是否有内外之分”这种分类基准在数学领域中十分重要。

这个基准与十九世纪完成的“闭曲面的分类”这一拓扑问题有很大关系。当我们眼前有数不清的闭曲面时，我们第一件想做的事，就是对其不遗漏、不重复地进行分类。对闭曲面进行分类时，将哪种闭曲面与哪种闭曲面看成相同的，将哪种闭曲面与哪种闭曲面看成相异的非常重要。

当然，我们也可以不管三七二十一，用极端的方式去分类。极端的分类方式有两种：一种是将所有元素都视为相异的，另一种则是将所有元素都视为相同的。这当然也算分类，但这种分类并没有什么实际意义。

好的分类方式可以让研究对象一目了然。为了判断元素间到底是相同的还是相异的，我们要试着寻找一个适当的基准。在这个过程中，研究就会逐步向前推进。

无内外之分的性质在数学上称为**不可定向性**。不可定向性在闭曲面的分类上是一个很重要的基准。

2.3.3　闭曲面的分类

“不可定向性在闭曲面的分类上是一个很重要的基准。”米尔嘉说。

“原来如此。”我说，“也就是说，闭曲面可以分成可定向与不可定向这两类，对吧？”

“等一下。闭曲面是什么？”泰朵拉问道。

“简单来说，闭曲面就是非无限延伸且无边界的曲面。环带和默比乌斯带都有边界，所以它们都不是闭曲面。”

“环带和默比乌斯带都有边界这句话是什么意思？”泰朵拉接着问。

“环带有两个边界，默比乌斯带有一个边界。”米尔嘉一边说着，一边将边界用粗线强调并标上编号。

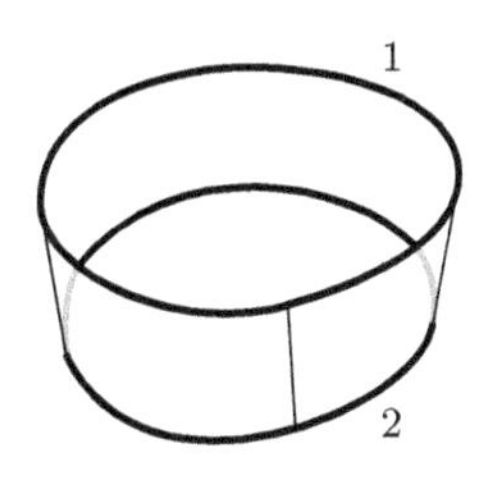

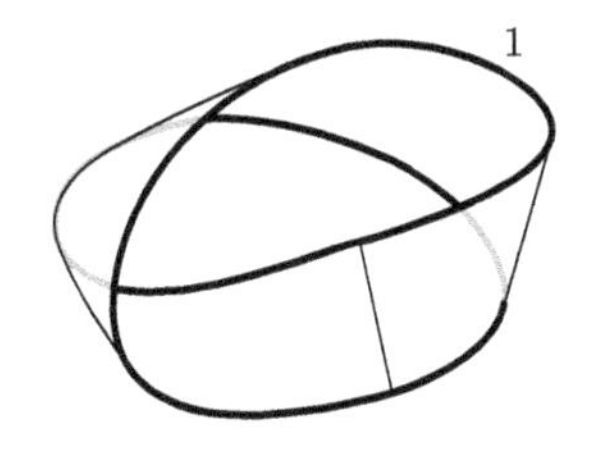

“啊，边界就是边缘的意思。没想到默比乌斯带只有一个边界！”泰朵拉用手指在图上比画了几下。

“因为它的边界都连在一起啊。”我说。

2.3.4 可定向曲面

“刚才提到，闭曲面是非无限延伸且无边界的曲面。对于这个，数学上有比较严谨的定义，但现在我就先用实际的例子来说明吧。**球面**就是一个比较有代表性的闭曲面。”米尔嘉说。

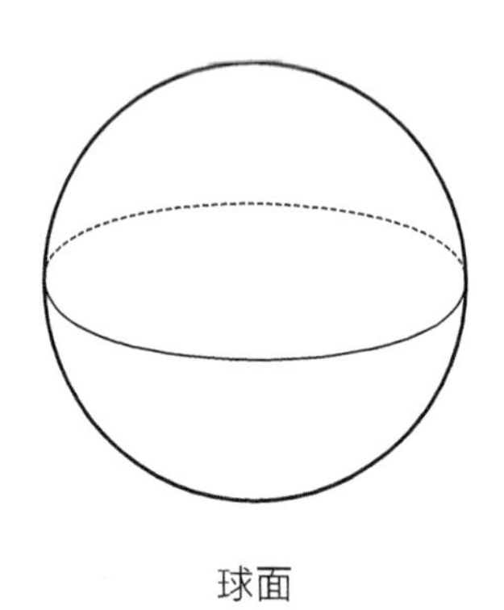

球面

“你是说球吗？”泰朵拉问道。

“没错，就是像球一样的东西。不过当我们在说球面的时候，指的是球的表面，不包含内部。若想把球的内部包含在内，就不会用球面，而是用球体来描述，以作区分。”

“原来如此。”泰朵拉点了点头。

“在拓扑学中思考闭曲面的分类时，我们要将由同一个闭曲面伸展、收缩变形而成的所有闭曲面都视为相同的闭曲面。所以，我们可将以下闭曲面和球面视为同一类。”

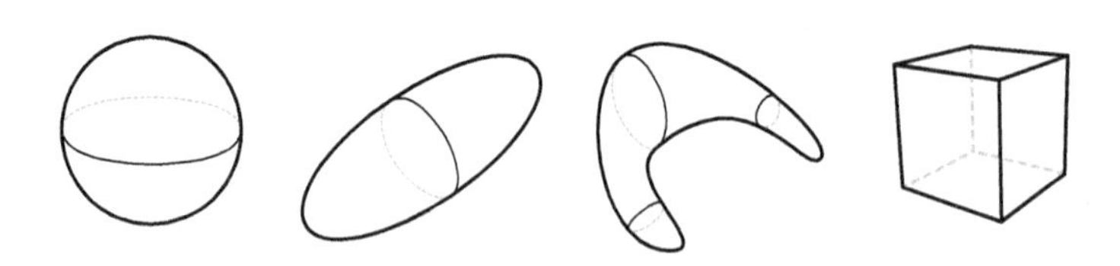

与球面相同的闭曲面

“好有趣。”泰朵拉说。

“接着我们来做一个和球面相异的闭曲面吧。这个闭曲面叫环面。”

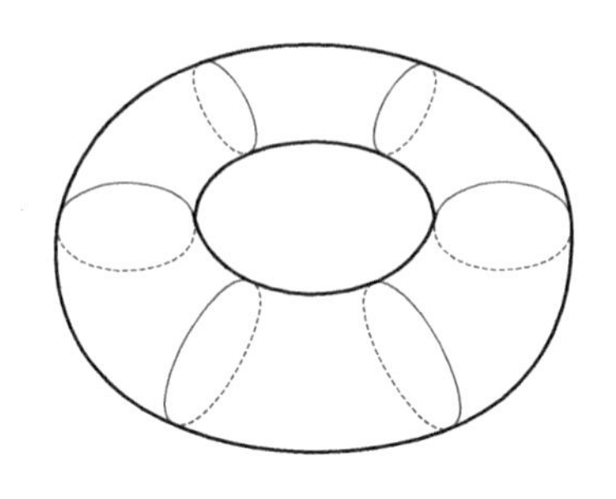

环面

“甜甜圈？”

“没错，不过环面并没有包含甜甜圈的内部。”米尔嘉继续说下去，“我们可以把环面想成甜甜圈的表面。环面就是与球面相异的闭曲面。”

“这是因为不管将球面怎么伸缩变形，都没办法得到环面，是吗？”我问道。

“没错。”米尔嘉回答，“当然，我们需要在数学上明确定义什么是变形。大致上来说，变形的规则是可以像橡胶那样任意伸展和收缩，但不可以穿洞或切割。这就是数学上的变形。”

“原来如此。”泰朵拉说，“球面和环面……那还有没有其他相异的闭曲面呢？我想象不出来。”

“假设环面是单人游泳圈，你可以想象一下双人游泳圈长什么样。”米尔嘉说，“双人游泳圈就是一个与球面和环面都相异的闭曲面。”

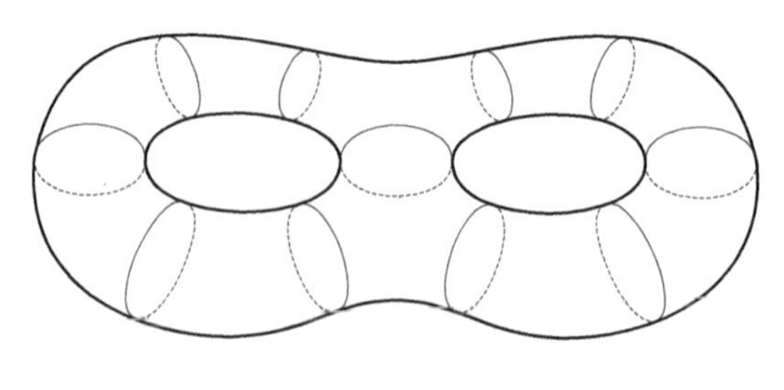

双人游泳圈

“这样的话，三人游泳圈和四人游泳圈也全都与球面相异，是吗？”我说。

“没错。”米尔嘉回答，“这些就是全部了。如果将球面想成零人游泳圈，那么可定向闭曲面全都属于 n 人游泳圈。也就是说，可定向闭曲面可按照洞的个数分类。”

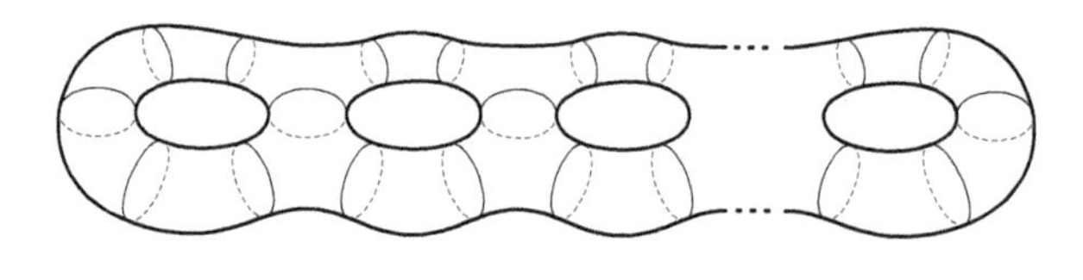

n 人游泳圈

“可定向闭曲面的概念我大概懂了。可是……”泰朵拉欲言又止。

“可是什么？”米尔嘉催促泰朵拉讲下去。

“可是，我没办法想象不可定向闭曲面长什么样子。所谓不可定向，就是像默比乌斯带那样只有一面，对吧？而且还是没有边界的图形，我实在想象不出来。”

“比如默比乌斯带的三维版本。”我说。

“没错，克莱因瓶。”米尔嘉愉快地说。

2.3.5 不可定向曲面

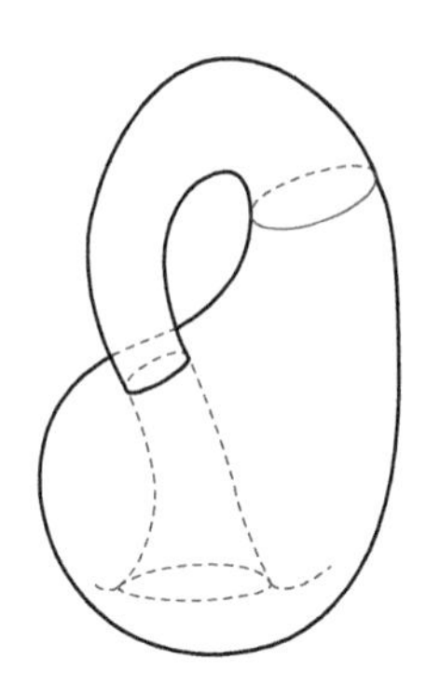

克莱因瓶

说到这里，我想起来之前和米尔嘉一起去游乐园时，她用乐高拼了一个克莱因瓶，在那之后…… 没错，或许那时候的米尔嘉就已经在考虑未来的事了。

“稍等一下，米尔嘉学姐。”泰朵拉突然提高音量，“闭曲面没有边界，可是这个克莱因瓶穿过自身了。穿过自身时会产生一个洞，这不就产生边界了吗？”

“这是因为我们没办法在三维空间下表现出克莱因瓶的样子，泰朵拉。”我说，“所以，不得已只好在作图时像这样开一个洞，让瓶身穿过去。”

“没错。”米尔嘉说，“用三维图形表现克莱因瓶，瓶身无论如何都会穿过自己。我们暂时忽略这一点，试着确认克莱因瓶是否有内外之分吧。想象我们要在瓶子的侧面涂上颜料，若在同一面一直扩大涂颜料的范围，不知不觉间就会涂到瓶子的内侧，最后整个瓶子都会被涂上同样的颜色。”

“是的。虽然我还是很在意瓶子穿过自身这一点，但我可以理解克莱因瓶为什么没有内外之分了。”泰朵拉说，“我试着想象了一下在瓶子上涂颜料的样子，确实，和在默比乌斯带上涂颜料时很像。涂颜料的过程中会不知不觉涂到瓶子内侧，最后会涂满整个瓶子。”

“是啊，”我说，“所以说克莱因瓶是默比乌斯带的三维版。”

“把两个默比乌斯带贴在一起，就可以得到一个克莱因瓶。”米尔嘉说。

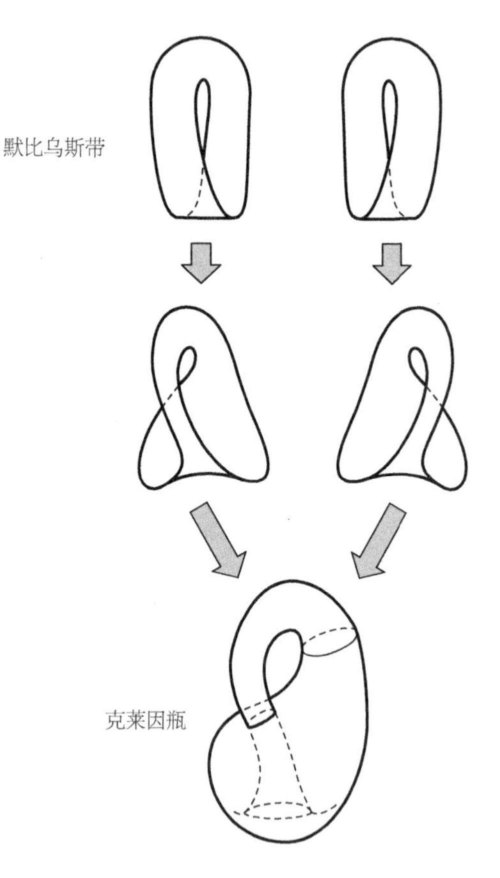

将两个默比乌斯带贴合成一个克莱因瓶

“真是这样的！”泰朵拉说。

“真有意思。”

“球面、环面、游泳圈、克莱因瓶……”泰朵拉扳着手指数着，“还有其他闭曲面吗？”

我试着在脑中想象各种曲面，但还是想不出其他类型的曲面。

“有一个好方法。”米尔嘉说，“这个方法能让我们思考得更全面，不用想象闭曲面的立体图，也不用在意曲面是否会穿过自身。”

“什么方法？”

“那就是用展开图来思考，泰朵拉。”

2.3.6 展开图

那就是用展开图来思考，泰朵拉。

这里有一张正方形的纸。假设这张纸是由非常有弹性的材料制成的，可以自由伸缩，而且各边之间可以粘在一起。

非常有弹性的纸

一旦把两条边粘在一起，就会产生扭转的问题，所以要特别注意边的方向才行。因此，我们可以在要粘的边上用箭头表示方向，比如像下面这样。这就是环带的**展开图**。

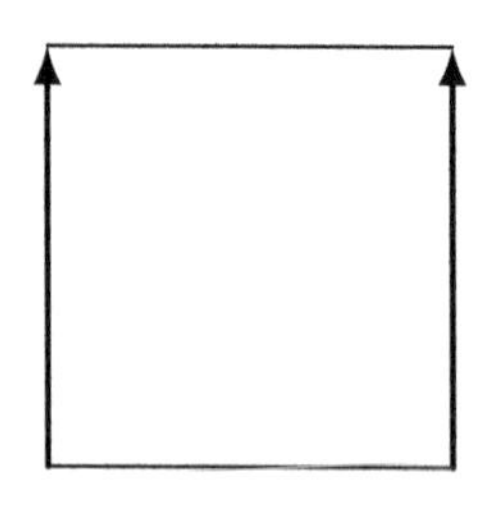

环带的展开图

“这就是环带的展开图。”

“没错。将左侧的边和右侧的边这样粘起来。”

泰朵拉双手摊开且手指向上，绕了一圈再闭合，做出环带形成过程的手势。

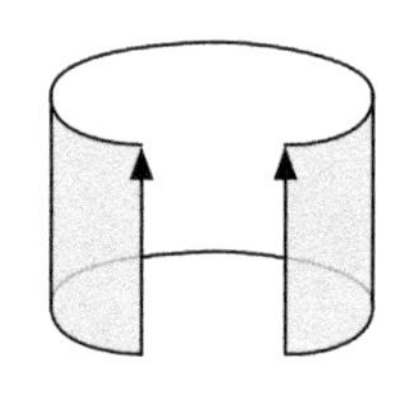

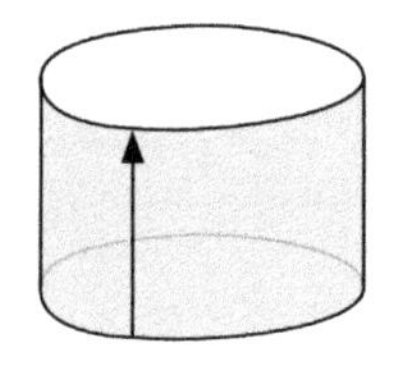

做成环带的过程

“如果两个箭头相反，就会形成默比乌斯带的展开图。”

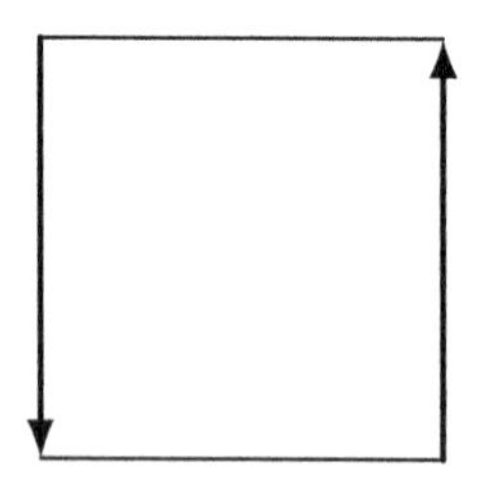

默比乌斯带的展开图

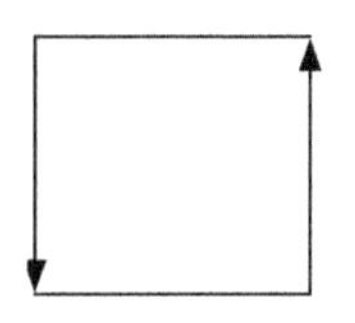

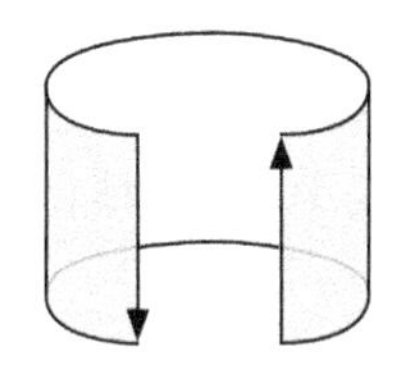

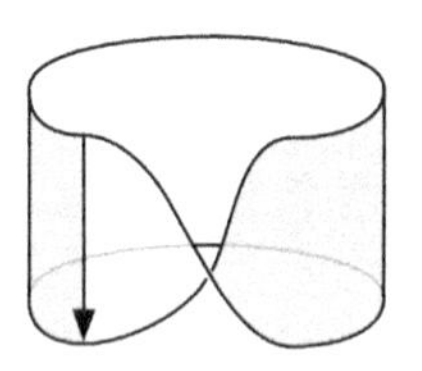

做成默比乌斯带的过程

“确实，若想将箭头按相同的方向粘起来，得扭半圈才行。”我说，“要让箭头方向相同，扭半圈的次数必须为奇数。”

“如果用展开图来表示，也可以明显看出边界在哪里。”米尔嘉说，“有箭头的边必须粘在一起，所以这些边不会是边界。因此，边界就是那些没有箭头的边。”

“原来如此。”我回答。

“另外，”米尔嘉继续说下去，“如果我们可以在脑中将完成图与展开图一一对应，就不需要在三维空间内实际用展开图去做完成图。这是因为我们可以根据箭头方向将方向相同的边一视同仁。在数学领域中，粘在一起就表示二者是等价的。”

“等价是指什么？”泰朵拉问。

“举例来说，我们把默比乌斯带展开图中的两个点分别设为 A 和 A′。A、A′ 两点就是等价的。”

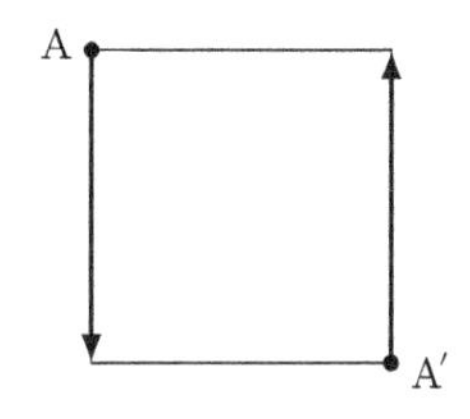

“两个点是等价的…… 是吗？”

“在展开图中，点 A 和点 A′ 看起来是两个不同的点。不过，将两个边粘在一起后，A 和 A′ 就会变成同一个点，箭头上的其他点也是如此。所以说，粘在一起就表示二者是等价的。”

“两个箭头的终点，也就是 B 和 B′ 粘在一起后也会变成一个点。”我说。

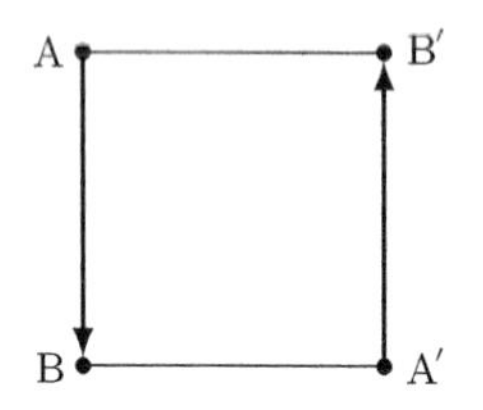

“原来如此。”

“不过，根据箭头将边粘起来后，还是会剩下边界，而我们想做的是闭曲面，也就是没有边界的曲面。为此，我们必须将剩下的两个边界消除。该怎么做才好呢？”米尔嘉问道。

“把两个边界……粘在一起吗？”泰朵拉回答。

“就是这样，泰朵拉。”米尔嘉指着泰朵拉说，“试着做做吧。”

问题 2-1

这是哪一种闭曲面的展开图呢？

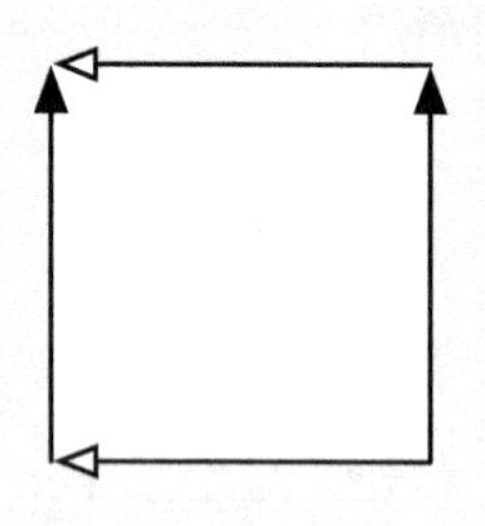

“在这个展开图中，每一条边都标有箭头。箭头分两种，每种箭头

各有两个。若将箭头方向相同的边粘在一起，可做出一个没有边界的图形 —— 闭曲面。那么，这是哪种闭曲面的展开图呢？”

“难道是球面？”我回答，“因为左边和右边粘在一起，上边和下边粘在一起。”

“泰朵拉觉得呢？”米尔嘉问。

“嗯…… 是环面吗？”

“环面？”我说，“原来如此！泰朵拉，你怎么那么快就想到了呢？”

“因为它常常出现在游戏中。从画面右侧跑出去的球，就会从画面左侧跑进来；从画面上方跑出去的球，就会从画面下方跑进来。这种连接画面的方式叫作环面。”

“没错，这就是环面的展开图。”米尔嘉说，“将正方形的上下两边粘在一起，会形成环带，剩下两个边界。接着再将这两个边界小心地粘在一起，就可以得到一个环面。”

解答2-1

这就是环面的展开图。

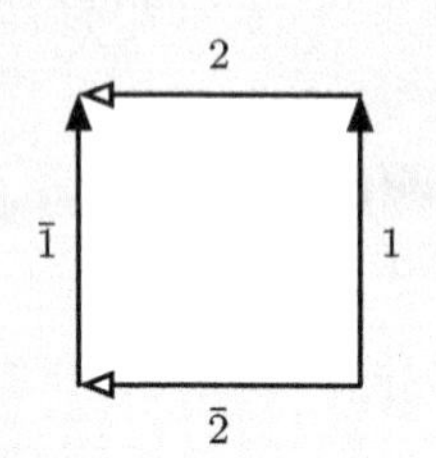

环面的展开图（$12\bar{1}\bar{2}$）

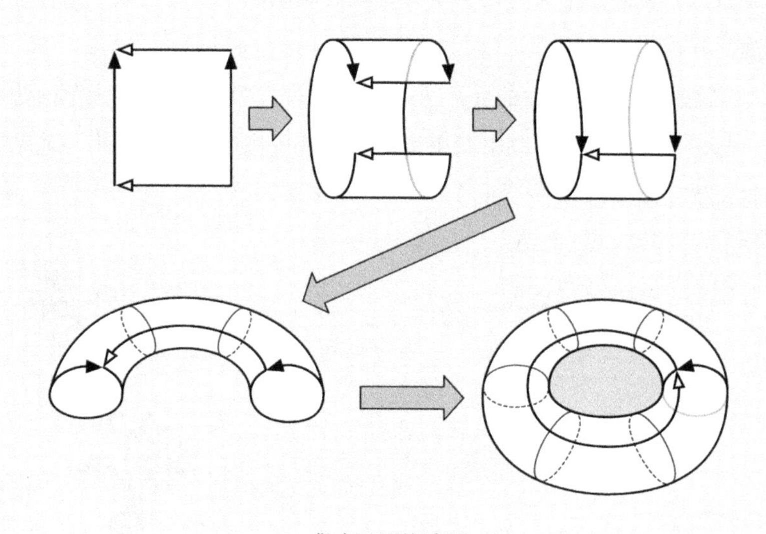

做出环面的过程

“米尔嘉学姐，这里的 $12\bar{1}\bar{2}$ 是什么意思？”泰朵拉问，“边的编号吗？”

“这是用编号的数列来表示展开图的方法。”米尔嘉说，“把要粘在一起的边，也就是等价的边编上相同的编号。接着，想象我们沿着边逆时针前进，绕正方形一圈。若前进方向与箭头方向**相同**，就将边命名为 1 或 2，不加任何标记；若前进方向与箭头方向**相反**，就将边命名为 $\bar{1}$ 或 $\bar{2}$，加上

“-”符号。这样一来，我们就可以用 $12\bar{1}\bar{2}$ 来表示环面的展开图了。至于你的疑问，就用下一个例子来解释吧。”米尔嘉转向我说道。

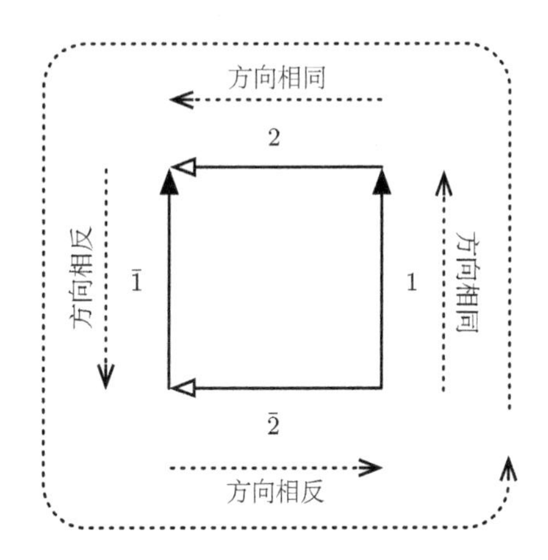

“我的疑问？”

“你刚才不是说这是球面吗？球面的展开图如果用一个可以任意伸缩的正方形来表示，就是下面这样。”

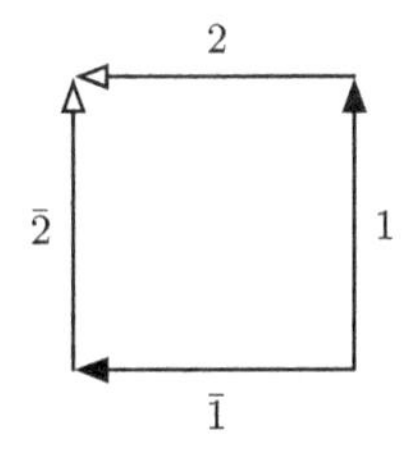

球面的展开图（$12\bar{2}\bar{1}$）

“原来如此，环面和球面真的很不一样。环面是 $12\bar{1}\bar{2}$，球面则是 $12\bar{2}\bar{1}$。”

“这个球面……看起来像饺子。”泰朵拉边说边将双手合在一起，“把饺子皮的边像这样合起来，然后撑开饺子内部，让它变成球面……”

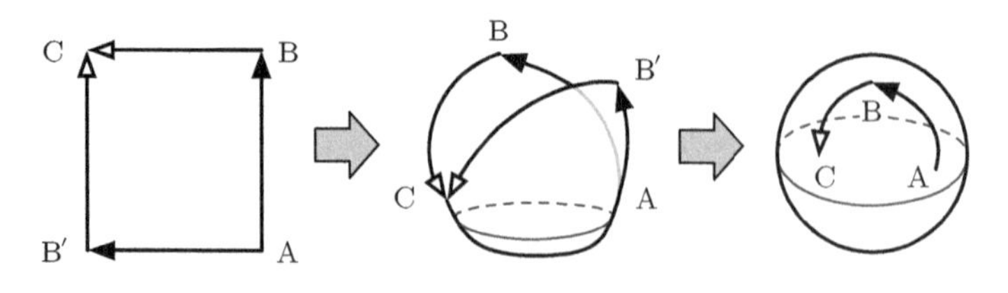

做成球面的过程

“比起 $12\bar{2}\bar{1}$，$1\bar{1}$ 可能更像饺子。”米尔嘉说道，“这次不使用有四条边的正方形纸，而是使用二边形纸。”

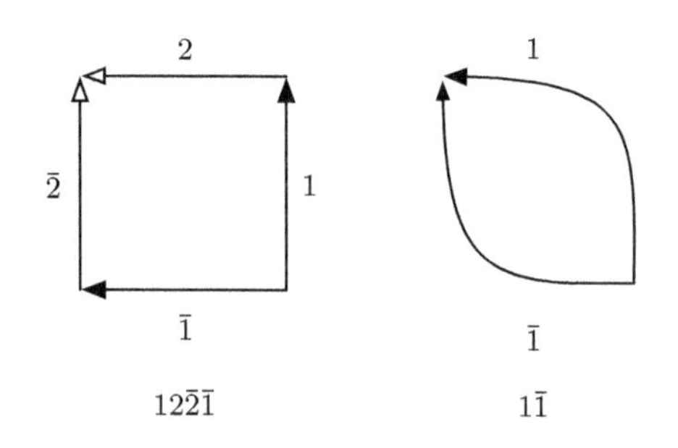

球面的展开图（两种）

“原来同一种图形可以有不一样的展开图啊。”

“这就是环面与球面。你觉得还可以做出哪些闭曲面呢？”米尔嘉问道。

“应该也做得出克莱因瓶吧。”我答道。

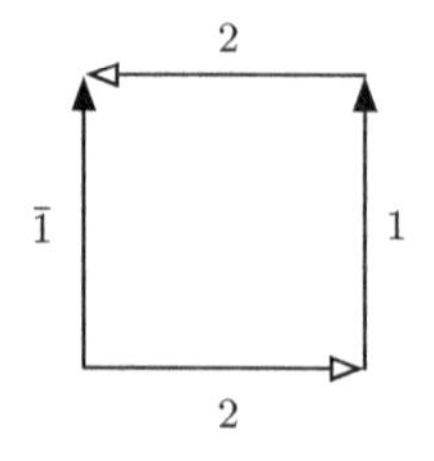

克莱因瓶的展开图（$12\bar{1}2$）

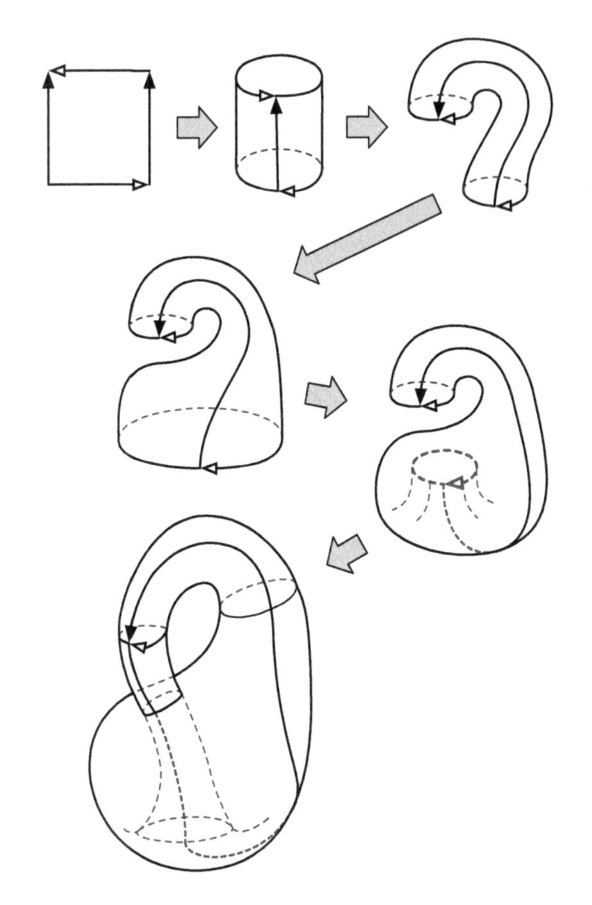

将克莱因瓶组合起来的过程

“哇，克莱因瓶像是扭了半圈的环面。”泰朵拉边说边让自己的双手像蛇一样扭来扭去。

“在把正方形中相对的两条边粘起来时，有几种黏合的方法呢？”我说，“将正方形相对的两条边朝相同的方向黏合时，可以得到环带；朝相反的方向黏合时，可以得到默比乌斯带。将展开图中剩下的另一对边粘起来时，也有同向和反向两种黏合方式。若将环带展开图中另一对相对的边同向黏合，则可以得到环面；反向黏合，则可得到克莱因瓶。可是……”

“在默比乌斯带展开图中，另一对相对的边也有两种方式粘起来，对吧？”泰朵拉说。

“对。可是，把默比乌斯带的另一对相对的边黏合起来，应该也只能得到克莱因瓶。”我说，“因为‘将环带展开图中另一对相对的边反向黏合’与‘将默比乌斯带展开图中另一对相对的边同向黏合’，得到的东西是一样的。”

“没错。可是，这种情况只会发生在有一对相对的边同向黏合的时候。如果将默比乌斯带展开图中另一对相对的边反向黏合，就会变成其他图形了，不是吗？”

“这样粘不起来吧。”我说，“不管怎么粘都会撞在一起。”

“你觉得没办法粘起来吗？”米尔嘉说，“只要容许面与面交叉，便可制作出克莱因瓶。我们也可用同样的方法制作出泰朵拉说的图形。”

“嗯……”我顿时说不出话来。

“这种图形到底长什么样子呢？我实在想象不出来……”

“如果将默比乌斯带展开图的另一对相对的边反向黏合，就会变成这样的闭曲面。它叫**射影平面**。”

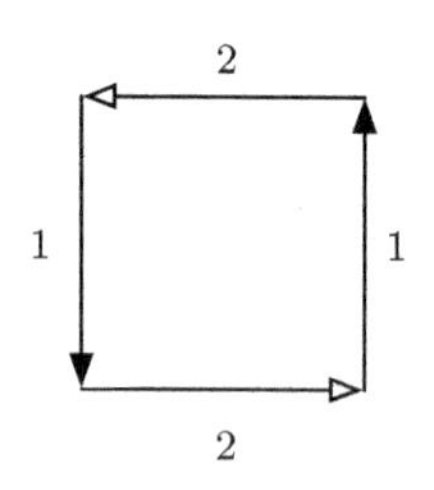

射影平面的展开图（1212）

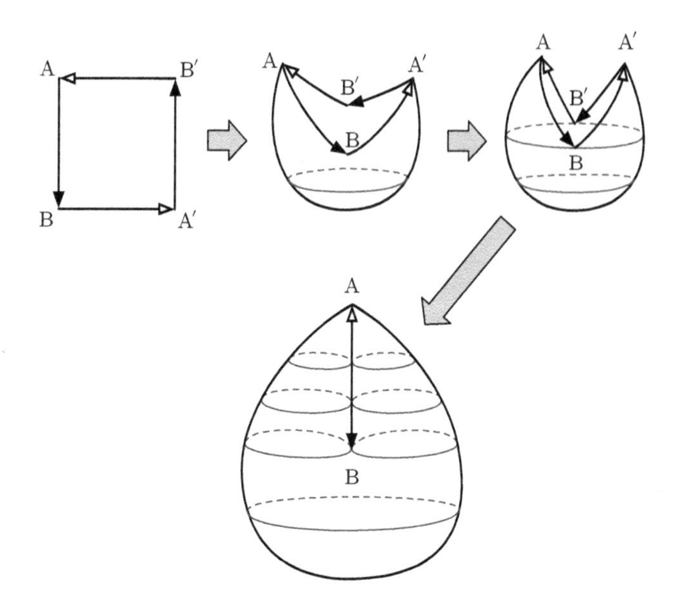

将射影平面组合起来的过程

“咦，真有趣。从 A 到 B 的箭头和从 A′ 到 B′ 的箭头粘在一起的同时，从 B′ 到 A 的箭头和从 B 到 A′ 的箭头也会粘在一起。”

“原来如此。”泰朵拉一边看着展开图，一边扭动着她的双手，最后似乎看懂了，“这些就是全部了吧？”

“是啊。”我点了点头，“若将环带的边界直接粘起来，就能得到环面；若将其扭半圈再粘起来，就能得到克莱因瓶。若将默比乌斯带的边界直接粘起来，就能得到克莱因瓶；若将其扭半圈再粘起来，就能得到射影平面。以上就是所有将两对相对的边粘起来的方法了吧。”

“我来整理一下。”

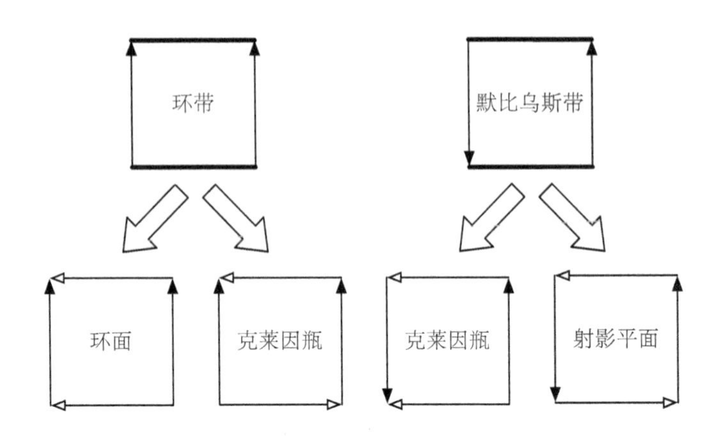

“射影平面和球面一样，可以用二边形制作出来。就像将球面的 $12\bar{2}\bar{1}$ 简化成 $1\bar{1}$ 一样，射影平面的 1212 也可以简化成 11。”米尔嘉说。

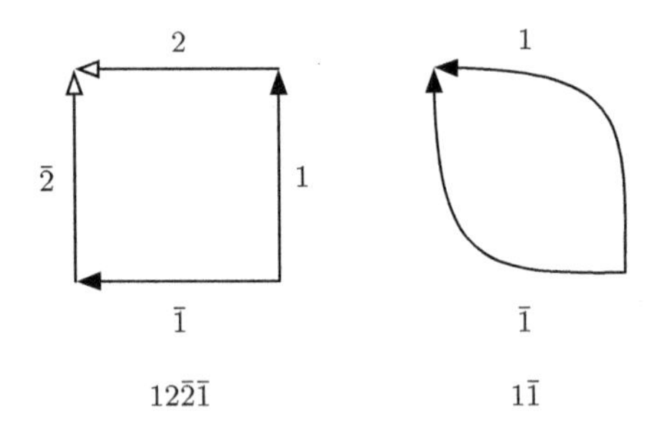

球面的展开图（两种）

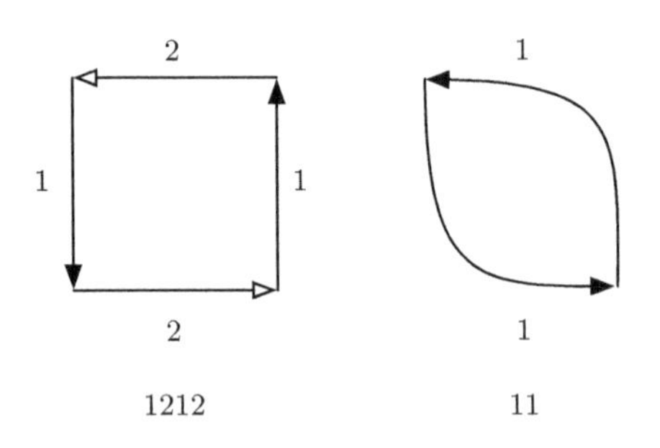

射影平面的展开图（两种）

“这两个图形就是所有可以用两个箭头组合出来的图形吧？”泰朵拉看着图说道。

“原来如此。”

“咦，话说……”泰朵拉说，“虽然我们能制作出环面，但还是制作不出双人游泳圈。”

“如果是用正方形这种四边形的纸，自然是不行的。”米尔嘉回答，“如果是用八边形的纸，就可以制作出双人游泳圈了。”

“是要将八边形的各边两两粘起来吗？我实在想不出来……”

“与其一开始就从八边形入手，不如先把它想成两个环面的**连通和**。”米尔嘉说。

“连通和？”

2.3.7　连通和

“连通和，就是分别从两个图形中切出小小的圆形切口，再将这两个切口粘起来，形成新图形的操作过程。若在两个环面上切出小小的圆形切口，再将二者切口处的边界粘起来，也就是对圆形切口的所有边界一视同仁，我们就可以得到双人游泳圈了。”

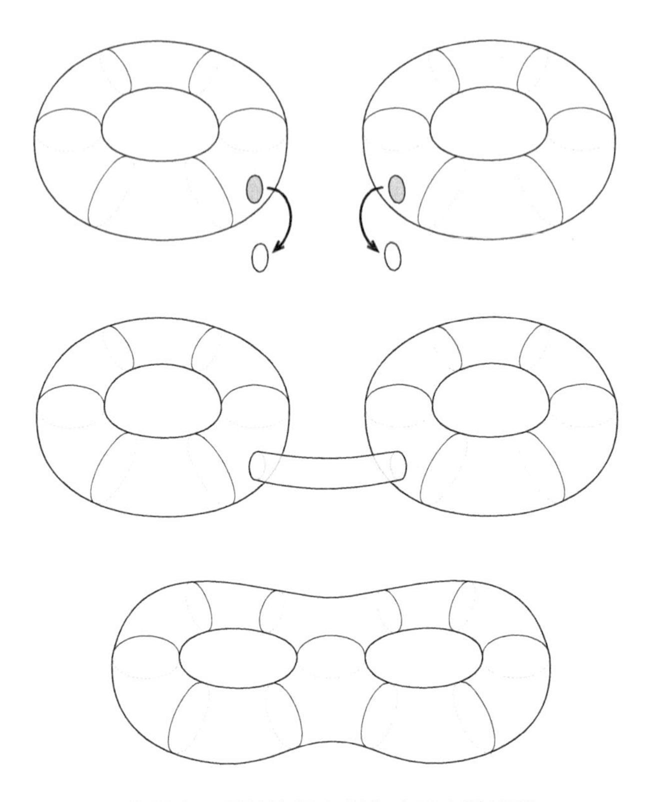

由两个环面的连通和制作出双人游泳圈

“这样吗？看起来没错，可是这种有两个洞的图形，感觉很难想象出它的展开图是什么样子的。”

“没那么难。”米尔嘉说。

◎　◎　◎

没那么难。双人游泳圈的展开图制作起来其实很简单。首先，画出两个环面的展开图。

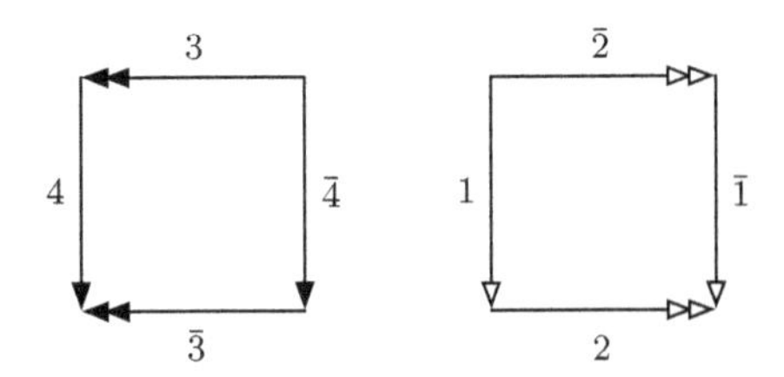

从这两个环面上分别切出两个圆形切口。0 和 $\bar{0}$ 这两条边是等价的。

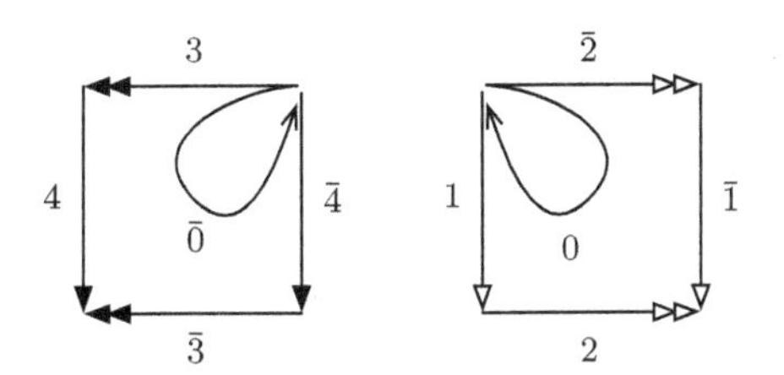

接着把这两条边拉直，可以得到两个五边形。

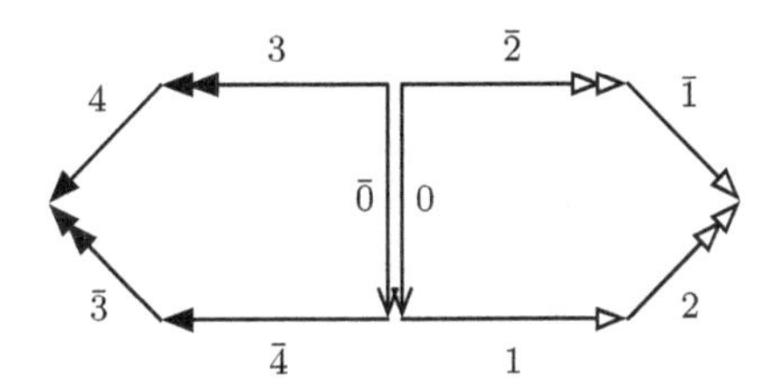

再将 0 与 $\bar{0}$ 粘在一起，就可以得到一个八边形。

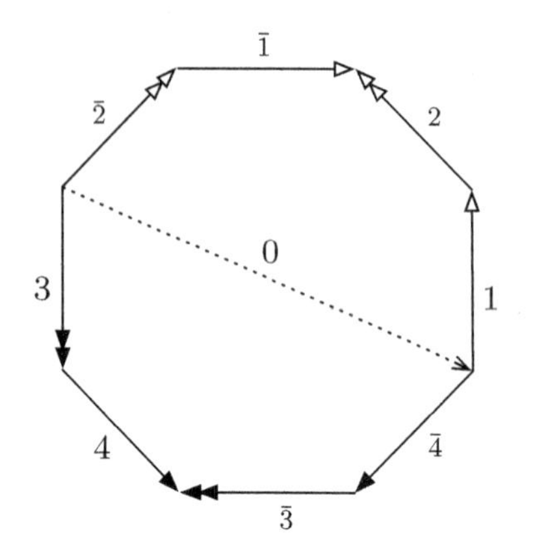

双人游泳圈的展开图（$12\bar{1}\bar{2}34\bar{3}\bar{4}$）

这就是**亏格**为 2 的闭曲面，也就是双人游泳圈的展开图。

“也就是双人游泳圈的展开图。”米尔嘉说。

“还真做得出来……”泰朵拉感叹道。

“我找到规律了。”我说，“球面是$1\bar{1}$，环面是$12\bar{1}\bar{2}$，双人游泳圈则是$12\bar{1}\bar{2}34\bar{3}\bar{4}$，这表明……”

“没错。可定向闭曲面可以按照这个方式分类。”

可定向闭曲面可以按照这个方式分类。

- $1\bar{1}$ 是球面（亏格为 0 的闭曲面）
- $12\bar{1}\bar{2}$ 是单人游泳圈（亏格为 1 的闭曲面）
- $12\bar{1}\bar{2}34\bar{3}\bar{4}$ 是双人游泳圈（亏格为 2 的闭曲面）
- $12\bar{1}\bar{2}34\bar{3}\bar{4}\cdots(2n-1)(2n)\overline{(2n-1)}\overline{(2n)}$ 是 n 人游泳圈（亏格为 n 的闭曲面）

所以，n 人游泳圈可以说是球面与 n 个环面的连通和。

在球面上切出 n 个圆形切口。

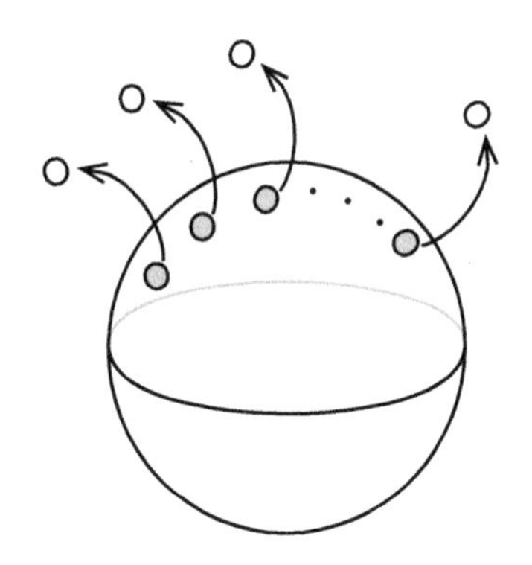

然后将 n 个被切出圆形切口的环面与球面粘起来。

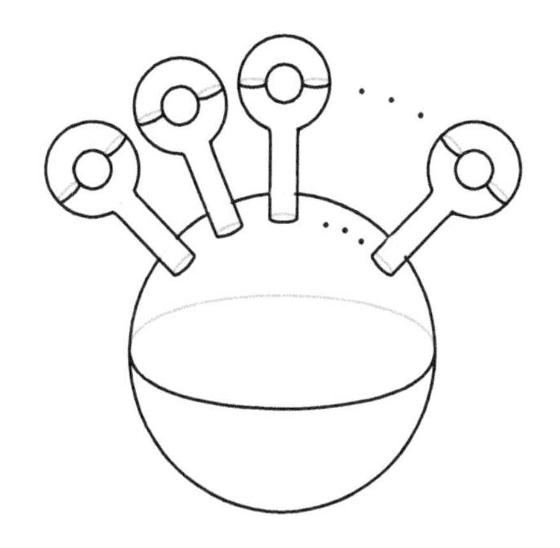

这样便可做出 n 人游泳圈了。

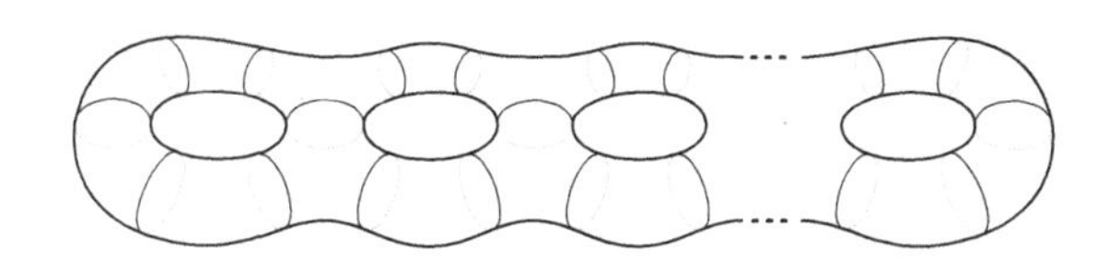

与此相对，不可定向闭曲面则包含了射影平面、克莱因瓶，以及球面与 n 个射影平面的连通和。

- 11 是射影平面
- 1122 是克莱因瓶
- $1122\cdots nn$ 是球面和 n 个射影平面的连通和
  $(n=3,4,5,\cdots)$

另外，射影平面可视为球面与一个射影平面的连通和，克莱因瓶可视为球面与两个射影平面的连通和。因此，球面与 n 个射影平面的连通和涵盖了所有不可定向闭曲面。

- $1122\cdots nn$ 是球面和 n 个射影平面的连通和
  $(n=1,2,3,\cdots)$

闭曲面的分类（连通和）

- 可定向
  球面与 n 个环面的连通和 $(n=0,1,2,\cdots)$
- 不可定向
  球面与 n 个射影平面的连通和 $(n=1,2,3,\cdots)$

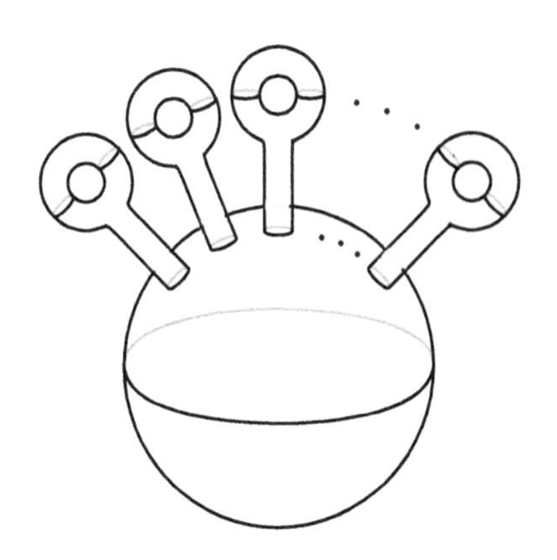

球面与 n 个环面的连通和

球面与 n 个射影平面的连通和

“那个…… 可以暂停一下吗？” 泰朵拉说，“克莱因瓶是 1122 吗？我记得好像是 $12\bar{1}2$ 才对……”

“克莱因瓶的展开图可以是 $12\bar{1}2$，也可以是 1122。” 米尔嘉说。

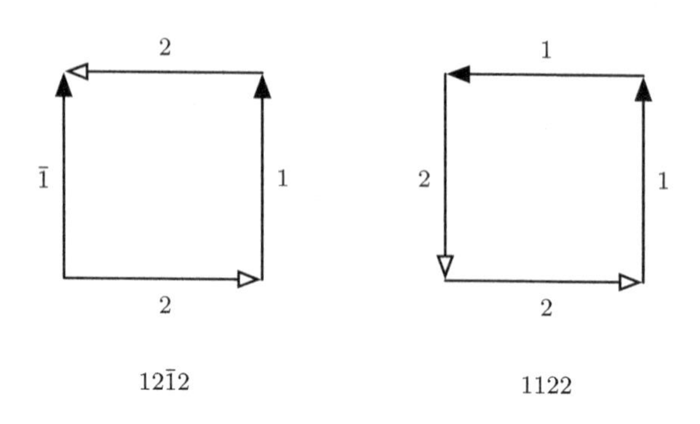

克莱因瓶的展开图

“咦？”

“沿着对角线切开、黏合，再重新编号就行了。”

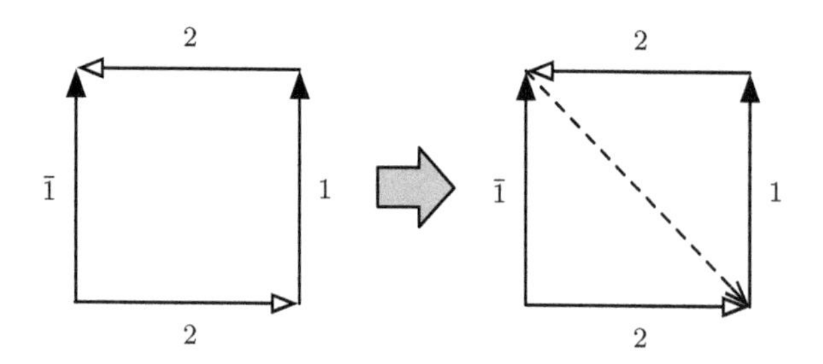

将克莱因瓶的展开图（$12\bar{1}2$）沿对角线切开

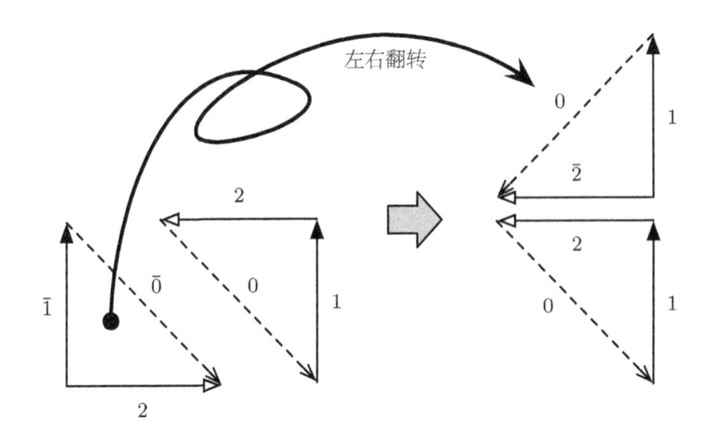

将其中一方翻转，黏合 2

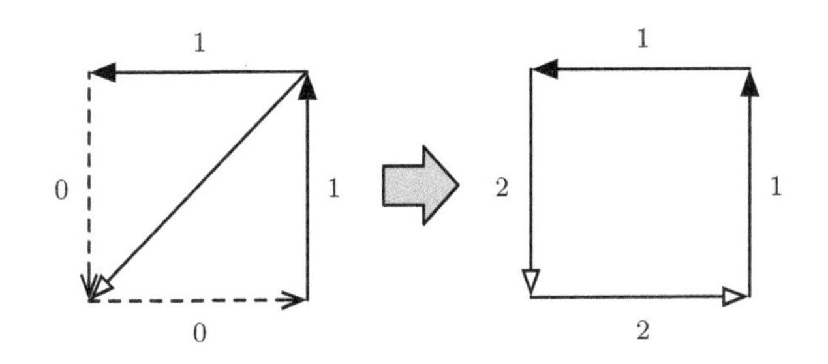

重新编号，成为新的展开图（1122）

“切掉一个圆形切口的环面叫作环柄。”米尔嘉继续说着，“切掉一个圆形切口的射影平面，就是默比乌斯带。所以闭曲面也可按下面的方式分类。”

闭曲面的分类（连通和）

- 可定向

  将 n 个环柄粘在有 n 个圆形切口的球面上形成的闭曲面

  $(n = 0, 1, 2, \cdots)$

- 不可定向

  将 n 个默比乌斯带粘在有 n 个圆形切口的球面上形成的闭曲面

  $(n = 1, 2, 3, \cdots)$

“切掉一个圆形切口的射影平面就是默比乌斯带？”泰朵拉有些疑惑。

“把默比乌斯带粘在球面的圆形切口上？”我也问道，“可以吗？”

我有些想象不到。

“可以。”米尔嘉说，“圆形切口的边界是一条闭曲线，默比乌斯带的边界也是一条闭曲线，所以二者可以彼此黏合。”

“放学时间到了。”

我们吓了一跳。说话的是在图书馆工作的瑞谷老师，她戴着一副深色眼镜，穿着紧身裙飒爽走过。她平时都待在管理员办公室内，不过一到这个时间，就会走到图书室中央，宣布放学时间已到。时间过得真快。

回过神来，才发现周围到处都是画满了各种图的纸。我们赶紧收拾好，然后离开了学校。

2.4 归途

像质数一样

我、米尔嘉和泰朵拉一起沿着住宅区的小路前进，朝着车站的方向走。我和泰朵拉并肩走着，米尔嘉则一人走在前方。

“……”泰朵拉一直默不作声。

“怎么了，泰朵拉？”

“默比乌斯带就像质数一样。”泰朵拉说。

“质数？”米尔嘉回过头，似乎有些惊讶。

“啊…… 嗯，所有的整数都可以进行质因数分解，对吧？对质数进行乘法运算后，可得到任何一个整数。我觉得我们在给闭曲面分类时，好像也在做类似的事情…… 虽然这么比喻可能不太恰当。”

泰朵拉谨慎地说着。

“虽然我还有很多地方不大明白，不过，如果所有闭曲面都可以由有圆形切口的球面、环柄和默比乌斯带组合而成，那默比乌斯带就是一个很重要的零件，是万能零件。所以，我觉得这种零件就像质数一样……”

“嗯。”米尔嘉点了点头。

“切出圆形切口，再用默比乌斯带把切口的边界堵住，这真是需要想象力啊。”我说，“在展开图上画出去除圆形切口的连通和，以及用展开图表示克莱因瓶等，就像在解谜一样。使用的纸要想象成可以像橡胶那样任意伸缩，这一点也很符合拓扑学的感觉。”

“默比乌斯带和克莱因瓶真是不可思议。”泰朵拉说。

……我们能列举出所有的二维流形吗?

从麦哲伦的船队归国,

到人类踏上极地的这段时间,

人们能推测出整个世界的形状吗?

对这个疑问做出解答与证明,

正是十九世纪伟大的数学成就之一。

—— 多纳尔·欧谢[4]

第3章 泰朵拉的身边

可实际上时间并不是一条直线。

没有任何形状。

它在任何意义上都不具有形状。

不过我们的大脑想象不出没有形状的东西，

只能当它是一条直线。

——村上春树《1Q84》[①]

3.1 家人的身边

尤里

早晨上学时，我在前往车站的路上遇到了尤里。

“哎呀，这不是尤里嘛！”

“哎呀，这不是哥哥嘛！一起走吧！”

说起来，虽然我们两家离得很近，但我很少在上学时碰到尤里。尤里来我家时基本都穿的是牛仔裤，所以我很少看到她穿制服的样子。

“干吗一直盯着我看啊？”

“没有没有。”

---

① 施小炜译，南海出版公司2018年出版。——编者注

“对了，阿姨住院了吗？”

“倒也不算。”我回答，“名义上是住院了，但只是住院检查而已，正好趁这个机会做各种身体检查。不用担心。”

“这样啊，那太好了。”

“也不用专门过去探病，阿姨那边你帮我说一声。”

“明白…… 不过妈妈说不定已经知道了。”

“也是，她们经常联系。对了，今天怎么这么早出门？”

“最近突然想要早点去上学。哥哥，这个周末我可以去你家玩吧？”

尤里仰头看着我的脸说。

“就算我说不行你也会来吧？”

“当然不会。如果阿姨的身体还是不舒服，我就不去打扰了，怕给你们添麻烦。”

“没问题的，那时候妈妈应该已经出院了。”

“太好了，要是阿姨不在家的话就太无聊了。”

尤里也在用她的方式关心我们。

妈妈不在家的这几天，家里给人一种前所未有的紧张感。往日里深夜才到家的爸爸这几天很早就回来了，家里各种事情的安排也和平时不太一样。

以前，我总以为生活就是日复一日地过下去，但这或许只是我的错觉。其实，我们每天的生活都建立在某种微妙的平衡上。

家人如果住在一起，就要互取平衡地相处和生活。尤里对我来说也像家人一样，但我们并不会每天都生活在同一屋檐下。

家人啊，真是一种不可思议的存在。回想起来，家人一直都在我的身边，我们彼此相依、共同生活。家人的“形状”，想必都是独一无二的吧，但即便有着各种各样的形状，仍然可以统称为家人。所谓家人，究竟是什么呢？

“哥哥，你在想什么呀？”

“我在想怎么定义家人的形状。”

“那是什么啊？数学吗？”

3.2　0的附近

3.2.1　练习

这里是学校。

今天的自习时间我打算用来学数学，所以想试着做一下练习册后面附带的模拟卷。模拟卷与正式考试时使用的试卷相仿，有很多空白的地方，而我需要在规定的时间内解出上面的问题。

试卷上用来答题的地方不像笔记本那样会设置横线。我之前就注意到了这一点，所以一直都是用内页没有横线的笔记本。

即使如此，在笔记本上答题和在试卷上答题还是有很大差异的。在试卷上答题时，还需要考虑答题空间，注意答案各行行首的空格，以保证卷面的整洁和易读。

我将手表放在桌上。

模拟练习，开始。

问题 3-1

函数 $f(x)$ 的定义域为所有实数，存在极限值 $\lim_{x \to 0} f(x)$ 且

$$\lim_{x \to 0} f(x) \neq f(0)$$

试举出符合这些条件的函数 $f(x)$。

原来如此。$\lim_{x\to 0} f(x) \neq f(0)$表示

- 当 $x \to 0$ 时，$f(x)$ 的极限值
- 当 $x=0$ 时，$f(x)$ 的值

两个值不一样。这个简单，只要考虑一个在$x=0$的地方不连续的函数就可以了。如果画出$y=f(x)$的图，就是下面这样。

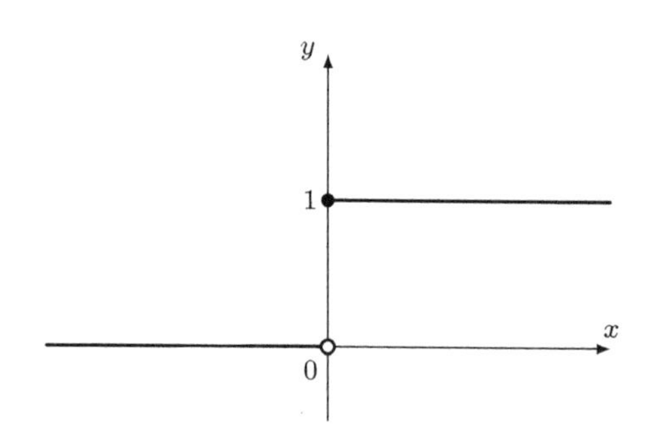

也就是说，若函数 $f(x)$ 定义如下，即符合题目的要求。

$$f(x) = \begin{cases} 0 & \text{当 } x < 0 \text{ 时} \\ 1 & \text{当 } x \geqslant 0 \text{ 时} \end{cases}$$

这不就一下子解出来了嘛。下一个问题是……

不对，总觉得哪里怪怪的。再读一遍题目吧。

问题 3-1（再次阅读）

函数 $f(x)$ 的定义域为所有实数，存在极限值 $\lim_{x\to 0} f(x)$ 且

$$\lim_{x\to 0} f(x) \neq f(0)$$

试举出符合这些条件的函数 $f(x)$。

题目中的函数 $f(x)$ 应包含以下条件。

- 函数 $f(x)$ 的定义域为所有实数
- 存在极限值 $\lim\limits_{x \to 0} f(x)$
- $\lim\limits_{x \to 0} f(x) \neq f(0)$

得想一想**是否用到了所有条件**。我刚才想到的函数 $f(x)$，其定义域确实是所有实数，但并不能说存在极限值 $\lim\limits_{x \to 0} f(x)$。因为要想存在极限值 $\lim\limits_{x \to 0} f(x)$，无论 x 怎么趋近于 0，$f(x)$ 都必须趋近于相同的值。然而，我刚才想到的函数 $f(x)$ 在 x 从正的方向趋近于 0 时会趋近于 1，在 x 从负的方向趋近于 0 时，会趋近于 0。

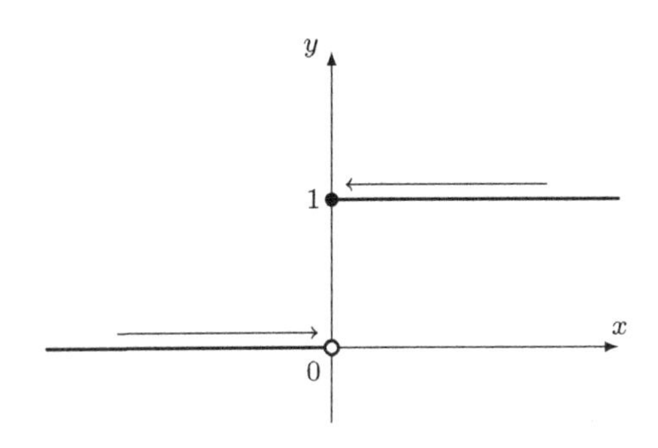

因此，我刚才想到的 $f(x)$ 并不是问题 3-1 的答案。

如果函数只在 $x = 0$ 的地方有不同的值，应该就可以了。画成图的话就是下面这样。

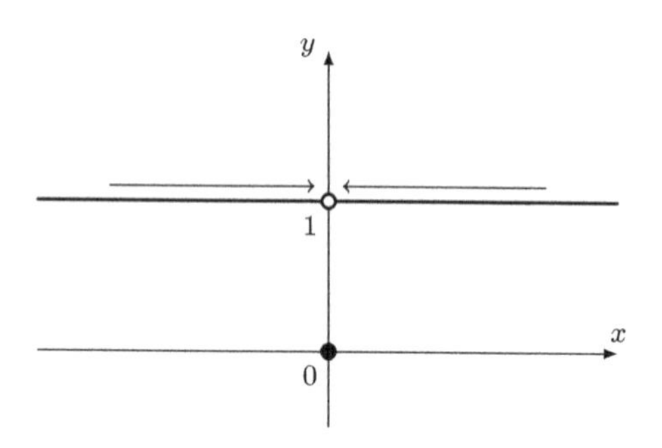

这么一来，当 $x \to 0$ 时，$f(x)$ 的极限值为 1；当 $x = 0$ 时，$f(x)$ 的值为 0，即 $\lim_{x\to 0} f(x) \neq f(0)$。

解答 3-1（示例）

$$f(x) = \begin{cases} 0 & \text{当 } x = 0 \text{ 时} \\ 1 & \text{当 } x \neq 0 \text{ 时} \end{cases}$$

没想到在第一题上就花了这么多时间，我开始紧张起来。如果想清楚极限的定义，冷静地解这道题，很快就能解出来。但是，考试是有时间限制的，只要出点小差错就会让我开始紧张，所以我对考试总抱有一种恐惧感。

不，现在不是想这些的时候。快点转换心情，开始做下一题吧。这种情况不正是模拟练习的意义所在吗？

深呼吸。

要是没办法拿出真本事，练习就没有意义了。

3.2.2　全等与相似

下课后。

这里是学校的图书室。我和泰朵拉正在聊天。

“在那之后，我一直在思考环面和克莱因瓶。”泰朵拉说，“我好像有点理解在拓扑学领域中，各种图形是如何任意伸缩变形的了，但我还是没有完全理解。”

我认真地听着泰朵拉说话。一开始，她还惶恐地说占用了我的时间很不好意思之类的，但话匣子打开之后，她就停不下来了。她正在说前几天与我和米尔嘉讨论的有关拓扑的内容。

“我觉得没有出现算式这一点很神奇 —— 居然可以只靠画图来说明。”

“会在意有没有出现算式这一点，感觉和我有点像呢。”

“没…… 没有这回事啦。没有出现算式，总让我怀疑自己想到的东西到底正不正确。我们又是把图形拉长，又是把两个边粘在一起。明明是在讨论数学，这么做不会出问题吗？我很怕出错。”

“没错没错，就是这种想法，简直和我一模一样！”

“学长，请你不要再取笑我了！”泰朵拉装作要打我的样子。

“米尔嘉上次谈到展开图的时候，会用 $11\bar{2}2$ 这样的编号来表示闭曲面，对吧？”我赶紧一本正经地说，“我们可以把那种编号看成算式。这样一来，不仅可以更全面、系统地去研究，还可以将展开图的变形转换成编号的变形。这不就和摆弄算式差不多嘛！”

“我以前把‘相同的形状’这个词想得太简单了，其实我并没有了解得很透彻。”

我突然想起来自己和泰朵拉初见时的情景。她从一开始就很关注自己是不是真的理解了某个问题。我还记得我们曾在空无一人的阶梯教室里交谈，当时我们谈了什么来着……

“拓扑学中提到相同的形状时，会把许多我们以前认为不一样的图形归为同一类。”她说，“不管是三角形、四边形、圆形，还是其他图形，都是相同的形状，它们都是同一类。”

“说到相同的形状，我就会想到全等和相似。”

“全等和相似吗？”

“对。只有在两个图形的形状和大小完全相同时，我们才能说这两个图形**全等**。就算形状相同，只要大小不一样，就不能算全等。”

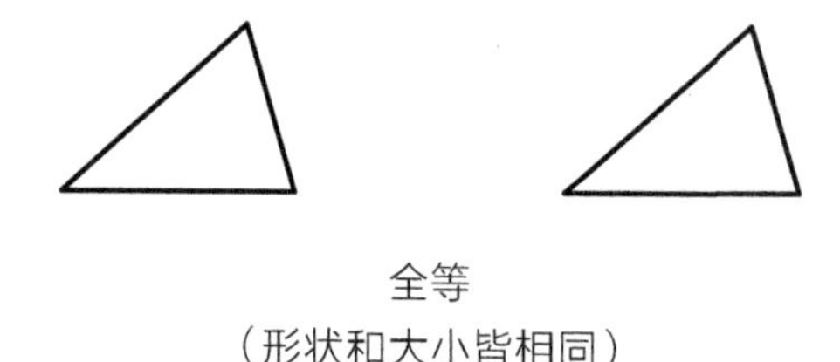

全等
（形状和大小皆相同）

“确实是这样。”

“不过，当两个图形**相似**时，大小有可能就会不一样。只要形状相同，即使大小不同也算相似。在学相似的概念时，我才知道要把形状和大小这两个概念分开来看。在那之前，我从来没想过‘形状相同但大小不同’这样的概念。”

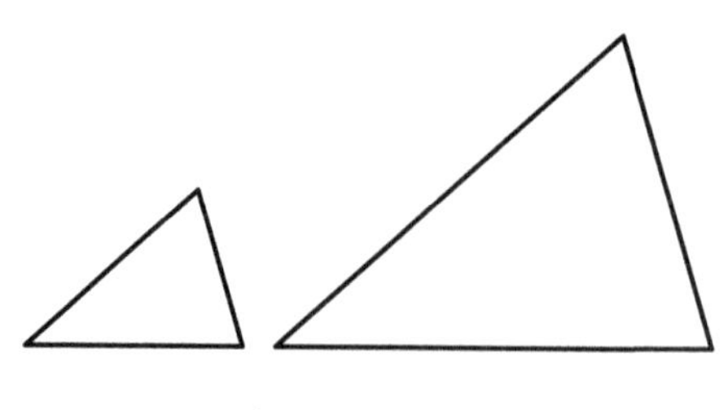

相似但不全等
（形状相同但大小不同）

“原来如此…… 等一下！这时候我们也应该把何为‘形状相同’定义

清楚才行。要是不定义清楚，‘形状相同就是相似’这个描述也会变得模糊。”泰朵拉说。

“没错。拿三角形来说，当两个三角形各对应边的长度相等时，这两个三角形就是全等三角形；当两个三角形各对应边的长度比例相等时，这两个三角形就是相似三角形。”

“嗯……”泰朵拉沉吟道，“也就是说，全等是相似的特殊情况，对吧？因为当各对应边的长度比例相等时就是相似三角形，如果再加上长度比例皆为 1:1 这个条件，就是全等三角形了！等等，这不是理所当然的吗？我为什么要说这个？”

“不，我觉得重新确认一次也很重要。我们可以把全等视为相似的一种，也就是长度比为 1:1 时的特殊情况；反过来说，我们也可以把相似视为全等的一般化情况。两个全等图形的对应边边长比为 1:1，而相似图形的对应边边长比则是 $1:r$。这也可以说是利用了‘引入变量实现一般化’的方法，将全等关系一般化成相似关系。”

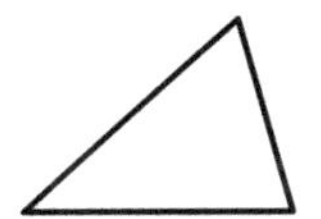

全等就是对应边的边长比为1:1的相似

“学长，我有一个想法。既然三角形、圆形在拓扑学的世界里属于相同的形状，那在拓扑学中有没有类似于全等和相似这样的词语，用来表示两种图形在拓扑学上形状相同呢？”

（！）

我惊讶地看着泰朵拉的眼睛。确实如此。我读了很多有关拓扑学的数学书，也看到许多“咖啡杯的形状和甜甜圈的形状相同”之类的描述。但是，我从来没有像泰朵拉那样，想用一个词来描述这种相同。

泰朵拉很喜欢语言。她擅长英语，也常思考要用什么词来表达一个概念。仔细斟酌各种词语，一心想着如何用正确的方式来表示数学方面的事物，如此便能捕捉到自己未知的概念吗？

“学长？”

“泰朵拉，你究竟是何方神圣？”

“我就是泰朵拉啊。”

她看着我说道。

“还是那个泰朵拉。”

3.2.3　对应关系

晚上。

在家里。

妈妈还在医院，爸爸也在那里陪护她。我在空无一人的厨房里泡咖啡。平常妈妈总是跟我说“可可茶泡好了”，而我会回一句“如果是咖啡就好了”。这就是我家的日常，但今晚不同，妈妈在医院，我在家里。一个人待在空无一人的家里。

即使是亲如一体的家人，随着时间的流逝，形状也会发生改变。或许有一天，我也会离开这个家，一个人独自生活吧。家人的形状终将改变，总有一天会改变。虽然我没办法清楚地描述它会朝什么方向变化，但它一定会变。

我走进自己的房间，一边喝着咖啡，一边开始解题。

数学家将咖啡杯和甜甜圈视为同一类。这是在提到拓扑学时一定会出现的话题。咖啡杯把手处的洞可以对应到甜甜圈上的洞。对应……我想起了下午和泰朵拉的对话。

那时我说两个三角形各对应边的长度相等时，这两个三角形就是全等三角形。当时我想到的是三边相等是三角形的全等条件之一，但往深处想一想，“对应边”又是什么意思呢？若眼前有两个全等三角形，我要如何确认哪条边和哪条边对应呢？这虽然不难，不过人类靠眼睛来确认对应关系，真的没问题吗？

我连自己在想什么都不太清楚。如果想从数学的角度思考什么是对应关系，该怎么做呢？我在这个问题上停滞不前。

试着按顺序思考吧。

图形由点聚集而成，所以当我们说两个图形有对应关系时，图形上的点应该也有对应关系。在有两个图形的情况下，一个图形上的某个点应该要对应到另一个图形上的某个点才对。嗯，也就是**映射**。考虑图形和图形之间的对应关系，其实就是以数学的方式思考从一个图形到另一个图形的映射关系。到这里我都懂。

要想将咖啡杯与甜甜圈视为相同的形状，必须要让咖啡杯上的点和甜甜圈上的点完美对应吗？也就是说，一定要有完美的映射吗？如果是的话，就必须在拓扑学上定义什么是完美的映射。而且，映射是不是还可以分成类似于“全等”概念的映射和类似于“相似”概念的映射呢？

我在高中入学时与米尔嘉相遇。在和她交谈的过程中，我对数学的理解也越来越深，其中也包括对集合和映射的理解。当然，我也从书中学到了许多知识。不过，通过米尔嘉的“讲课”，我领悟到了不少东西。

恰好在一所高中相遇的我们，如今都已面临高中生涯的结束，而在毕业之后……

不，在毕业之前还有高考。

现在还是秋天。秋天有实力测试[①]。过了秋天就是冬天。圣诞节前夕还会举行合格判定模拟考。

高考是能够决定你们未来的大事——老师常这么说。这事儿我们当

---

① 实力测试是日本每年举行一次的考试，试题形式与正式高考类似，用于衡量学生能力。——编者注

然清楚，一直强调反而让人感到烦躁。因为很重要，所以可以感觉到它的分量。一想到高考会决定自己的未来，我的心情便相当沉重。

胡思乱想的我独自被深夜包围。

3.3　实数 a 的附近

3.3.1　全等、相似、同胚

第二天下课后，我来到图书室。泰朵拉和米尔嘉坐在桌子的两侧，好像在讨论什么。

泰朵拉一边讲一边做出夸张的手势。我虽然听不见她的声音，但大概能猜出她在讲什么。她很卖力地舞动着双手——原来如此，她应该是在说两个图形的全等关系。

“…… 所以我觉得有词语可以用来表示相同。”泰朵拉说。

“**同胚**。”米尔嘉说，“你想问的是该用什么词来表示相当于全等和相似的概念吧？这个词就是同胚，它用来表示两个图形在拓扑学上形状相同。”

“同胚 …… 英语是什么呢？”

“homeomorphism。形容词形式是 homeomorphic。”

“homeomorphism。原来如此。”泰朵拉进入英语单词的词源探索模式，“homeo- 是表示相同的前缀；morph 应该就是形状的意思了吧，因为毛毛虫变成蝴蝶的过程是 metamorphose；-ism 是名词性后缀，所以 homeomorphism 就是相同形状的意思。”

“应该没错。”米尔嘉说，“就像全等和相似是几何学中的基本概念一样，同胚也是拓扑学中的基本概念。”

“拓扑学上会说‘这个图形和这个图形同胚’吗？”

“当然。咖啡杯就和甜甜圈同胚。”

“确实，我可以在脑海中把咖啡杯想象成黏土，然后再把它变形成甜甜圈。”泰朵拉扭动着双手说，“可是，这样的变形可以用数学来描述吗？”

“我觉得，这一定和映射有关系。”我说着便坐到了泰朵拉的旁边，“昨天晚上我也稍微想了一下。全等和相似应该可以用映射的方式来描述。”

“举例来说，两个图形全等就表示存在‘保持任意两点间距离’这样的映射。”米尔嘉接着我的话头说了下去，“两个图形相似则表示存在‘保持任意两点间距离比例’这样的映射。”

“换句话说，两个图形同胚就表示存在某种映射，是吗？”我说。

“没错。这种映射又叫**同胚映射**。可以说，两个图形同胚就表示存在同胚映射。”

“等一下，米尔嘉学姐。现在还只停留在名字上而已，”一直听着我和米尔嘉对话的泰朵拉突然提高了音量，“存在同胚映射的话就是同胚，这相当于什么都没说，只是用同胚映射这个词代替了同胚而已。”

“没错，所以问题在于同胚映射的定义。”

“定义？也就是说，只要在数学上定义什么是同胚映射，就可以理解把图形扭来扭去代表什么意义了吗？”

“其实我们已经学过能用来定义同胚映射的数学概念了。”

“咦？可是我没学过拓扑学啊。”

“我指的是连续这个概念。”米尔嘉缓缓说道。

“连续在拓扑学中也有出现吗？”我问。

“连续这个概念，在整个拓扑学中都会用到。”

“……”

“如果想以数学的方式定义同胚映射，就必须以数学的方式定义连续的概念。泰朵拉，你还记得连续的定义吗？函数 $f(x)$ 在 $x=a$ 处连续是什么意思呢？”

“记得！啊⋯⋯不对，稍、稍等一下。我记得是一个用极限来表示的式子。给我一点时间，我绝对能想起来。”

3.3.2 连续函数

五分钟后。

“这样应该可以吧？”泰朵拉说，“这就是连续的定义。”

连续的定义（用 lim 来表示连续）

当函数 $f(x)$ 满足以下式子时，$f(x)$ 在 $x = a$ 处连续。

$$\lim_{x \to a} f(x) = f(a)$$

“这样就可以了。”米尔嘉说，“不过，明确说出存在极限值会更好。”

连续的定义（换一种表述）

当函数 $f(x)$ 满足以下两个条件时，$f(x)$ 在 $x = a$ 处连续。

- 当 $x \to a$ 时，$f(x)$ 存在极限值
- 其极限值等于 $f(a)$

我想起了昨天做的模拟题，说：“上课时老师也讲过，函数 $f(x)$ 在 $x = a$ 处连续，就表示当 x 无限接近 a 时，$f(x)$ 会无限接近 $f(a)$。这就是用无限接近来表示极限的概念，并用极限来定义连续。”

“用极限来定义连续没什么问题，”泰朵拉小声说道，“但其实我并不是用 $\lim_{x \to a} f(x) = f(a)$ 这个式子来理解连续这个概念的，我用的是 $y = f(x)$ 的图。因为函数 $f(x)$ 在 $x = a$ 处连续时画出的图与不连续时画出的图不一样。”

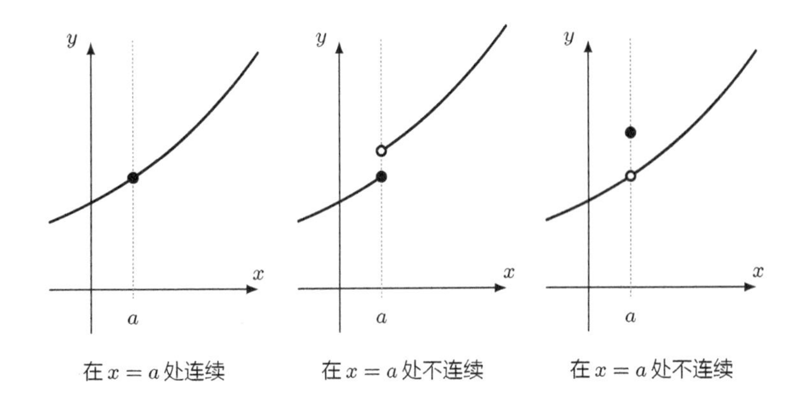

在 $x=a$ 处连续　　在 $x=a$ 处不连续　　在 $x=a$ 处不连续

“那也可以的。”米尔嘉说，“好了，为了达成我们的目标，还是继续探究连续这个概念吧。”

“我们的目标是什么？”

“定义拓扑学中用来表示形状相同的同胚是什么意思。要想定义同胚，就得定义同胚映射是什么；要想定义同胚映射，就得定义连续映射是什么。因为我们对实数上的连续函数比较熟悉，所以可以以此为起点，继续探究连续的概念。而这，其实就是在探究极限的概念。”

“原来如此，所以要用的是 ε-δ 定义法！”我说。

“当然，就是这样。”米尔嘉说，“定义连续函数需要用到极限的概念。不过，我们一般不接受‘无限接近’这种不明确的表述，所以用逻辑表达式重写一遍吧。试着用逻辑表达式表示连续，从而获取这个概念的本质。如果用 ε-δ 定义法来描述函数 $f(x)$ 在 $x=a$ 处连续，就是下面这样。”

连续的定义（用 ε-δ 定义法表示）

当函数 $f(x)$ 满足以下式子时，$f(x)$ 在 $x=a$ 处连续。

$$\forall \varepsilon > 0\ \exists \delta > 0\ \forall x\ \Big[\,|x-a| < \delta \Rightarrow |f(x)-f(a)| < \varepsilon\Big]$$

“嗯，这个之前我和泰朵拉讨论过[①]。”我说，“顺便练习一下如何阅读逻辑表达式吧。”

“好。”泰朵拉说，“这个我知道怎么读。”

$\forall \varepsilon > 0$	对于任意正数 ε，
$\exists \delta > 0$	若给每个 ε 都选定一个合适的正数 δ，
$\forall x \Big[$	则对于任意实数 x，都能使条件
$\lvert x - a \rvert < \delta$	“若 x 与 a 的距离比 δ 小，
$\Rightarrow$	则
$\lvert f(x) - f(a) \rvert < \varepsilon$	$f(x)$ 与 $f(a)$ 的距离比 ε 小”
$\Big]$	成立。

对于任意正数 ε，
若给每个 ε 都选定一个合适的正数 δ，
则能使条件
$|x - a| < \delta \Rightarrow |f(x) - f(a)| < \varepsilon$
对于任意实数 x 都成立。

“光是记住这个式子，就费了我好大一番功夫。我总是搞混 ε 和 δ，所以最后都是用图形有没有连在一起来判断是否连续的。”

“只要在图上标出 ε 和 δ 就可以了。”我说，“对于任意 ε，都可找到至少一个 δ，使 $|f(x) - f(a)| < \varepsilon$ 成立。换个方式说，我们一定找得到一个 δ，使得当 x 在 a 的 δ 邻域时，$f(x)$ 也会在 $f(a)$ 的 ε 邻域。画成图应该就清楚多了。”

---

①《数学女孩3：哥德尔不完备定理》中的内容。

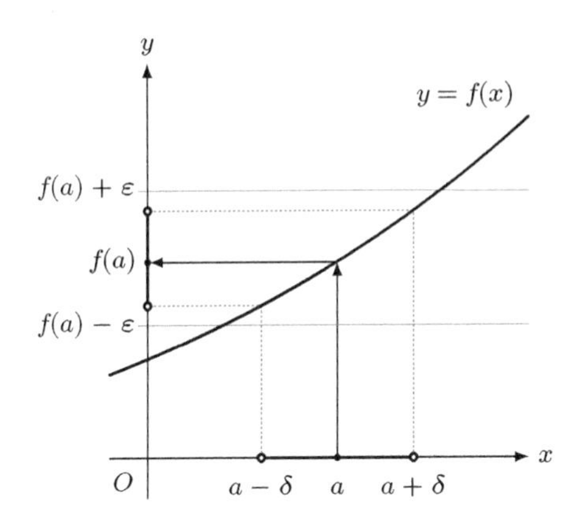

在连续函数f中，a的δ邻域内所有的
点皆可映射到$f(a)$的ε邻域内

“没错，不过同时在横轴和纵轴上移动实在有点困难，思考的时候也常会头昏眼花。”

“这样的话，把两边都画成纵轴就行了。”米尔嘉说，“这么一来，我们就可以清楚地看出 a 的 δ 邻域内所有的点皆可映射到 $f(a)$ 的 ε 邻域内了。”

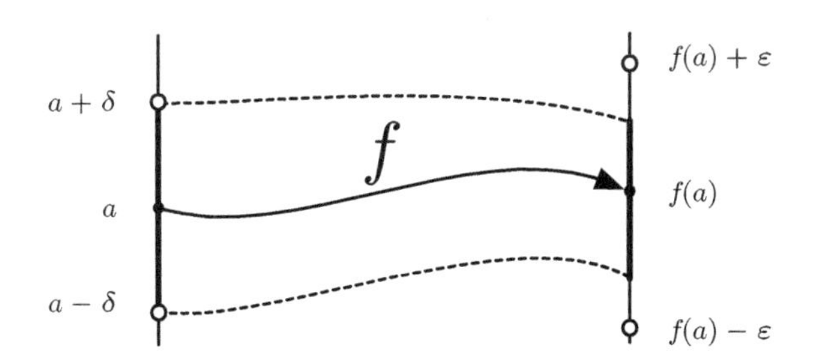

在连续函数f中，a的δ邻域内所有的
点皆可映射到$f(a)$的ε邻域内

“a 的 δ 邻域指的就是从 $a-\delta$ 到 $a+\delta$ 的范围吗？”泰朵拉说，“也就是 a 的近邻？”

“没错。不过要注意，边界并不包含在内。”我回答，“$f(a)$ 的 ε 邻域指的就是 $f(a)-\varepsilon$ 到 $f(a)+\varepsilon$ 的范围。我来看看这种画法⋯⋯原来如此，按照这种方式画出来，确实可以清楚地看出函数 f 是一种映射。函数 f 可以将点 a 映射到 $f(a)$ 上。”

“不好意思，映射和函数一样吗？”

“可以把它们看作同一种东西。”米尔嘉说，“不过，‘函数’有时只能用来表示以数的集合为对象的映射。”

“如果看着这个图来思考，确实可以直观地理解连续，知道相连是什么感觉。”我说。

“呃⋯⋯学长，为什么这样会比较直观呢？”

“因为从这样的图中，我们可以看出不管选择什么样的 ε，或者说，不管怎么选择 $f(a)$ 的 ε 邻域，只要选择一个适当的 δ，就可以让 a 的 δ 邻域经过 f 的映射后，完全落在 $f(a)$ 的 ε 邻域内。”

“⋯⋯”

我进一步给泰朵拉解释。

“函数 f 在 a 处不连续时，便无法满足‘不管 ε 有多小，都一定可以找到合适的 δ’这个条件了。因此，函数 f 连续可以保证不管 ε 多小都可以找到 δ，使这个映射关系成立。”

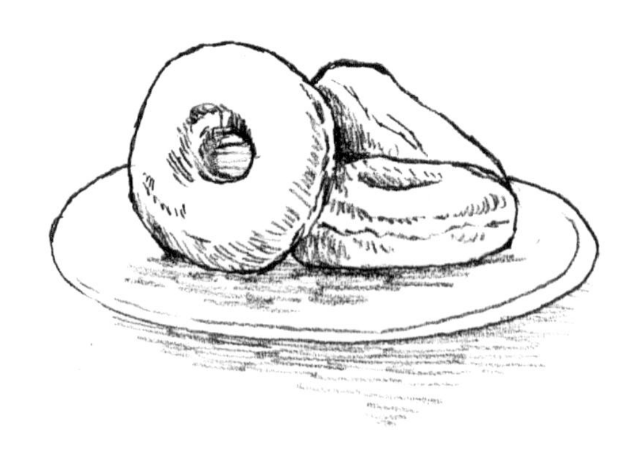

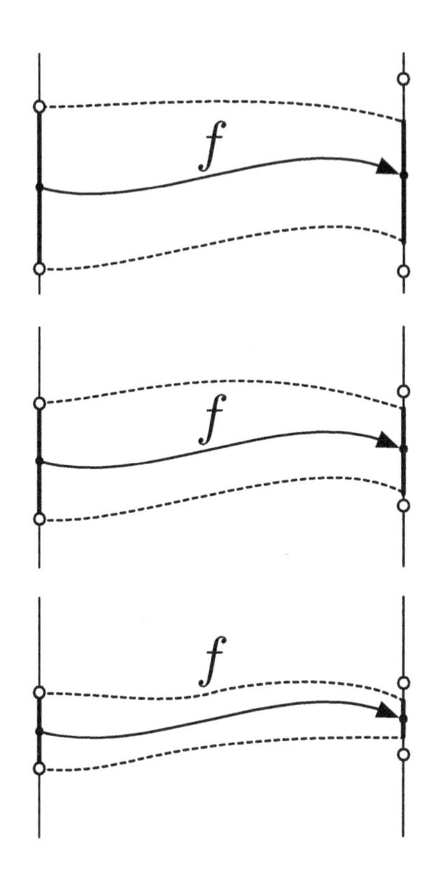

"原来如此……"泰朵拉一边思考一边说，"也就是说，假设我问

可以来 $f(a)$ 的附近吗？

所有在a附近的人，都能够来到 $f(a)$ 的附近。当我再问

可以来离 $f(a)$ 更近的地方吗？

所有离a更近的人，也都能够来到离 $f(a)$ 更近的地方……是这个意思吗？"

"大致上正确。"我说，"用 ε 和 δ 明确定义这里所说的'附近'是很重要的。要想理解连续的本质，需要用到明确的距离概念。这时，ε-δ 定义法就派上用场了。”

“没错。要是没有距离，就写不出算式了。”泰朵拉点了点头。

“但这里不用。”米尔嘉缓缓摇头说道，“ε-δ 定义法会用到 ε 和 δ 等拥有距离概念的数值来决定邻域，并以此定义连续。不过，接下来我们要大幅度地进行抽象化。抽象就是舍象，**把距离舍弃掉吧**，试着在没有距离的世界中定义什么是连续。”

“把距离……舍弃掉……”

“刚才泰朵拉用‘附近’这个词来说明连续。我们要在异世界将其公式化，也就是定义泰朵拉所说的‘附近的人’。”

“异世界是指什么呢？”

“从距离的世界前往拓扑的世界。”米尔嘉说。

我和泰朵拉都仔细听米尔嘉讲课。究竟，我们会踏上什么样的旅程呢？

3.4 点 a 的附近

3.4.1 前往异世界的准备

从距离的世界前往拓扑的世界。

在前往异世界之前，请先看一下相关术语。方便起见，这里将函数和映射当作不同的词。

距离的世界		**拓扑的世界**
所有实数	←----→	集合（拓扑空间）
实数	←----→	元素（点）
函数	←----→	映射
连续函数	←----→	连续映射
开区间	←----→	连通的开集
ε 邻域、δ 邻域	←----→	开邻域

对应的术语

我们曾用 ε-δ 定义法定义了连续函数，现在想用同样的方式定义连续映射。在距离的世界中，我们使用 $f(a)$ 的 ε 邻域和 a 的 δ 邻域写出了 ε-δ 定义法。定义连续映射就是要模仿这个模式。

3.4.2 距离的世界：实数a的δ邻域

首先来探究实数 a 的 δ 邻域指的是什么。

我们是在实数中思考实数 a 的 δ 邻域。

$a-\delta$ a $a+\delta$

实数a的δ邻域

这可以用以下实数集合来表示。

$$\{x \in \mathbb{R} \mid a-\delta < x < a+\delta\}$$

没有边界的区间，也就是不包括两端的区间叫作**开区间**。这个开区间也可写成$(a-\delta, a+\delta)$。

$$(a-\delta, a+\delta) = \{x \in \mathbb{R} \mid a-\delta < x < a+\delta\}$$

将实数a的δ邻域写成$(a-\delta, a+\delta)$会显得有些冗长，所以我们将其用$B_\delta(a)$表示。

$$B_\delta(a) = \{x \in \mathbb{R} \mid a-\delta < x < a+\delta\}$$

同样，$f(a)$的ε邻域也可以用$B_\varepsilon(f(a))$来表示。

$$B_\varepsilon(f(a)) = \{x \in \mathbb{R} \mid f(a)-\varepsilon < x < f(a)+\varepsilon\}$$

点 a 的 δ 邻域的定义（距离的世界）

$$B_\delta(a) = \{x \in \mathbb{R} \mid a - \delta < x < a + \delta\}$$

◎ ◎ ◎

“这只是用另一种写法来表示 δ 邻域和 ε 邻域吧？”泰朵拉问。

“没错。目前我还没有讲到新的东西，”米尔嘉回答，“我们仍在距离的世界。接下来要定义开集这个概念了。我们先试着在距离的世界中定义开集吧。”

3.4.3 距离的世界：开集

我们先试着在距离的世界中定义开集吧。

开集的定义（距离的世界）

思考所有实数的集合 $\mathbb{R}$ 的子集 O。对于属于 O 的任意实数 a，若 O 中包含 a 的 ε 邻域，则称 O 为**开集**。

$$O \text{ 为开集} \iff \forall a \in O \ \exists \varepsilon > 0 \ \Big[B_\varepsilon(a) \subset O\Big]$$

这就是距离的世界中开集的定义。虽然定义很明确，但为了确认你们是不是真的理解了，我来出一道题。

假设有两个实数 u 和 v，且 $u < v$。此时，开区间 $(u, v) = \{x \in \mathbb{R} \mid$

$u < x < v\}$ 是一个开集吗？泰朵拉，你觉得呢？

◎　◎　◎

“泰朵拉，你觉得呢？”

“开区间(u, v)是开集吗…… 我…… 不知道。”

“你呢？”米尔嘉转过来问我。

“我觉得是。对于符合 $u < a < v$ 这个条件的任意实数 a，永远可以取一个足够小且大于 0 的 ε，使其不会超出开区间(u, v)的范围。这么一来，a 的 ε 邻域 $B_\varepsilon(a)$ 便可完全容纳在(u, v)内。这也符合开集的定义。用图表示，就是下面这样。”

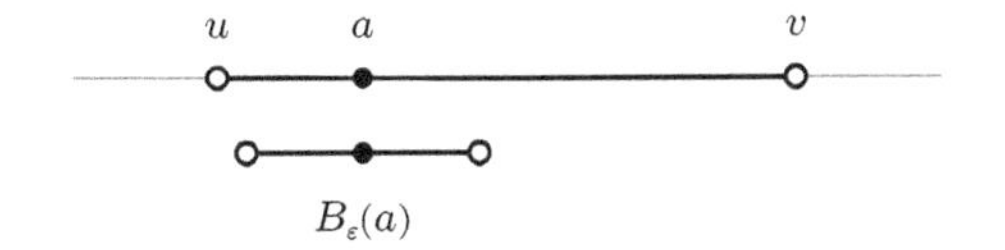

开区间(u, v)和a的ε邻域$B_\varepsilon(a)$

“回答得很好。”米尔嘉点了点头，“因为存在使 $B_\varepsilon(a) \subset (u, v)$ 的 ε，所以可以说开区间(u, v)是一个开集。”

“这样啊，原来是这样定义的。”泰朵拉说，“具体来说，只要选一个比 $a - u$ 和 $v - a$ 都要小的 ε 就可以了，是吗？”

“没错。”我说。

“原来如此。我大概理解开集是什么意思了，不过还是不太理解为什么要讲这个概念。对任何集合来说，只要 ε 够小，元素的 ε 邻域都可以包含在集合内。这样的话，所有集合不都是开集了吗？”

“并非如此。”米尔嘉立刻回答，“泰朵拉的脑中现在应该只有开区间的概念而已。事实上，像闭区间 $[u, v]$，也就是符合 $u \leqslant x \leqslant v$ 这个条件的所有实数 x 所形成的集合，就不是一个开集。

$$[u, v] = \{x \in \mathbb{R} \mid u \leqslant x \leqslant v\}$$

这是为什么呢？泰朵拉，你来回答。”

“难道是因为……u 和 v 是例外吗？”

“没错。不管有多小，只要 ε 大于 0，点 u 的 ε 邻域就一定会超出闭区间 $[u, v]$ 的范围，所以闭区间 $[u, v]$ 并不是开集。”

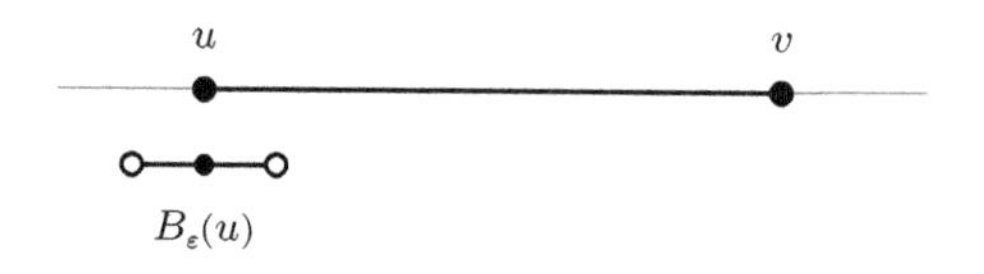

闭区间 $[u, v]$ 和 u 的 ε 邻域 $B_\varepsilon(u)$

“等一下。我理解为什么闭区间不是开集了，但这样一来，开集和开区间不就完全相同了吗？我不明白为什么还要另外定义一个开集。”泰朵拉追问下去。

“开集和开区间并不一样。”米尔嘉说，“多个开区间的并集也是开集。举例来说，开区间 (u, v) 与 (s, t) 的并集也是一个开集。”

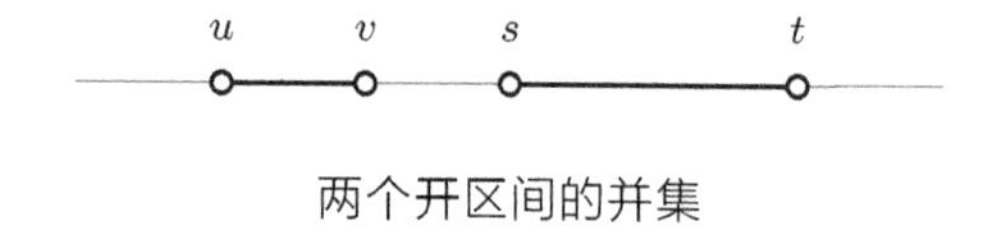

两个开区间的并集

“原来如此。”泰朵拉点了点头。

3.4.4　距离的世界：开集的性质

“我们刚才用 ε 邻域定义了开集，但仍未脱离距离的世界。”米尔嘉说，“为了舍弃距离的概念，得做些准备。我们再仔细看看开集的性质，特别要注意的是它作为集合的性质。开集的性质有以下四点。”

开集的性质（距离的世界）

性质 1 所有实数的集合 $\mathbb{R}$ 是开集

性质 2 空集是开集

性质 3 两个开集的交集为开集

性质 4 任意个开集的并集为开集

"原来如此，作为集合的性质啊……"我说。

"**性质 1**，所有实数构成的集合 $\mathbb{R}$ 为开集。"米尔嘉说，"这是当然的。对任意实数 a 来说，$B_\varepsilon(a) \subset \mathbb{R}$ 皆成立。ε 可以是任意的正实数。"

"**性质 2** 也成立吗？"泰朵拉说，"空集 $\{\}$ 里面没有元素。就算我们想找点 a 的 ε 邻域也找不到，因为根本没有点 a。"

"性质 2 成立。"米尔嘉说，"对于 $O = \{\}$ 来说，逻辑表达式

$$\forall a \in O\ \exists \varepsilon > 0\ \ \big[B_\varepsilon(a) \subset O\big]$$

确实永远成立。如果觉得难以理解，思考一下与它等价的逻辑表达式

$$\neg\Big[\exists a \in O\ \underset{\sim\sim\sim\sim\sim\sim\sim\sim\sim\sim\sim\sim}{\forall \varepsilon > 0\ \big[B_\varepsilon(a) \not\subset O\big]}\Big]$$

就清楚了。因为O是空集，所以符合波浪线所指条件的a并不存在，无论波浪线部分所描述的a是什么样子的。也就是说，因为O是空集，所以我们没办法提出反例。"

"原来如此……"

"**性质 3**，两个开集的交集是开集。这很简单。"米尔嘉继续说着，"不只是两个开集的交集，只要是有限个开集的交集，都符合这个性质。不过，无限个开集的交集就不一定是开集了。比如 $B(0)$ 这个开集序列，其所有集合的交集为

$$\bigcap_{n=1}^{\infty} B_{\frac{1}{n}}(0) = \{0\}$$

仅有实数0这个元素的集合$\{0\}$就不是一个开集了。”

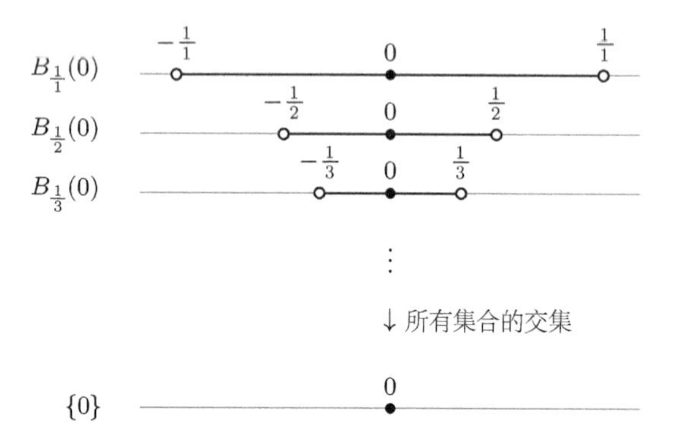

“原来如此，个数得是有限的才行。”我说。

“**性质 4**，任意个开集的并集也是开集。”米尔嘉继续说下去，“就算取无限个开集的并集，也会符合这个条件。对属于这个并集的点 a 来说，由于点 a 必定属于取并集前的某个开集，所以点 a 的 ε 邻域也一定存在。综上所述，在距离的世界中，开集符合以上四个性质。”

“不好意思，米尔嘉学姐。”泰朵拉说，“这些性质我都可以理解，但是我好像有点迷路了 —— 我们现在到底在做什么呢？”

“嗯，我好像也迷路了…… 我们不是要从距离的世界前往拓扑的世界吗？”

“所以，接下来就要确认我们的旅程了，即如何从距离的世界前往拓扑的世界。”米尔嘉说。

3.4.5 旅程：从距离的世界到拓扑的世界

接下来就要确认我们的旅程了，即如何从距离的世界前往拓扑的世界。

要想定义同胚映射，必须先定义连续映射。我们已经知道在距离的世界中如何定义连续函数了，所以想借此在拓扑的世界中也定义连续映射。

然而，要想前往拓扑的世界，就必须舍弃距离的概念。如果不使用距离的概念，便无法做出 δ 邻域和 ε 邻域。也就是说，我们不能再使用 ε-δ 定义法了，这就不好办了。

因此我们要先回到距离的世界，重新确认开集的概念。开集可以衍生出开邻域的概念，这样就能替换掉 δ 邻域和 ε 邻域了。目前，我们在距离的世界中已完成以下内容。

距离的世界

对于所有实数的集合 $\mathbb{R}$，完成了以下两点内容。

- 利用 ε 邻域来定义开集
- 确认开集的性质

我们马上就要从距离的世界前往拓扑的世界了。因为要舍弃距离的概念，所以在拓扑的世界中不能使用 ε 邻域。或者说，在拓扑的世界中，不能使用由 ε 邻域定义的开集。

那该怎么办呢？

我们要将在距离的世界中已经确认的“开集的性质”视为“开集公理”。到拓扑的世界时，再将开集公理视为理所当然的定理，并以此来定义拓扑世界中的开集。也就是像下面这样。

拓扑的世界

对于任意集合 S，完成以下两点内容。

- 使用开集公理定义开集
- 利用开集定义所谓的开邻域

只要能确定拓扑的世界中的开邻域是什么意思，就可以定义连续映射了。

这就是我们的旅程。大家明白了吗?

“大家明白了吗?”米尔嘉说。

“明白了。”泰朵拉举起了她的手，“我可以把这些画在刚才米尔嘉学姐写的术语对应表上吗？我们的‘旅行地图’就是这样的，对吧?”

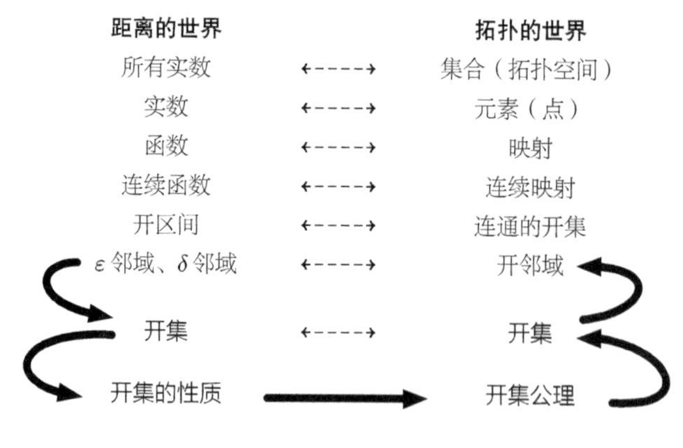

我们的“旅行地图”

“没错。”米尔嘉说。

太厉害了。刚听完米尔嘉的说明，泰朵拉就立刻画出了旅行地图。该怎么描述这种能力呢？是语言的整合能力，还是描述事物全貌的能力?

“也就是说，接下来我们要讨论的是开集公理。”

“是的。下面，我们就进入拓扑的世界了。”米尔嘉说。

3.4.6 拓扑的世界：开集公理

下面，我们就进入拓扑的世界了。

假设有一个集合 S。

我们用集合 S 来定义**开集**。该怎么定义呢？先搜集集合 S 的子集，令其为 S 的子集族 $\mathbb{O}$。

因为 $\mathbb{O}$ 是 S 的子集族，所以 $\mathbb{O}$ 的任意元素 $O \in \mathbb{O}$，皆为 S 的子集，即 $O \subset S$。确定 $\mathbb{O}$，就等于确定哪些是开集，哪些不是开集。当 $A \in \mathbb{O}$ 成立时，A 就是一个开集；当 $A \in \mathbb{O}$ 不成立时，A 就不是一个开集。

虽然 $\mathbb{O}$ 是 S 的子集族，但并非任何 S 的子集都属于 $\mathbb{O}$。要想确定 $\mathbb{O}$ 包含了哪些子集，就得使用接下来要介绍的开集公理。满足这个公理的 S 的子集，才属于 $\mathbb{O}$。

当 $\mathbb{O}$ 满足开集公理时，我们便可以说 $\mathbb{O}$ 往集合 S 中添加了一个**拓扑结构**，也可以说 $\mathbb{O}$ 在集合 S 中定义了一个**拓扑**。

S 和 $\mathbb{O}$ 组成的 $(S, \mathbb{O})$ 叫作**拓扑空间**。作为结构基础的集合 S 叫作**支撑集**。对于一个支撑集 S 来说，确定开集子集族 $\mathbb{O}$ 的方法不止一种。若改变 $\mathbb{O}$ 的条件，拓扑空间也会跟着改变，所以我们必须同时考虑 S 与 $\mathbb{O}$ 的情况，将 $(S, \mathbb{O})$ 作为我们思考的对象。有时候，在已知 $\mathbb{O}$ 的情况下，我们也会把 S 称为拓扑空间。

下面，就来看看开集公理吧。

开集公理（拓扑的世界）

公理 1　集合 S 为开集

也就是说，$S \in \mathbb{O}$。

公理 2　空集是开集

也就是说，$\{\} \in \mathbb{O}$。

公理 3　两个开集的交集为开集

也就是说，当 $O_1 \in \mathbb{O}$ 且 $O_2 \in \mathbb{O}$ 时，$O_1 \cap O_2 \in \mathbb{O}$。

公理 4　任意个开集的并集为开集

也就是说，令一任意指标集为 Λ，若 $O_\lambda \in \mathbb{O}$ 且 $\lambda \in \Lambda$，则 $\bigcup_{\lambda \in \Lambda} O_\lambda \in \mathbb{O}$。

大家应该可以看出，开集公理 1 至公理 4，与刚才我们在距离的世界中确认的开集性质 1 至性质 4 互相对应。然而，因为我们已经舍弃了距离这个概念，所以要装作不知道刚才在距离的世界中得到的开集的性质，并将上述开集公理视为理所当然的定理，由此才能继续讨论下去。开集公理是公理，不证自明，这是我们之后讨论所有内容的前提，也是需要满足的要求。我们想讨论的是开集公理可以衍生出哪些东西。不过在这之前，还是先来确认一下开集公理有哪些要求吧。

◎　◎　◎

“还是先来确认一下开集公理有哪些要求吧。”米尔嘉说，“**公理 1** 要求集合 S 必须是开集。也就是说，确定 $\mathbb{O}$ 的时候，必须让 S 也作为 $\mathbb{O}$ 的元素之一。若非如此，$(S, \mathbb{O})$ 就不能称为拓扑空间。这是开集公理的要求。”

米尔嘉讲话的速度越来越快，她愉快地继续说着。

“其他公理也是如此。**公理 2** 要求空集是开集。**公理 3** 要求两个开集的交集是开集。若重复取许多次交集，便可导出有限个开集的交集为开集这一结论。**公理 4** 则要求任意个开集的并集为开集，开集的个数不一定是有限的。”

“公理 4 里的任意指标集是什么？”泰朵拉问。

“指标集指的是 O_λ 的下标 λ 所构成的集合，不过这么说可能不太好懂。”米尔嘉说，“公理 4 的表达方式看起来有些复杂，这是为了把有无限个集合的情况也考虑在内。我按顺序来说明吧。首先，假设有有限个开集 $O_1, O_2, \cdots, O_n$，而这些开集的并集也是开集。这是开集公理的要求。这时，我们所使用的指标集就是 $\Lambda = \{1, 2, \cdots, n\}$。

$$\bigcup_{\lambda \in \Lambda} O_\lambda = O_1 \cup O_2 \cup \cdots \cup O_n \in \mathbb{O}$$

不过，公理4也适用于有无限个开集的并集。假设有无限个开集O_1，$O_2, \cdots$，那么公理4也要求这些开集的并集必须是开集。这时的指标集就是$\Lambda = \{1, 2, \cdots\}$。

$$\bigcup_{\lambda \in \Lambda} O_\lambda = O_1 \cup O_2 \cup \cdots \cup O_n \cup \cdots \in \mathbb{O}$$

接下来才是问题所在。说到下标，你可能会觉得$1, 2, \cdots$已经够用了，但这么一来，我们讨论的内容就仅限于所有正整数的集合这种可数集了。之前我们学过康托尔的对角线论证法①，正如那时所说，无限集合也有很多种。举例来说，由所有实数构成的集合是一个非可数集，像这样的非可数集也可作为公理4中所说的指标集使用。所以说，公理4的写法是特地使用指标集Λ来描述由这些开集得到的并集的。我们也可以不使用指标集，将公理4改写为如下形式。”

$$\mathbb{O}' \subset \mathbb{O} \Rightarrow \bigcup_{O \in \mathbb{O}'} O \in \mathbb{O}$$

---

①《数学女孩3：哥德尔不完备定理》中出现的内容。

“原来如此。”我说。

“接下来该往哪里走了？”米尔嘉说。

“开邻域的定义。”泰朵拉看了一下旅行地图，回答道。

“这个简单。”米尔嘉点了点头。

3.4.7　拓扑的世界：开邻域

“我们现在身处拓扑的世界，并且已经定义了开集。假设有一个属于 S 的点 a，那么所有包含点 a 的开集皆为点 a 的开邻域。这就是‘点 a 的附近’。”

点 a 的开邻域的定义（拓扑的世界）

包含点 a 的开集皆为点 a 的开邻域。

“不好意思。”泰朵拉举起了手，“开邻域的概念能画出来吗？”

“我们常用这样的示意图来表示点 a 的开邻域。”米尔嘉回答。

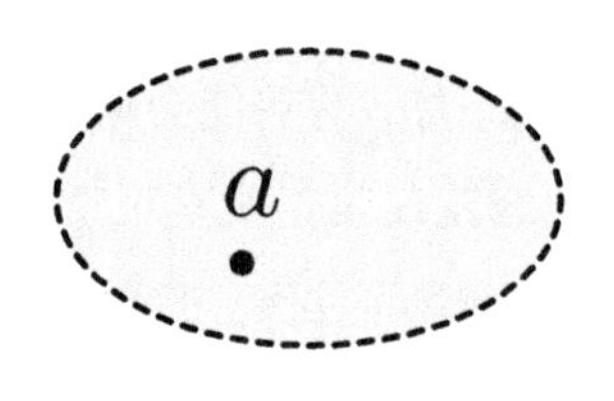

点 a 的开邻域

“原来如此。”

“不过有一点要注意。虽然这个图形看起来是一个二维图形，但事实上并非如此。它只是一个示意图。我们常用一圈包围点 a 的虚线来表示点 a 的开邻域。这会让我们想到之前在距离的世界中不包含边界的开集合。”

"在距离的世界中，实数 a 的 δ 邻域可以写成 $B_\delta(a)$。"泰朵拉边看笔记本边说，"那在拓扑的世界中，可以把点 a 的开邻域写成 $B(a)$ 这种形式吗？"

"那可不行，因为点 a 的开邻域不止一个。不过，不使用表达式会很不方便，所以我们可以将 a 的开邻域的集合写成 $\mathbb{B}(a)$。换句话说，我们可以将所有包含 a 的开集合所构成的集合写成 $\mathbb{B}(a)$。"

a 的所有开邻域的集合（拓扑的世界）

a 的所有开邻域的集合可写成 $\mathbb{B}(a)$。

$$\mathbb{B}(a) = \{O \in \mathbb{O} \mid a \in O\}$$

"所以 $\mathbb{B}(a)$ 就代表'a 的附近'，对吗？"泰朵拉问。

"不对。$\mathbb{B}(a)$ 是所有'a 的附近'所组成的集合。'a 的附近'是 $\mathbb{B}(a)$ 的一个元素。这是示意图。"

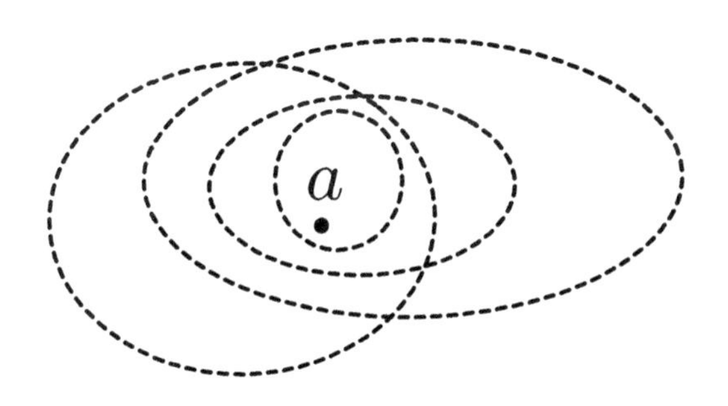

点a的所有开邻域的集合 $\mathbb{B}(a)$

"原来如此。"泰朵拉说。

"接下来就可以定义连续映射了吧？"我问。

"对。"米尔嘉回答，"我们已经在拓扑的世界定义完开邻域了。接着，就可以定义连续映射了。"

3.4.8 拓扑的世界：连续映射

接着，就可以定义连续映射了。

首先，我们来复习一下距离的世界中连续函数的定义。

连续的定义(距离的世界)

当函数 $f(x)$ 满足以下式子时，$f(x)$ 在 $x = a$ 处连续。

$$\forall \varepsilon > 0 \; \exists \delta > 0 \; \forall x \; \Big[|x - a| < \delta \Rightarrow |f(x) - f(a)| < \varepsilon \Big]$$

用距离的世界中的 δ 邻域和 ε 邻域改写一下这个连续的定义。

譬如以下式子。

$$|x - a| < \delta$$

这代表 x 和 a 的距离比 δ 还要小。换言之，x 在 a 的 δ 邻域内。

$$|x - a| < \delta \iff x \in B_\delta(a)$$

同样，可以得到

$$|f(x) - f(a)| < \varepsilon \iff f(x) \in B_\varepsilon(f(a))$$

连续的定义(改写)(距离的世界)

当函数 $f(x)$ 满足以下式子时，$f(x)$ 在 $x = a$ 处连续。

$$\forall \varepsilon > 0 \; \exists \delta > 0 \; \forall x \; \Big[x \in B_\delta(a) \Rightarrow f(x) \in B_\varepsilon(f(a)) \Big]$$

以上是距离的世界中关于连续的定义。

下面，我们来看一下拓扑的世界中关于连续的定义。

连续的定义（拓扑的世界）

当映射 $f(x)$ 满足以下式子时，$f(x)$ 在 $x = a$ 处连续。

$$\forall E \in \mathbb{B}(f(a))\ \exists D \in \mathbb{B}(a)\ \forall x\ \Big[x \in D \Rightarrow f(x) \in E\Big]$$

至此，“翻译”结束。

◎ ◎ ◎

“至此，‘翻译’结束。”米尔嘉说。

“太有趣了！”我说。

“等一下，我想仔细看看这个式子。”

$\forall E \in \mathbb{B}(f(a))$	对于 $f(a)$ 的任意开邻域 E，
$\exists D \in \mathbb{B}(a)$	若给每个 E 都选定一个合适的包含了 a 的开邻域 D，
$\forall x\ \Big[$	则对于任意实数 x，都能使条件
$x \in D$	“若 x 属于 D
$\Rightarrow$	则
$f(x) \in E$	$f(x)$ 属于 E”
$\Big]$	成立。

“也就是说，不管选择什么样的 E，都可以找到一个合适的 D，对吧？”我说，“只要当 x 属于 D 时，$f(x)$ 属于 E，那么这个 D 就是合适的 D。无论如何，我们一定找得到一个这样的 D。距离世界中的‘存在

满足 $x \in B_{\delta}(a)$ 的 δ'，到了拓扑世界中则转变成‘存在满足 $x \in D$ 的 a 的开邻域 D'。确实是丢掉了距离的概念⋯⋯嗯，还真的把 ε-δ 定义法拿掉了。”

“在拓扑的世界中，所有距离的概念都会被舍弃。”米尔嘉说，“只用集合术语中的 $\in$ 和拓扑术语中的 $\mathbb{B}(a)$、$\mathbb{B}(f(a))$，以及逻辑术语中的 $\forall$、$\exists$、$\Rightarrow$ 等符号来定义连续的概念。”

“可、可以让我把这两种定义写在一起，比较着看看吗？”

连续的定义（距离的世界和拓扑的世界）

$$\forall\varepsilon > 0 \qquad \exists\delta > 0 \qquad \forall x\Big[x \in B_{\delta}(a) \Rightarrow f(x) \in B_{\varepsilon}(f(a))\Big]$$

$$\forall E \in \mathbb{B}(f(a))\ \exists D \in \mathbb{B}(a)\ \forall x\Big[\qquad x \in D \Rightarrow f(x) \in E \qquad\Big]$$

“确实很像⋯⋯不过我还是很难想象出这种概念。”

为了帮助泰朵拉理解，米尔嘉画出了下面这这样的图。

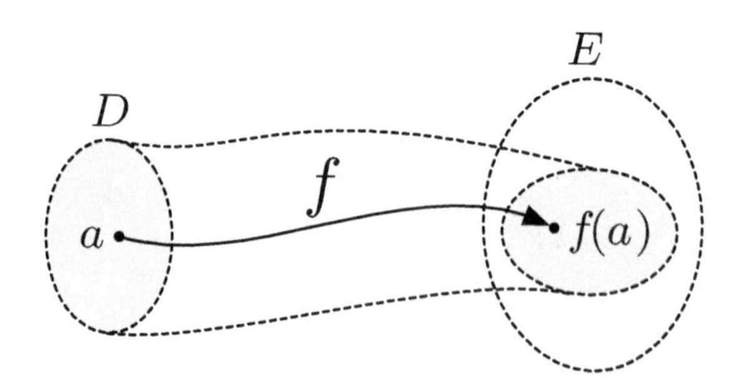

示意图：映射 f 将 a 的开邻域 D 的所有点
都投射到 $f(a)$ 的开邻域 E

“原来如此，确实和前面的图很像。”泰朵拉说。

我也点了点头。“要是 $f(a)$ 的开邻域 E 很小，那就选一个也很小的

开邻域 D。就像在距离的世界中，要是 ε 很小，那就选一个也很小的 δ 就可以了。”

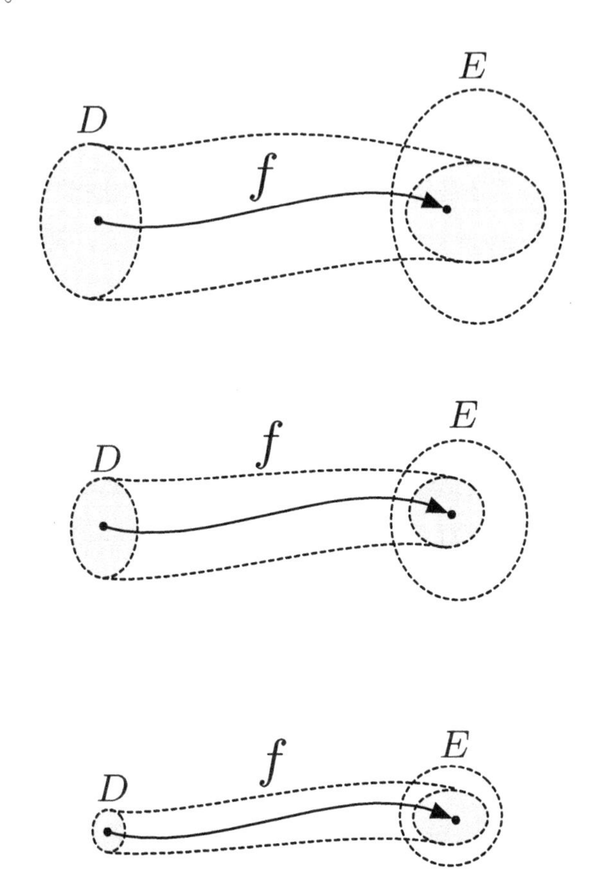

“E 可以根据我们的喜好来定。”米尔嘉说，“不管选出来的开邻域 E 对 $f(a)$ 来说有多小都没关系。针对任何 E，我们都可以找到适合 a 的开邻域 D。映射 f 可以将属于 D 的所有点都投射到 E 里面。这时便可以说，映射 f 在点 $x = a$ 处连续。任何点上都连续的映射称为连续映射。”

“这种连续的定义还真是抽象呢。”我说。

“原来如此。”泰朵拉缓缓地说。不过，她的眉头马上又皱了起来，说："可是，米尔嘉学姐，我们成功舍弃掉了距离，并用类似于 ε-δ 定义法的方式在拓扑的世界中定义了连续映射，这些我都听得懂。虽然都听得懂，但总觉得……该怎么说呢……反而有种连续映射很抽象的感觉。如果是定义两个图形连在一起表示连续，分开就表示不连续，对我来说就好理解多了。"

"你的脑中似乎还是只有数轴的概念，其实我们刚才讲的东西就是在扩张这个概念。连续映射与实数原有的概念不同。确实，我们刚才是通过实数之间的关系来描述连续函数，就像泰朵拉用图来理解连续函数一样。"

"……"我和泰朵拉都默默听着。

"但是，即使不用实数，即使拿掉距离的概念，也是可以定义连续映射的。"

"就是这里我不太理解……有没有除实数以外的具体的例子呢？"

"我想一想……对了，扑克牌中不是有 Jack(J)、Queen(Q)、King(K)三种人头牌吗？考虑由这三种元素组成的集合 $S = \{J, Q, K\}$，以 S 为支撑集，可确定 $\mathbb{O}$ 及拓扑空间，并以此定义连续映射。"

"咦？"泰朵拉感到不可思议，"什么意思？"

"这个之后再讲吧。我想先来说明同胚映射是什么。"

"不好意思。在这之前，我可以先问几个问题吗？"泰朵拉举起了手，"我有点在意的是，把 $\mathbb{B}(a)$ 称为 a 的所有开邻域的集合这一说法，似乎还是隐含了距离的概念。如果完全不使用距离的概念，仅以'附近'来定义开邻域，就会变成点 a 附近的点的集合就是 a 的开邻域。可是，如果这样随便定义，不就变成什么都行了吗？这还算是数学吗？"

"泰朵拉把我想说的话给说了。"米尔嘉微笑地说着。

我和泰朵拉不禁相互看了一眼。

"开集公理。"米尔嘉说，"开集受到开集公理的限制，因此我们不能随便决定开邻域的范围。"

“对哦，还有开集公理。”泰朵拉说。

米尔嘉用右手抚摸自己的左腕，继续说着。

“拓扑空间是在支撑集 S 中添加拓扑结构建立而成的，这与群论中往集合里添加群结构时的情况相同。正如我们可以用群公理来定义群，我们也可以用开集公理来定义拓扑空间。拓扑空间中连续映射的定义，与我们之前学过的通过 ε-δ 定义法得到的连续函数的定义十分相似。然而，拓扑空间的连续映射定义不会用到实数，不会用到 ε、δ 和 lim，也不会用到绝对值。即便如此，它仍然是一个符合‘连续’这一名称的概念。”

“我想再确认一件事。”泰朵拉又举起了手。讨论到现在，泰朵拉究竟举了多少次手呢？

“我们可以自由决定使用什么样的开集吗？”

“只要符合开集公理就行。”米尔嘉说，“所以很有趣的是，我们可以把之前舍弃掉的距离概念再捡回来用。也就是说，只要确定我们在距离世界中用 ε 邻域定义的开集符合拓扑世界中的开集公理——当然，这是一定符合的——便可将距离世界中所有实数的集合视为拓扑空间。用理纱的话来说，就是将实数的绝对值当作距离，将开集的概念‘实现’在实数上。”

“用绝对值来定义……”泰朵拉喃喃说着。

“我想起来了——就是绝对值！”我出声说道。

“我们刚才就是在讲绝对值啊。”米尔嘉疑惑地看向我。

“啊，没事没事，只是刚好想到一些事。”

没错，就是绝对值。我和泰朵拉第一次交谈的时候，聊的就是绝对值，在那个阶梯教室里[1]。

“拿群来类比的话，我就明白用公理来定义拓扑空间是什么意思了。”

① 《数学女孩》中的内容。

泰朵拉说，“刚学到群的时候，我完全听不懂。在那之前，我以为在学校学到的数和数的计算就是唯一的、绝对的数学，所以刚开始完全无法理解群这种抽象化的概念。不过，后来我终于明白，只要满足群公理，就可以用群进行抽象化的计算[①]。鬼脚图也是如此。虽然鬼脚图看似与数学计算没有任何关系，但只要我们将相连看作乘积，那么鬼脚图也可以视为一个群[②]。”

“线性空间[③]也是如此。”我说，“通过线性空间的公理，矩阵、有理数、代数扩张等原本截然不同的东西都可以用同样的方法整理出规则。”

“这就是数学的力量。”米尔嘉说，“制定出一套公理，规定只要满足公理的条件就可以进行操作。虽然提高抽象程度会增加理解的难度，但我们可借此飞到天空。原本在地上行走时看起来完全不同的东西，从天上看就会变成相同的结构。也可以说，是我们赋予了这些东西相同的结构。这就是理论的力量。”

“原来如此。”我说，“之前是将群结构添加到集合中，将线性空间结构添加到集合中。这次，我们同样用开集公理将拓扑这种结构添加到集合中。”

“先用开邻域来定义原本很抽象的‘附近’的含义，然后将连续映射这个概念导入拓扑空间内。”

“真是有趣。拓扑学原本就是将图形随意变形的数学，而在刚才的讨论过程中，我们也随意变形了各种概念。”

“唉，虽然有点晕头转向，但我想我应该掌握了大致的内容。刚才我们定义了连续映射，接下来该就朝着我们的目标，也就是表示形状相同的‘同胚’前进了吧？”

“没错！”

---

①《数学女孩2：费马大定理》中的内容。

②《数学女孩5：伽罗瓦理论》中的内容。

③《数学女孩5：伽罗瓦理论》中的内容。

"定义出拓扑空间和连续映射之后，就可以定义同胚映射是什么了。与连续映射的定义相比，同胚映射的定义短多了。"

3.4.9 同胚映射

同胚映射的定义

设X、Y为拓扑空间。设f为从X至Y的双射。当映射f与其逆映射f^{-1}皆连续时，我们称f为同胚映射。另外，当拓扑空间X至Y的同胚映射存在时，我们称X与Y同胚。

"拓扑空间是一个包含了拓扑结构的集合。我们也可以将其看作由开集定义的集合。定义开集之后，就可以定义开邻域。定义开邻域后，就可以定义连续映射。如果这个映射f是双射，就存在逆映射f^{-1}。如此一来，同胚的定义便是

考虑拓扑空间从X至Y的双射f，
若f与f^{-1}皆存在且连续，
则X与Y同胚。

这里有什么问题吗？"

"双射是什么意思？"

"如果对于X中任意一个元素x，Y中都存在唯一与之对应的元素y，使$y = f(x)$成立，且对于Y中任意一个元素y，X中都存在唯一与之对应的元素x，使$y = f(x)$成立，那么X至Y的映射关系就是双射。对于双射$y = f(x)$，我们可定义其逆映射为$x = f^{-1}(y)$。"

"这时的f就是同胚映射。"我说，"为彼此双射的两个拓扑空间赋予对应关系。"

“没错。同胚的两个拓扑空间，在拓扑上会被当作相同的形状，它们拥有相同形状的拓扑结构。”

“……”

“嗯……”我努力思考着，“在原本看似完全无关的集合中加入拓扑的概念后，也就是定义开集与开邻域之后，就可以定义连续了，然后可以利用连续定义同胚。这些都是在与实际距离完全无关的情况下定义出来的……等一下，如果可以定义连续，应该也能以此定义极限。既然如此，不只是连续，连微分都可以定义，不是吗？”

“那可不行。在定义微分时，除了拓扑结构，还需要添加微分结构才行。将微分纳入考虑时的相同形状称为微分同胚(diffeomorphism)。据说庞加莱提到同胚时，讲的其实是微分同胚的概念。”米尔嘉说，“先不管这个。定义好同胚之后，我们可以注意到拓扑学中的一件很有趣的事情。”

“很有趣的事情？”

3.4.10 不变性

“我们定义了同胚映射，把在拓扑学上的相同形状定义为同胚。”米尔嘉说，“同胚映射相当重要。在拓扑学中，人们感兴趣的是在同胚映射中不会改变的量，也就是不变量。这样的量又称为**拓扑不变量**，英文是 topological invariant。”

“因为不变的东西有命名的价值，是吗？”泰朵拉问。

“不变的东西有命名的价值。”米尔嘉重复了这句话，“当我们把图形‘扭来扭去’使之变形时，图形的形状会发生改变。然而，有些性质并不会随之发生变化。我们要关注的就是这些不会改变的性质。不管怎么拉长、怎么缩短，只要同胚映射存在，就满足同胚条件，在拓扑学上就是相同的形状。而我们想研究的，就是在相同形状间保持的相同的量——拓扑不变量。”

“柯尼斯堡七桥问题！”我大喊，“某个图能否一笔画成的性质。这也算是吧?! 不管边如何伸长或缩短，都不会对它能否一笔画成产生影响。”

“我们可以用‘图中存在欧拉回路’来形容这个图能一笔画成。”米尔嘉说，“一个图是否存在欧拉回路是同构图形的不变量，和同胚映射的拓扑不变量是不同的概念。当然，在不变量的意义上，这两个概念类似。”

“原来是这样啊。不过说起来，感觉欧拉好像无处不在。”我说。

“真是厉害。”泰朵拉说。

“欧拉老师很厉害吧？”米尔嘉笑着说。

米尔嘉总是把欧拉称为欧拉老师。

3.5 泰朵拉的身边

归途。

米尔嘉说要去一趟书店，于是我们在半路上告别了。

我和泰朵拉一起朝着车站的方向走。为了配合泰朵拉的速度，我放慢脚步前进。

研究不变的性质，研究拓扑不变量，这样就能了解形状的本质了吗？

那么，家人的本质又是什么呢？看起来一直在改变，却又一点都没变。不变的性质又是什么呢？家人之所以能成为家人的性质又是什么呢？

“米尔嘉学姐说她下个星期就要去美国了。”泰朵拉说。

“是啊。”我回答。

米尔嘉选择去美国的大学就读。她已经预见到自己未来的“形状”了。那我呢？

我一直追在分数和偏差值[1]的后面跑，每天从早到晚都在为了考试

---

① “偏差值”是指相对平均值的偏差数值，在日本常用于考察学生的智能和学力。计算公式为：偏差值 =（个人成绩 − 平均成绩）× 10/ 标准差 + 50。——编者注

而读书。秋天有实力测试。过了秋天就是冬天，我需要依照合格判定模拟考的结果来看自己是否能考上第一志愿的学校。我真的能拿到 A 等级吗？现在已经开始倒计时了。

“不好意思，每次都占用你们的时间。”泰朵拉说。

“没关系，正好可以转换一下心情。”我回答。

“关于相同形状的讨论真的很有趣。全等、相似、同胚……相同也分很多种呢。”

“是啊。今天的泰朵拉也和平常的泰朵拉‘相同’吗？”

我想起之前泰朵拉说过的话，不经意脱口问道。

“一样！”泰朵拉神采奕奕地回答我，“不过，可能马上就要变成‘不同’的泰朵拉了。我也不可能永远都是‘相同’的泰朵拉嘛。”

“那你会变成什么样的泰朵拉？”

“这还是秘密。不过，名字我已经决定好了。就是今天决定的，要用 Eulerians 这个名字。”

“名字？什么的名字？”

“就是……算了，现在还不能说。”

泰朵拉把食指放在唇上轻声说道。

> 由于我们既不能这样追究至无穷，
> 则凡演绎的科学，特别是几何学，
> 必先建设在几条不可证明的公理上才行。
> 故凡几何学的专书的公式开始就陈述这些公理。
> ——亨利·庞加莱《科学与假设》[1]

---

① 叶蕴理译，商务印书馆2006年出版。——编者注

用扑克牌构建拓扑空间和连续映射

拓扑空间

我们用扑克牌的 Jack(J)、Queen(Q)和 King(K)来构建拓扑空间和连续映射。设支撑集 S 为

$$S = \{J, Q, K\}$$

针对这个 S，令所有开集的集合 $\mathbb{O}$ 为

$$\mathbb{O} = \{\{\}, \{Q\}, \{J, Q\}, \{Q, K\}, \{J, Q, K\}\}$$

$\mathbb{O}$ 满足开集公理 1 ~ 公理 4。

$\mathbb{O}$ 满足公理 1。因为 $S = \{J, Q, K\} \in \mathbb{O}$。

$\mathbb{O}$ 满足公理 2。因为 $\{\} \in \mathbb{O}$。

$\mathbb{O}$ 满足公理 3。因为 $\{J, Q\} \cap \{Q, K\} = \{Q\} \in \mathbb{O}$, $\{\} \cap \{J, Q, K\} = \{\} \in \mathbb{O}$，依此类推，可确认任意两个开集的交集皆为开集。

$\mathbb{O}$ 满足公理 4。因为 $\{\} \cup \{Q, K\} = \{Q, K\} \in \mathbb{O}$, $\{J, Q\} \cup \{Q, K\} = \{J, Q, K\} \in \mathbb{O}$，依此类推，可确认任意两个开集的并集为开集。由于 $\mathbb{O}$ 的元素个数是有限的，所以在取任意个集合的并集时，这些元素都可以归结为两个集合的并集。

因此，$\mathbb{O}$ 在集合 S 中添加了拓扑结构，$(S, \mathbb{O})$ 为拓扑空间。

- J 的开邻域为包含 J 这个元素的开集，即 $\{J, Q\}$ 和 $\{J, Q, K\}$ 这两个开集。

- Q 的开邻域为包含 Q 这个元素的开集，即 $\{Q\}$、$\{J, Q\}$、$\{Q, K\}$ $\{J, Q, K\}$ 这四个开集。
- K 的开邻域为包含 K 这个元素的开集，即 $\{Q, K\}$ 和 $\{J, Q, K\}$ 这两个开集。

连续映射 f

按照下面的方式定义从 S 到 S 的映射 f。

$$f(J)=K, \quad f(Q)=Q, \quad f(K)=J$$

映射 f 为拓扑空间 $(S, \mathbb{O})$ 中的连续映射，因为对 S 的任意点 a 而言，不论 $f(a)$ 的开邻域 E 是什么样子的，皆存在 a 的开邻域 D，使得

$$\forall x \Big[x \in D \Rightarrow f(x) \in E \Big] \qquad \cdots\cdots \heartsuit$$

成立。

以下内容说明为什么映射 f 在 J 处连续。

- 对于 $f(J) = K$ 的开邻域 $E = \{J, Q, K\}$，可取 $D = \{J, Q, K\}$，使 $\heartsuit$ 成立，因为 D 的三个元素 J、Q、K 的映射 $f(J)$、$f(Q)$、$f(K)$ 皆为 E 的元素
- 对于 $f(J) = K$ 的开邻域 $E = \{Q, K\}$，可取 $D = \{J, Q\}$，使 $\heartsuit$ 成立，因为 D 的两个元素 J 和 Q 的映射 $f(J) = K$ 和 $f(Q) = Q$ 皆为 E 的元素
- $f(J) = K$ 的开邻域仅有 $\{J, Q, K\}$ 与 $\{Q, K\}$ 两个，所以映射 f 在 J 处连续

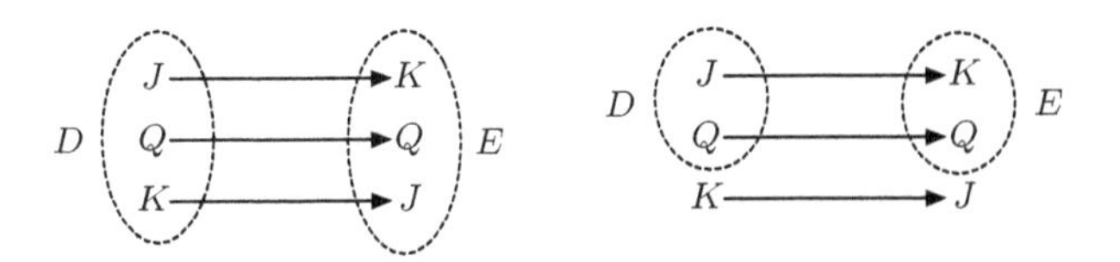

同样，我们也可确认映射 f 在 Q 与 K 处连续。

不连续映射 g

按照下面的方式定义从 S 到 S 的映射 g。

$$g(J) = Q, \quad g(Q) = K, \quad g(K) = J$$

映射 g 在 Q 处连续，但在 J 与 K 处不连续。

下面说明为什么映射 g 在 J 处不连续。

映射 g 之所以在 J 处不连续，是因为对某个 $g(J)$ 的开邻域 E 而言，不管选择 J 的什么样的开邻域 D，都无法使下式成立。

$$\forall x\Big[x \in D \Rightarrow g(x) \in E\Big] \qquad \cdots\cdots\diamondsuit$$

对 $g(J) = Q$ 的一个开邻域 $E = \{Q\}$ 而言，$\mathbb{O}$ 中不存在任何满足 $\diamondsuit$ 的 J 的开邻域 D。J 的开邻域有 $\{J, Q\}$ 与 $\{J, Q, K\}$ 这两个，但不管是 $D = \{J, Q\}$，还是 $D = \{J, Q, K\}$，D 的其中一个元素 Q 在映射后都会得到 $g(Q) = K$，而 $g(Q)$ 并不是 E 的元素。

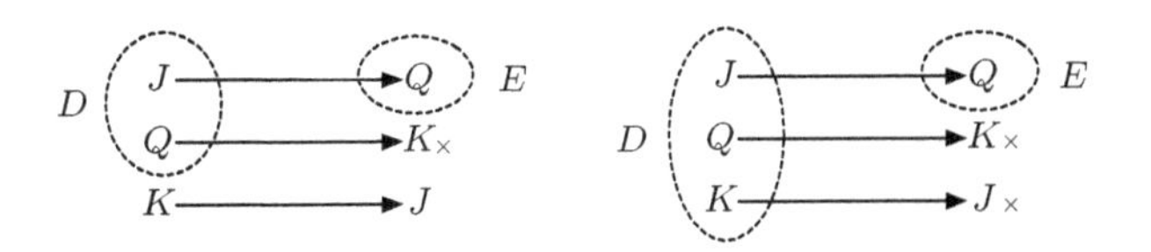

依此类推，我们可确认映射 g 在 Q 处连续，但在 K 处不连续。

第4章 非欧几何

让我们假定……

一条直线与两条直线相交，

若在同侧的两内角之和小于两直角，

则这两条直线无定限延长后在该侧相交。

——《几何原本》[26]

4.1 球面几何

地球上的最短路径

“哥哥，米尔嘉大人还在美国吗？”尤里问。

今天是星期六，这里是我的房间。尤里和平常一样来我的房间玩。我坐在书桌前准备考试，她则窝在房间的一角看书。

“是啊，不过下星期应该就会回来了。”我答道。

米尔嘉是和我都是高三学生，她已经决定未来的方向了，毕业后就去美国。想必会在美国念大学，继续和双仓博士一起研究更艰深的数学吧。虽然后半段是我自己的推测，但多半会是如此。无论如何，与米尔嘉一起度过的高中生活很快就要结束了。这一点是百分百确定的。她会在海外生活，而我则留在日本。

“米尔嘉大人好厉害喵。哥哥你被丢下了吗？”

“你在说什么啊……”我答道。虽然我想用和平时一样的语气回答她，但总觉得被她看穿了心事，声音听起来很恼火。

“为什么飞机要像这样绕一大圈呢？”尤里把她手上的书打开给我看，“直直地飞不是更快抵达吗？”

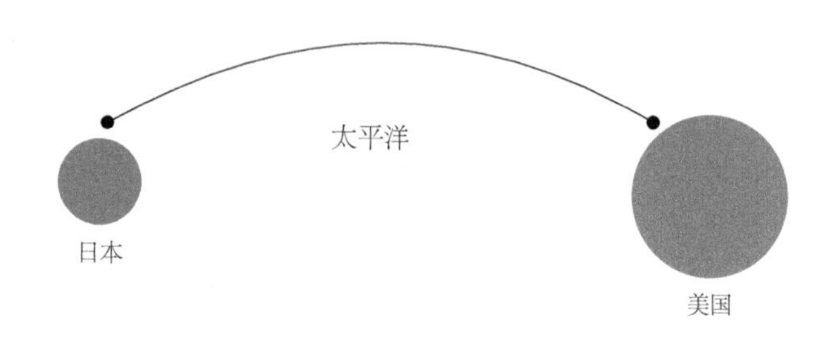

“啊，这和地图有关。飞机确实是直直地飞过去的，但因为地球是圆的，所以航道看起来是弯的。”我强迫自己用欢快的声音回答道。

“飞机是直直地飞过去的，航道看起来却是弯弯的？听不懂你在讲什么。”

尤里晃动着她的栗色马尾辫提出异议。

“其实用最短路径这样的说法比较准确。”我开始说明，“地图上的最短路径并不一定是地球上的最短路径。地球不是有**纬线**和**经线**吗？二者都是圆圈，不过在纬线中，赤道是最大的圆圈，越靠近南极和北极，圆圈就越小，而经线的每个圆圈都一样大。”

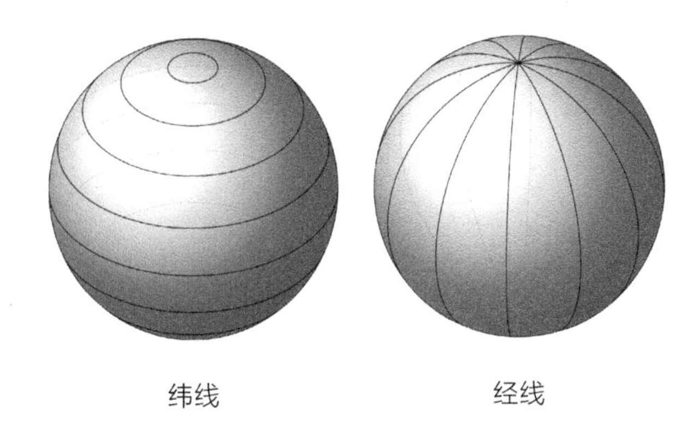

“在用麦卡托投影法描绘出来的地图中，纬线是横线，经线是纵线。每条纬线都一样长，每条经线也都一样长。”

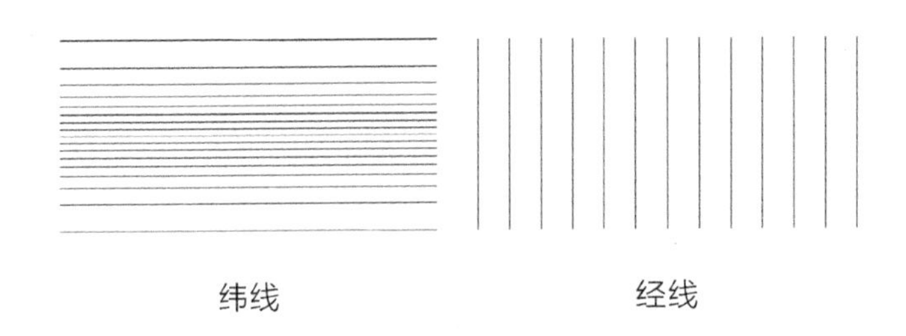

“这样啊。”

“所以说，用这种方式画出来的地图上的纬线，越靠近南极和北极，就会被拉得比实际长度还要长。反过来说，在地图上看起来是移动了相同的距离，但实际中越靠近赤道，移动的距离就越长。”

“这样啊…… 然后呢然后呢？”

“如果飞机沿着同一纬度往东飞，在地图上看起来就是沿着纬线一直往右移动。”

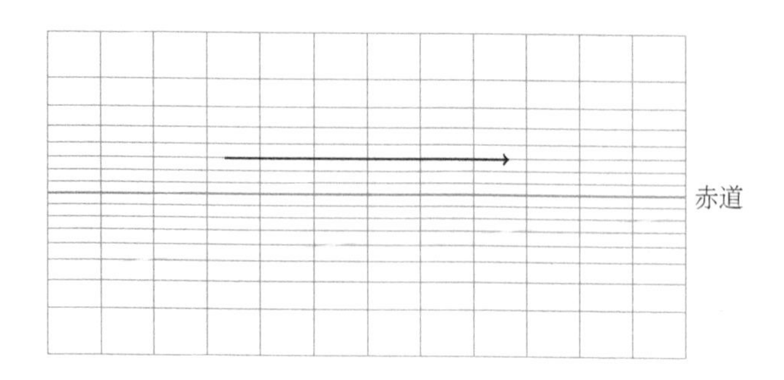

“是啊，所以这就是最短路径吗？”

“不一定。即使在地图上看起来是移动了相同的距离，但实际上越靠近赤道，在地球上移动的距离就越长。所以说，在地图上移动时，离赤道越远，实际移动的距离就越短。如果拿一根线，将线上的两个点固定在地球仪上并拉紧，就可以看出来了。若把线固定在同纬度的两个点上再拉紧，线的中间部分就会比纬线高一点。这就是数学上的最短路径。在现实中，飞机也会受到急流的影响而改变航道。”

“地球上的最短路径啊……”

“是啊。起点、终点和地球中心，通过这三个点可形成一个平面切过地球。最短路径就在这个地球横切面所形成的圆上。这个圆则称为**大圆**。”

“大圆……”

“球面上的大圆相当于平面上的直线。大圆的一部分——弧，则相当于平面上的线段。地球上最好理解的大圆就是赤道。赤道是纬度上唯一的大圆。在赤道上的两点间移动时，沿着同纬度移动所形成的路径是最短的。纬线中只有赤道是大圆，而经线全部是大圆。”

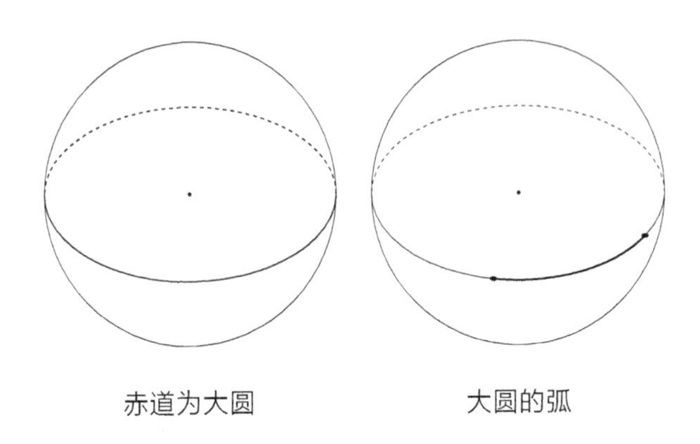

赤道为大圆　　大圆的弧

“虽然听得懂，但总觉得有点怪。”尤里说。

“哪里怪？”

“直线可以无限延伸，但大圆不是绕一圈后又回到原点吗？又没有无限延伸。”

“是啊，你说得没错。球面上的直线不会无限延伸，或者说它失去了无限延伸这个性质。之所以说大圆是直线，是因为它是包含了最短路径的曲线。就这层意义而言，我们把它称为**测地线**比较准确。”

“测地线？”

“球面和平面不一样，它拥有很多有趣的性质。比方说，平面上的两条直线不可能相交于相异的两点对吧？”

“平面上的两条直线？”尤里歪了一下头，“两条线的话一定会交于一点吧？啊，不对。平面上的两条直线可能会不相交，也可能会交于一点，或是重合。”

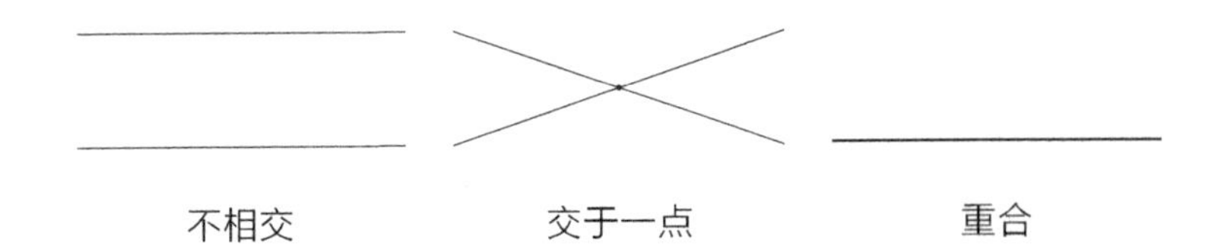

不相交　　交于一点　　重合

“没错，这就是平面上直线所拥有的性质。现在我们来看看球面上的直线，也就是大圆是什么情况吧。两个大圆——”

“啊！原来如此。等一下，我知道了。两个大圆只可能交于两点，或者重合。”

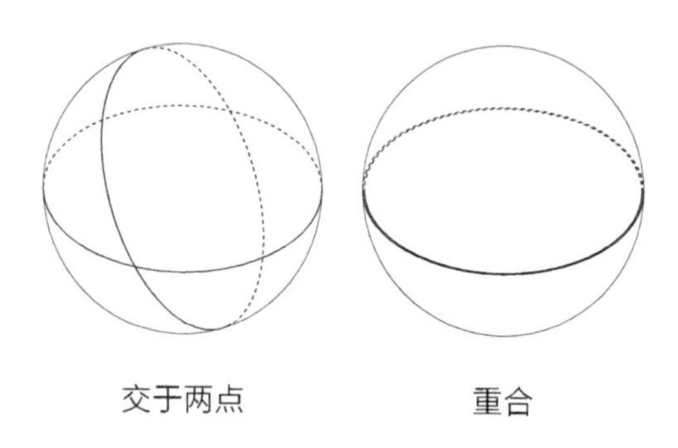

交于两点　　　　重合

“是啊，所以球面上不存在所谓的平行线。”

“什么线？”

“平面上，通过直线 l 外一点 P，只能作出一条与原本的直线 l 不相交的直线。”

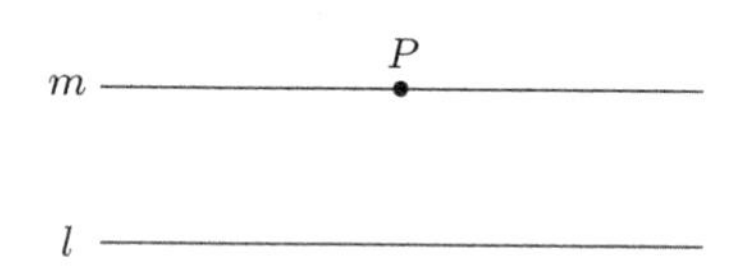

通过直线 l 外一点 P，只能作出一条与原直线 l 不相交的直线

“啊啊，平行线。”

“那么，在球面上又如何呢？通过大圆 l 外一点 P，可以作出与原本的大圆 l 不相交的大圆吗？”

“不行吧，因为一定会交于两点。”

“那这样呢？你看，通过大圆 l 外的点 P，可以作出一个不与 l 相交的圆 m 不是吗？”

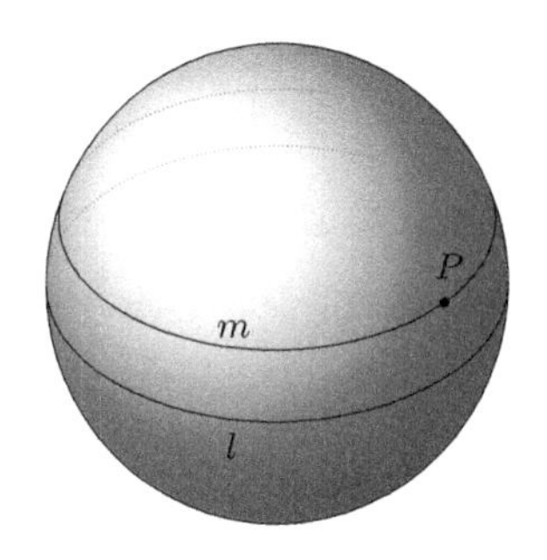

“这不行啊。m 又不是大圆。m 的中心不是球的中心，所以 m 不是直线。”

“是啊。你看你这不是挺明白的嘛……”

“哥哥，有没有更有趣的话题呢？像大圆就是球面上的直线之类的。”

“怎么了，突然这么急切……我想想啊……这个性质如何？平面上的三角形内角之和永远是 180°。可是球面上的三角形，三个内角之和永远大于 180°。”

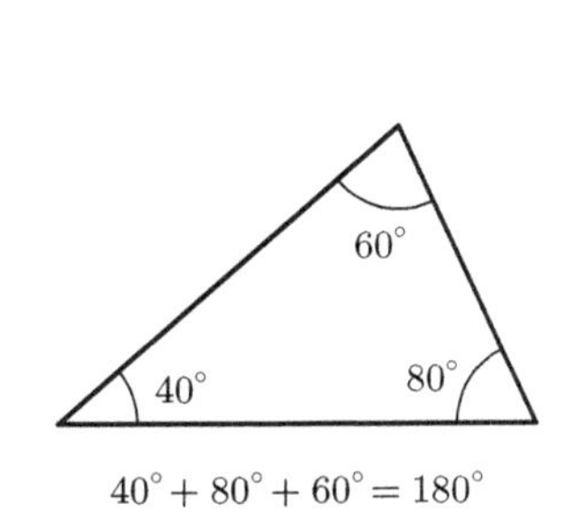

$40^\circ + 80^\circ + 60^\circ = 180^\circ$

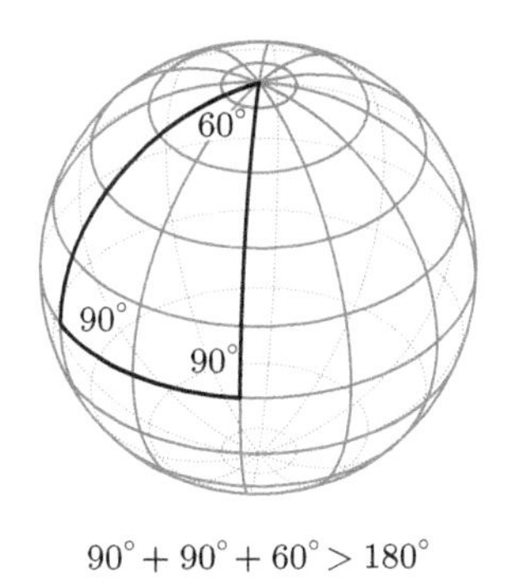

$90^\circ + 90^\circ + 60^\circ > 180^\circ$

“因为膨胀起来了，所以三个内角的和就会比 180° 大吗？”

“也可以这么说。在球面上画三角形时，三角形越大，三个内角的和就会越大。”

“咦？难道说，只要确定了三个角是多少度，就能确定三角形是什么样子了吗？”

“就是这样，尤里。在球面上使用大圆画出三角形时，只要决定了三个角的大小，三角形的形状就确定下来了。平面上的三角形可以在不改变形状的情况下放大，但球面上的三角形没办法在不改变形状的情况下放大。换句话说，在球面几何中，全等与相似指的是同一件事。”

“这个话题我收下了！”尤里大声说，“下次和那个家伙见面时就使用。”

4.2 现在和未来之间

高中

这里是我就读的高中。今天是星期一，现在是午休时间。

我和学妹泰朵拉一起在楼顶吃午餐。我和她提到了球面上的三角形，以及之前和尤里聊到的球面几何。

“在球面几何中，全等与相似是相同的意思，这还挺有趣的。”泰朵拉点了好几次头，“其实把大圆视为直线这件事本身就很有趣。这里的直线虽然是球面上的最短路径，却不能无限延伸。”

“是啊。”

“啊，真羡慕尤里，可以常常听学长讲这些有趣的事。”

“我讲的也都是我从许多书本上看到的，并不是我自己发现的。”我答道。

“但是，我觉得能学到自己之前并不知道的知识是非常重要的。不管是自己发现的，还是从书上学到的，亦或是其他人教的。”泰朵拉稍微加重了语气。

“原来如此。话说，你不觉得有点冷吗？”我说。楼顶的风已然超越了惬意的程度，带上了些许冷冽。天已经开始变冷了。

“那个…… 我最近正在考虑和别人合作。”泰朵拉没有回答我的问题，而是说了这样的话，“每个人擅长的事情都不一样。彼此合作，就能做到一个人做不到的事情。另外，即使现在的我做不到某些事情，未来也有可能做到。我要通过和其他人的互动来学习这些事情。”

“通过和其他人的互动来学习？”

“没错，就是这样。”

“抱歉，我很想听你详细说说，可是外面太冷了，我们进楼里吧。”

“春风和秋风很不一样呢。”泰朵拉边收拾便当边说，“春风像是带着喜悦，秋风却好似带着寂寞。”

“是啊。不过与其说是秋风，这应该已经算是冬风了吧。”我回答道，“实在是太冷了，明天开始我们就别在楼顶吃午餐了。”

“嗯，恐怕是要这样了……”

“这么说来，今天就是高中生活里最后一次在楼顶吃午餐了。”我说。等明年天气回暖，春风再临时，我已经毕业了[①]。

“哎、哎？”泰朵拉大喊出声。

下午上课的预备铃响了起来。

4.3 双曲几何

4.3.1 所谓的“学习”

是啊。

我的高中生活即将结束。我在学校做的每一件事情都可以用“高中生活里最后的”这句话来形容就是证据。

再过几个月我就要参加考试了，无论结果怎样，我都会毕业。我的高中生身份也将随之结束。

① 在日本的学校，学生的毕业时间通常在3月份。——编者注

最后的这段时间，我打算都用来准备考试。是的，我并不讨厌备考。对于现在的我来说，进入大学继续进修是必要的。我的学习不可能止步于当下，未来还会学到更多的知识，与更多的人邂逅——邂逅?

可能是因为刚才泰朵拉说了“通过和其他人的互动来学习”，我才想到了这些。不知为何，那句话让我很在意。

确实，我一直都在学习。和米尔嘉、泰朵拉、村木老师，以及遇见的所有人一起学习。进入大学以后，应该也会和很多人邂逅，有更多学习新知识的机会吧。

伴随着这样的想法，我在学校继续努力学习。

4.3.2　非欧几何

下课后，我朝图书室走去。

图书室内，米尔嘉和泰朵拉正在激烈地讨论着什么。

“要想讨论非欧几何，就得先从欧几里得几何开始讲起。”米尔嘉开始“讲课”了。

◎　◎　◎

要想讨论非欧几何，就得先从欧几里得几何开始讲起。

我们正在学习的几何学，是公元前300年左右由欧几里得写成的《几何原本》衍生出来的——虽然当初《几何原本》里描述的并不仅仅是几何学。

《几何原本》先提出**定义**和**公设**，然后一步步写出各项证明。这种论证方法也成了数学演绎推理的典范。

我们先来看一下定义部分。

1. 点是没有部分的东西。
2. 线是没有宽的长。
3. 线之端是点。
4. 直线是其上均匀放置着点的线
5. 面是只有长和宽的东西。
6. 面之端是线。
7. 平面是其上均匀放置着直线的面。

⋮

23. 平行直线是在同一平面上沿两个方向无定限延长、不论沿哪个方向都不相交的直线。

“点是没有部分的东西”看起来不太像定义。我们可以把这句话理解成是在声明之后要使用“点”这个专用术语。

重要的是后面的公设。公设前写着“假定”，这代表“以公设形式写出的陈述不证自明，假定读者无条件接受这些陈述”。换句话说，公设是不证自明的命题。我们可以认为，公设定义了使用点和直线能证明什么，也定义了专用术语的含义。因为近代数学不再区分公设和公理，所以公设也称为**公理**。

我们来实际看看这些公理吧。

让我们假定：

1. 从任一点到任一点可作一条直线。
2. 一条有限直线可沿直线继续延长。
3. 以任一点为心和任意距离可以作圆。
4. 所有直角都彼此相等。
5. 一条直线与两条直线相交，若在同侧的两内角之和小于两直角，则这两条直线无定限延长后在该侧相交。

在欧几里得的《几何原本》中，公理相当重要，因为所有定理都是通过这些公理证明出来的。然而，在我们刚才读过的这些公理中，有一个很大的问题。

◎　◎　◎

“有一个很大的问题。”米尔嘉说完后便闭口不言。

“很大的问题，是指什么呢？”泰朵拉问道。

“是说**平行公理**吗？”我插话。说到非欧几何，那就一定得提到平行公理。

“没错。把第五个公理读出来吧，泰朵拉。”米尔嘉说。

“啊，好的——

一条直线与两条直线相交，若在同侧的两内角之和小于两直角，则这两条直线无定限延长后在该侧相交。

——好长！这就是平行公理啊……”

“画出图来看就好懂了。”我说，“首先，画出一条直线，并使其与两条直线相交。假设直线 n 与直线 l 和直线 m 相交，

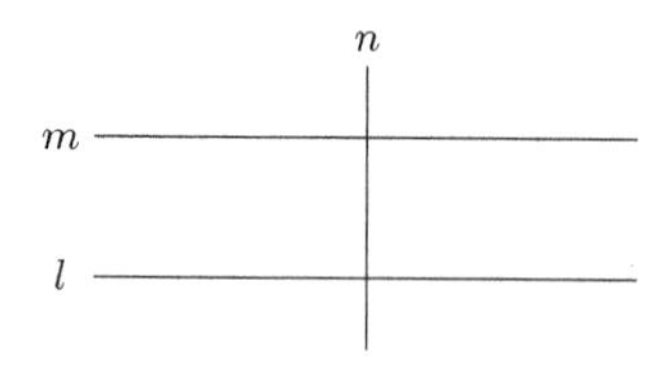

接着，使同一边的内角和小于两个直角的和。

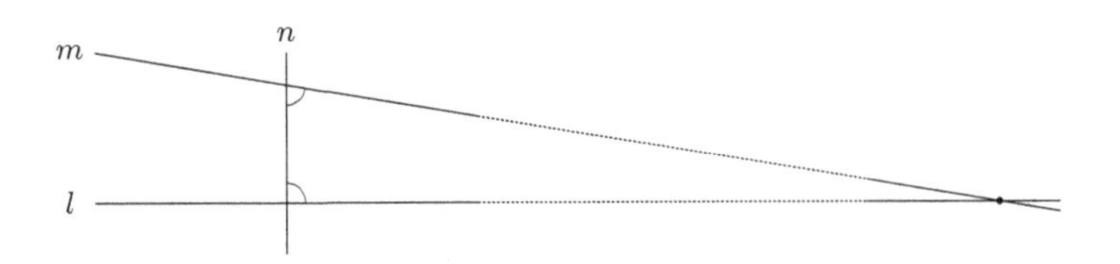

这么一来，这两条直线就会在内角和小于两个直角和的一侧相交。”

“原来如此。看起来确实是这样的。”泰朵拉说，“这有什么问题吗？”

“他刚才画的只是用来说明平行公理的图而已。”米尔嘉说，“问题并不在于平行公理是否正确，而在于这个平行公理是否有必要以公理的形式存在。”

“因为公理不能写得那么长吗？”

“平行公理确实很长。和其他四个公理相比，它明显长了很多。不过，长并不代表不好。数学家怀疑的是，这个公理应该能用其他公理证明出来。欧几里得将公理作为前提来写出证明，要是平行公理可以由其他公理证明出来，就没有必要赋予它公理的地位，对其另眼相看了。作为基础的公理当然越少越好。欧几里得认为平行公理有必要以公理的地位存在，但他一定是对的吗？如果有人可以用其他四个公理证明出平行公理，就表示欧几里的想法是错误的。”

“确实是很大的问题……”

“许多数学家研究过能否以其他四个公理证明出平行公理。如果成功证明出来，将会是一个非常重大的发现。但是，没有一位数学家成功。”

“变成未解之谜了吗？”泰朵拉问。

“18 世纪的数学家萨凯里尝试用反证法来证明平行公理。也就是说，他一开始假设平行公理不成立，并希望由此推导出矛盾。萨凯里的研究得到了有些违背人们直觉的、奇怪的结果，所以他认为推导出了矛盾之处，也就是证明了平行公理，但实际上他的结论并没有逻辑上的矛盾。

那个奇怪的结果就是所谓的‘萨凯里预言性的发现’。”

“萨凯里预言性的发现？”我说。我知道非欧几何的大概内容，却从来没听过萨凯里预言性的发现。

“就是这个发现。”米尔嘉吟唱般地说道。

假设平行公理不成立，“平面”上的两条“直线”将可能拥有以下性质之一。

- 在两个方向上离得越来越远
- 在一个方向上离得越来越远，但在另一个方向上无限靠近

“好像谜语啊。”泰朵拉喃喃地说。

“萨凯里尝试在没有平行公理的情况下建立平面几何，却发现三角形的内角和会小于 180°，但其实这并不能说明逻辑上有矛盾。另外，朗伯证明了若存在相似但不全等的三角形，则可导出平行公理，但这也并不代表他证明了平行公理。”

“话说，在球面上也作不出相似但不全等的三角形……”我说。

“先不说这个。”米尔嘉继续说了下去，“没有人能够证明平行公理必须为公理，也没有人能证明它可以不是公理。直到 19 世纪，鲍耶和罗巴切夫斯基发现了非欧几何。”

“原来如此！”泰朵拉猛烈地点头附和，“虽然一个人做不到，但鲍耶和罗巴切夫斯基两个人合作，终于还是证明出来了。”

“不是的。两个人都不知道彼此的研究，他们是各自独立地发现了这个领域。两个人几乎在同一时期发现了非欧几何。不过，在他们之前，大数学家高斯也算得上非欧几何的发现者之一。”

“那么……”泰朵拉说，“究竟他们是证明了平行公理成立，还是证明了平行公理不成立呢？”

“都不是。”米尔嘉说。

“都不是？”

4.3.3 鲍耶与罗巴切夫斯基

米尔嘉继续说下去。

“萨凯里是假设平行公理不成立，设法推导出矛盾之处。鲍耶与罗巴切夫斯基则是使用一个不同于平行公理的公理，设想出另一套不同于欧几里得几何的几何学体系，即非欧几何。欧几里得几何是以包含了平行公理在内的五个公理为出发点推导出来的几何学体系。鲍耶和罗巴切夫斯基则拿掉平行公理，换用另一个公理，再以这五个公理为出发点，建立出非欧几何体系。鲍耶和罗巴切夫斯基推导出来的几何学现在称为双曲几何。根据直线的数量，这些体系的性质可整理如下。”

- **球面几何**

  不存在通过直线 l 外一点 P 且不与 l 相交的直线

- **欧几里得几何**

  存在一条通过直线 l 外一点 P 且不与 l 相交的直线

- **双曲几何**

  存在两条或两条以上通过直线 l 外一点 P 且不与 l 相交的直线

“我想问个问题。”泰朵拉举起手，“球面几何、欧几里得几何、双曲几何，这三个几何学中，哪一个才是真正的几何学呢？”

“单论哪个都不是真正的几何学，泰朵拉。”我回答道，“或者说，三个都是真正的几何学。不管是欧几里得几何，还是非欧几何，都是真正的几何学。基于公理，思考可以证明出什么样的定理，或者提出什么样的数学主张，就是所谓的数学，所以这三个都是真正的数学，只不过它们是基于不同的公理建立而成的。”

听完我的话后，泰朵拉边咬指甲边思考，没过多久便说："这也是'装作不知道的游戏'吧。"她接着说，"我们一直都在做相同的事，依照相同的模式来推论。不管是讨论群[①]、讨论数理逻辑[②]、讨论概率[③]，还是讨论拓扑空间，都是用同一套方法来处理的。我们重视的是从公理可以推导出什么结论。几何学也是这样的吧。"

"是啊。"我回答。

"数学家会先定义公理。"米尔嘉说，"由公理证明出来的结论就是定理。正因如此，数学的研究才不会被这个世界的规则束缚。不过，欧几里得可能没想那么多。"

"我原本以为几何学研究的是我们周围会出现的各种形状，难道它和现实中的形状无关吗？"

"不能说无关。"米尔嘉说，"从历史来看，人们是因为想了解自己周遭的形状才创立了几何学。然而数学所研究的，并不限于现实中成立的几何学，或者说并不限于宇宙中成立的几何学。"

"……"泰朵拉再度陷入沉思。

我和米尔嘉也陷入沉默。

我们在图书室内。图书室外有学校、有城市、有国家、有地球、有宇宙。在对整个宇宙来说小小的地球、小小的国家、小小的城市、小小的学校、小小的图书室内，我们三人正在思考。然而，我们思考的内容已经超越了宇宙。

"我们真的懂了吗？"

米尔嘉说完后突然站了起来。她抬起头，黑色长发随之摆动。

---

①《数学女孩2：费马大定理》中的内容。

②《数学女孩3：哥德尔不完备定理》中的内容。

③《数学女孩4：随机算法》中的内容。

◎ ◎ ◎

我们真的懂了吗？

我们知道什么是直线，什么是平行线。我们以为自己都懂了。但是，我们真的懂了吗？

听到直线时，我们会在脑中描绘出某种东西；听到平行线时，我们会在脑中描绘出另一种东西；听到要取直线外一点，并作一条新的直线通过这个点时，我们会在脑中描绘出“那样的东西”。就算有多种可能的情况，就算要延伸到无限远的地方，我们也能够在脑中描绘出“那样的东西”。

若问我们，通过直线外一点且与该直线平行的直线是否存在，我们会回答存在；若问我们，这样的平行线是否唯一，我们会回答是唯一的。只要直线在延伸途中不会弯曲，那就存在唯一的平行线，这是我们的想法。

明明已经那么清楚了，为什么会有人想到不存在平行线的几何学呢？为什么会有人又想到存在多条平行线的几何学呢？

数学家都是脱离现实的空想家吗？

—— 不是那样的。

数学家都是主张不知道无限远的地方会发生什么事的不可知论者吗？

—— 不是那样的。

数学家都是认为眼见不为实的悲观主义者吗？

—— 不是那样的。

数学家都是认为不可能画出精确的平行线的现实主义者吗？

—— 不，不是那样的。

数学家只是很重视逻辑而已。若将平行公理换成其他公理，就会产生其他的几何学——这种想法相当惊人。

就像“伽利略的犹豫”[1]一样，非欧几何难以被世间所接受。自然数和平方数之间存在双射关系——就算不是伽利略也能感觉到这种说法的不合理之处。然而，整体和部分之间一一对应的关系正可以用来定义无限。

平行公理也是一样的。无法证明平行公理，不就表示可以用平行公理以外的命题建立“另一种几何学”吗？这是一场惊人的思维大颠覆。

在“平行线是唯一的”这个假定下，诞生了欧几里得几何学；在“平行线不是唯一的”这个假定下，诞生了另一种几何学。

◎　◎　◎

“诞生了另一种几何学。”米尔嘉边说边坐到我的身旁，“也可以说，几何学是由一连串公理推导出来的知识体系。”

“我、我懂了。”米尔嘉的脸靠得太近，我一边不经意地往后退一边回答道。

“我有问题！”泰朵拉把手伸到我和米尔嘉中间，“欧几里得几何就是常见的平面几何，球面几何的话想一下地球仪也能明白，但是双曲几何是什么呢？球面几何还可以想象，双曲几何就……”

“非欧几何难以被人们理解的原因之一，就是大家深信欧几里得几何的平行公理，并把它当成不证自明的真理。直到克莱因、庞加莱、贝尔特拉米等人建立起非欧几何的模型，人们才逐渐了解非欧几何的概念。”

“模型……那是什么？”

---

①《数学女孩3：哥德尔不完备定理》中的内容。

“放学时间到了。”

突如其来的声音吓了我们一跳。原来是瑞谷老师 —— 已经到这个时间了吗？

确实，窗外已经一片漆黑了。听着米尔嘉讲课，时间不知不觉就过去了。

4.3.4 自己家

现在是晚上。我和妈妈在家中刚吃完晚餐，妈妈进厨房准备洗碗。

“爸爸今天也晚回来吗？”我一边问，一边把餐桌上的餐具拿到厨房。

“是啊。”妈妈边洗碗边回答。

爸爸今天也要加班。妈妈恢复健康后，爸爸就又投入到工作中去了，我们家也变回了以往的样子。

“真是抱歉。你忙着准备考试呢，我还添了不少麻烦……”

“别这么说啦，没什么的。”

“你爸爸工作也很忙，还花了那么多时间照顾我。钱也花了不少呢。”

“花了很多钱吗？”

“不用担心这个。对了，你的工作怎么样了？”妈妈用明朗的声音问道。

“工作？”

“准备考试不就是你现在的工作吗？”

“也是……”

“碗洗好了。你要喝杯可可吗？我也可以泡点路易波士茶。”

“不用了，我想喝的时候自己泡就好。”我回答，“那我去看书了。”

“晚上别喝太多带咖啡因的东西。对身体……”

我走进自己的房间，背后是妈妈的声音。

我们家并没有完全变回原来的样子。妈妈出院后，我开始注意到她偶尔流露出的疲惫感和眼角的皱纹。不知道是妈妈真的发生了变化，还是她在我的眼中发生了变化。无论如何，妈妈正在变老都是事实。意识到这一点的我胸口一紧。岁月真的不待人。

两个小时后。

我在自己的房间内解题，突然想起了泰朵拉说的话。她说她想和别人合作，有些事虽然一个人做不到，但结合许多人的力量就有办法做到。不过，准备考试就不是这样了吧？最终还是要靠自己的实力，自己去解开考试题目才行。因为这就是“我的工作”。

不管是发现新的数学领域，还是证明定理，都是同样的道理。正如米尔嘉今天所说，非欧几何虽然是鲍耶和罗巴切夫斯基发现的，但他们都是各自独立地发现了这个领域。

总而言之，现在我应该专注于“我的工作”才行。我的备考过程会顺利吗？要是能预见无限遥远的未来，就能知道答案了。

倒也不用无限遥远。

到明年春天就好。

是否考上了我想上的大学，只要知道这一点就好。

4.4　跳出勾股定理

4.4.1　理纱

隔天放学后，我一走出教室，就看到一个满头红发的女孩子站在我的面前。这位把笔记本电脑夹在腋下、头发参差不齐的少女就是理纱。

“我来叫你过去。”她用略带沙哑的声音说道。

“叫我过去？是谁叫我过去？”

“米尔嘉。”

她简单回答之后便自顾自地往前走了。理纱上高一，是米尔嘉的亲戚。她很擅长写程序，总是带着颜色和她的头发一样火红的笔记本电脑。

她带我来到多媒体教室。教室前方拉下一块大型白色屏幕挡在黑板前。

“终于来了。”米尔嘉坐在讲台上，翘着二郎腿。

“抱歉在你忙的时候找你来。”坐在最前排的泰朵拉说。

“你们准备干吗？”我问，“我还打算直接去图书室。”

“继续昨天的话题。今天来聊一聊非欧几何的模型吧。”米尔嘉说，“我想你应该会感兴趣，很快就能讲完。”

我们说话的时候，理纱把计算机连接上多媒体教室的机器，开始操作。

“变暗。”理纱说着，按下了按钮。此时窗帘自动合起，天花板上的灯变暗，屏幕上逐渐显示出投影机投出的影像。

4.4.2 距离的定义

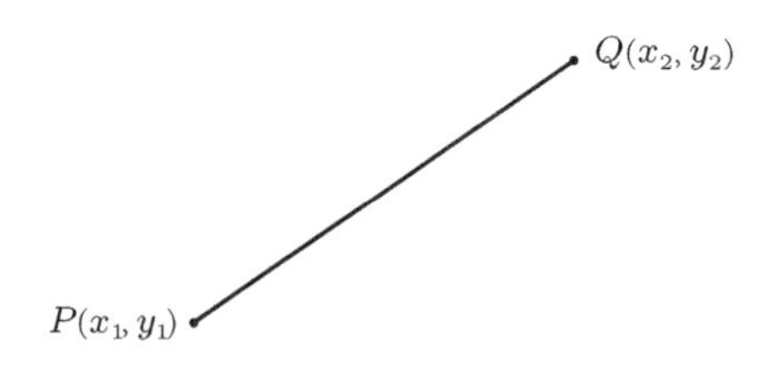

“在平面上，如果我们想从点 P 走到点 Q，最短的路径就是沿着直线前进 —— 就像这里画出的线段 PQ 一样。”黑暗中的米尔嘉说着。不，室内也不是完全是黑的，屏幕反射的亮光映照在每个人的脸上。

“之所以说这是最短路径，是因为我们定义了两点间的距离。要是没有定义距离，就不知道这条路径是不是最短路径了。泰朵拉，两点间的距离应该如何定义呢？”

“可以由两点的坐标计算出来。”泰朵拉说，“假设两点分别是 $P(x_1, y_1)$

和 $Q(x_2, y_2)$，那么两点间的距离可以由这个式子计算出来。

$$距离 = \sqrt{(x_2 - x_1)^2 + (y_2 - y_1)^2}$$

“这个式子的背后是**勾股定理**。”米尔嘉继续说着。

$$距离^2 = (x_2 - x_1)^2 + (y_2 - y_1)^2$$

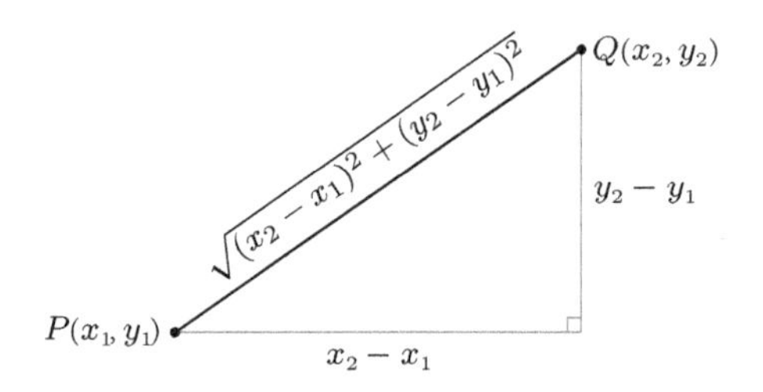

“这里，我们可以用 x 坐标的变化和 y 坐标的变化来定义距离。不管是多么微小的变化都可以。设 x 坐标的微小变化为 $\mathrm{d}x$，y 坐标的微小变化为 $\mathrm{d}y$，这样便可定义微小的距离 $\mathrm{d}s$。这里的 $\mathrm{d}s$ 叫作**线元素**。$\mathrm{d}x$、$\mathrm{d}y$ 和 $\mathrm{d}s$ 之间的关系为

$$\mathrm{d}s = \sqrt{\mathrm{d}x^2 + \mathrm{d}y^2}$$

也可表示为

$$\mathrm{d}s^2 = \mathrm{d}x^2 + \mathrm{d}y^2$$

也就是说，欧几里得几何中的距离是通过勾股定理定义出来的。反过来说，用勾股定理来定义距离的几何学是欧几里得几何。那么接下来，我们就用和勾股定理不同的方法来定义新的距离。”

“用和勾股定理不同的方法？”我说。

“没错。定义新的距离后，我们就可以通过欧几里得几何构建出新的

几何学。这就是在欧几里得几何上构建模型。”

◎ ◎ ◎

这就是在欧几里得几何上构建模型。

用勾股定理定义出距离后，两点间的最短路径是直的；但是如果距离的定义改变了，两点间的最短路径看起来就是弯的。

地球上的大圆虽然是地球上的最短路径，但在地图上看却是弯的正是源于这个道理。

我们试着在欧几里得几何上构建出鲍耶和罗巴切夫斯基探索出来的双曲几何模型吧。其中一种模型就是庞加莱圆盘模型。

4.4.3 庞加莱圆盘模型

“其中一种模型就是庞加莱圆盘模型。”米尔嘉说完，屏幕上出现了一个很大的圆。

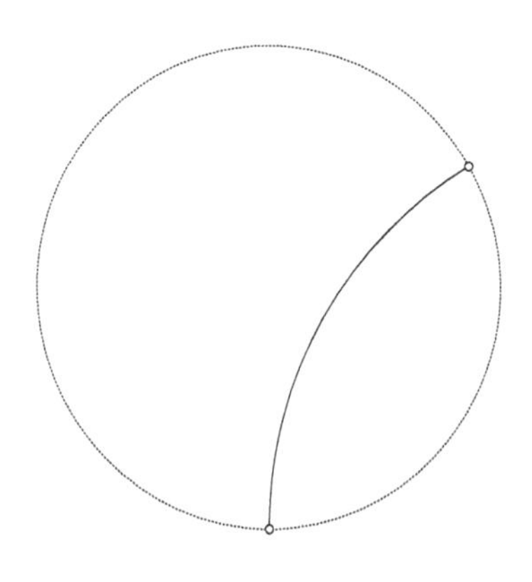

庞加莱圆盘模型

“这就是庞加莱圆盘模型吗？”泰朵拉说。

“没错，这就是在‘平面’上画出一条‘直线’时的样子。庞加莱圆盘

模型中的‘平面’是坐标平面上以原点为中心、以 1 为半径的圆的内部。圆周并不包含在‘平面’内。也就是说，

$$D=\left\{(x,y)\,|\,x^2+y^2<1\right\}$$

这个范围 D 就是庞加莱圆盘模型的‘平面’。”

“圆的内部是‘平面’……”

“庞加莱圆盘模型上的‘点’，就是这个圆盘内的点；庞加莱圆盘模型上的‘直线’，则是与圆盘圆周垂直的圆弧。作为特例，相当于圆盘直径的线也被视为庞加莱圆盘上的‘直线’。不管是圆弧还是直径，它们与圆盘圆周的交点都没有包含在‘直线’内。”

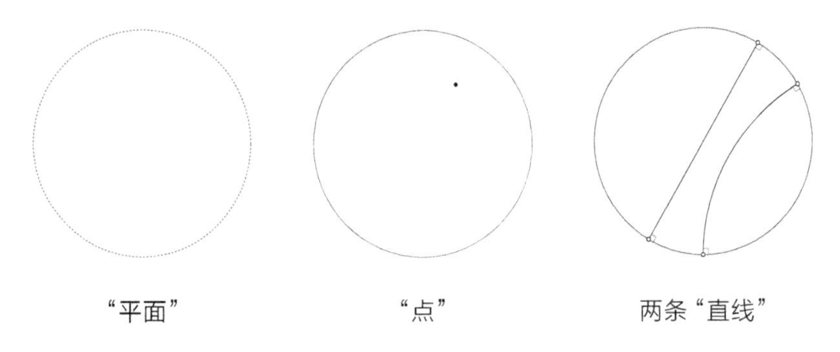

“平面”　　“点”　　两条“直线”

“最右边的图是庞加莱圆盘模型中的两条‘直线’。其中一条画成了圆弧的样子，怎么看都不像最短路径。不过，依照定义庞加莱圆盘模型的距离，这确实是最短路径。”

“这条线看起来是弯的，却是最短路径啊……”泰朵拉说，“这个看起来弯弯的‘直线’是另一个圆的圆弧，而且和圆盘圆周垂直，是吗？”

“没错。”米尔嘉点了点头，“接下来就试着在这个庞加莱圆盘上画出‘平行线’。思考‘直线’ l 和不在 l 上的‘点’ P，然后画出通过‘点’ P 的其他‘直线’—— 理纱？”

在理纱的操作下，屏幕切换成另一组图。

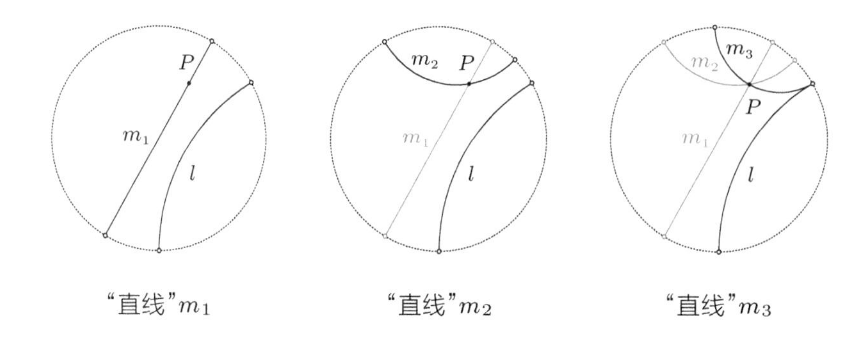

“直线”m_1 “直线”m_2 “直线”m_3

“从最左边开始，我们画出了三条与 l 不相交的‘直线’，它们分别是 m_1、m_2 和 m_3。m_1、m_2 和 m_3 都是通过 l 外一‘点’ P 的‘直线’，但它们没有与 l 重合的‘点’。这里虽然只画出了 m_1、m_2 和 m_3 这三条线，但事实上这种类型的线可以画出无数条。欧几里得几何中只能画出一条平行线，但双曲几何中能画出无数条平行线。”

“等一下。”泰朵拉说，“m_3 和 l 不是相切在圆周上吗？那这个切点不就是这两条线重合的‘点’吗？”

“不是的，泰朵拉。”我插嘴说，“这个庞加莱圆盘圆周上的点并不是‘点’，因为‘平面’仅限于庞加莱圆盘的内侧，并不包含圆周。所以说，l 和 m_3 之间并不存在重合的点…… 对吧？”

“没错。”米尔嘉点了点头，“这个庞加莱圆盘模型刚好可以和萨凯里预言性的发现相对应。l 和 m_1 的关系，以及 l 和 m_2 的关系，正好就是‘在两个方向上离得越来越远’；而 l 和 m_3 的关系，正好就是‘在一个方向上离得越来越远，但在另一个方向上无限靠近’。”

“不好意思，先停一下。”泰朵拉说，“离得越来越远是没错，但由于这些线没有办法跑出圆盘外，所以距离应该是有限的才对吧。从刚才开始我就很在意一件事，那就是如果庞加莱圆盘模型上的‘直线’没办法无限延伸，是不是就表示双曲几何也和球面几何一样，‘直线’不可以无限延伸呢？”

“不对，不是那样的。庞加莱圆盘模型上的‘直线’和欧几里得几何中的直线一样可以无限延伸。”米尔嘉说，“因为庞加莱圆盘模型对距离的定义和欧几里得几何的不同。”

“对距离的定义不一样？”泰朵拉歪着头疑惑道。

“在欧几里得几何中的平面，也就是在欧几里得平面中，线元素 $\mathrm{d}s$ 可以用勾股定理计算出来。

$$\mathrm{d}s^2 = \mathrm{d}x^2 + \mathrm{d}y^2$$

而在用庞加莱圆盘表示的双曲几何的‘平面’中，线元素 $\mathrm{d}s$ 的计算方式如下。

$$\mathrm{d}s^2 = \frac{4}{(1-(x^2+y^2))^2}(\mathrm{d}x^2 + \mathrm{d}y^2)$$

比较后，可发现二者的差别主要体现在有没有乘以这个系数上。

$$\frac{4}{(1-(x^2+y^2))^2}$$

乘以这个系数后，整个计算就跳出勾股定理的框架了。一般来说，在空间内用于确定距离的函数叫作**度量**。确定好线元素后，我们便可得到空间的度量，从而在这个空间内计算出距离。”

欧几里得几何坐标平面模型中的线元素

$$\mathrm{d}s^2 = \mathrm{d}x^2 + \mathrm{d}y^2$$

双曲几何庞加莱圆盘模型中的线元素

$$\mathrm{d}s^2 = \frac{4}{(1-(x^2+y^2))^2}(\mathrm{d}x^2 + \mathrm{d}y^2)$$

“‘点’越靠近圆盘的圆周，ds 就越大，是吗？”我说，“因为‘点’越靠近圆盘的圆周，分母中的 $1-(x^2+y^2)$ 就越接近 0。”

“没错。线元素 ds 也会根据某点距原点的欧几里得距离 $\sqrt{x^2+y^2}$ 发生变化。假设庞加莱圆盘内有一个匀速移动的‘点’。我们在观察这个‘点’时，会发现这个‘点’越靠近圆周，就走得越慢，且永远没办法抵达圆周。”

“既然是‘匀速’移动，怎么会越来越慢啊？”泰朵拉说。

“这里说的‘匀速’，指的是用庞加莱圆盘模型上的‘距离’计算出来的‘速度’是一定的。”米尔嘉说，“这里说的越来越慢，则是从欧几里得距离的角度观察到的结果。我们可以用积分来定义‘点’所移动的‘距离’。”

◎ ◎ ◎

我们可以用积分来定义“点”所移动的“距离”。

假设时间为 t 时，点位于 $(x(t),y(t))$ 的位置上。随着时间 t 的变化，点也会跟着移动，形成一条曲线的路径。x 方向和 y 方向上的速度分别是 $\frac{\mathrm{d}x}{\mathrm{d}t}$ 和 $\frac{\mathrm{d}y}{\mathrm{d}t}$，整理后可得

$$\left(\frac{\mathrm{d}s}{\mathrm{d}t}\right)^2=\left(\frac{\mathrm{d}x}{\mathrm{d}t}\right)^2+\left(\frac{\mathrm{d}y}{\mathrm{d}t}\right)^2$$

和

$$\frac{\mathrm{d}s}{\mathrm{d}t}=\sqrt{\left(\frac{\mathrm{d}x}{\mathrm{d}t}\right)^2+\left(\frac{\mathrm{d}y}{\mathrm{d}t}\right)^2}$$

在欧几里得几何中，将这里的 $\frac{\mathrm{d}s}{\mathrm{d}t}$ 对 t 积分后，便可求出移动距离，也就是当时间 t 从 a 变成 b 时，移动的点所画出来的曲线长度，也就是点从 $(x(a),y(a))$ 到 $(x(b),y(b))$ 所形成的曲线长度。具体来说，就是用以下积分公式定义曲线长度。

$$\int_a^b\sqrt{\left(\frac{\mathrm{d}x}{\mathrm{d}t}\right)^2+\left(\frac{\mathrm{d}y}{\mathrm{d}t}\right)^2}\mathrm{d}t$$

用庞加莱圆盘模型来思考以上内容，曲线长度就可以用以下积分公式定义。

$$\int_a^b \frac{2}{1-(x^2+y^2)} \sqrt{\left(\frac{\mathrm{d}x}{\mathrm{d}t}\right)^2 + \left(\frac{\mathrm{d}y}{\mathrm{d}t}\right)^2} \mathrm{d}t$$

越靠近庞加莱圆盘的圆周，庞加莱圆盘模型的线元素 $\mathrm{d}s$ 就越大。在欧几里得几何中看起来是相同的长度，从双曲几何的角度来看，就会越靠近圆周则越长。这与用麦卡托投影法画出来的地图中，位置越靠近南极和北极，地图上的距离就会放得越大一样。

刚才泰朵拉说庞加莱圆盘模型的“直线”不会无限延伸，但这其实是从欧几里得几何的角度来定义长度的结果。如果从庞加莱圆盘的角度来定义，就不是这样了。对双曲几何世界的居民来说，圆盘的圆周就像无限遥远的地平线一样，不管走多久都抵达不了。

这就是庞加莱圆盘模型。

◎　◎　◎

“这就是庞加莱圆盘模型。”米尔嘉说，“我们再扩展一下。欧几里得平面可以用正三角形、正四边形和正六边形的瓷砖来填满。”

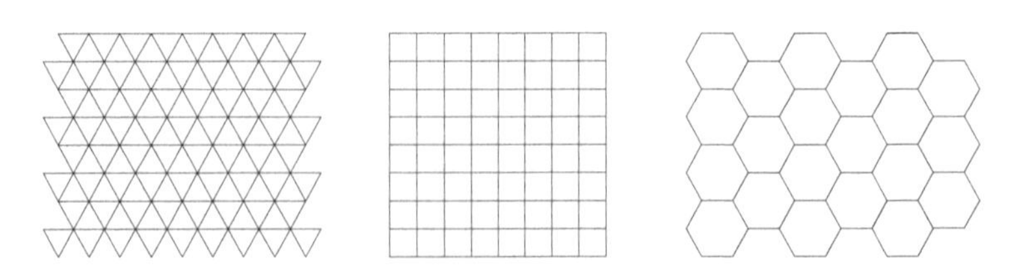

用正 n 边形来填满欧几里得平面

“现在，我们试着用同样的方式，在庞加莱圆盘上填满正 n 边形的瓷砖。”

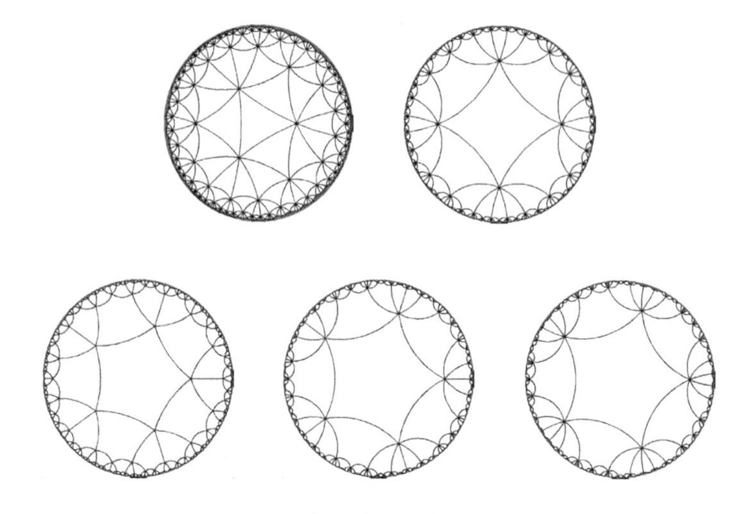

用正 n 边形填满庞加莱圆盘

“看起来好像埃舍尔的版画！”泰朵拉大叫。

“没错。版画家莫里茨·科内利斯·埃舍尔以双曲几何的庞加莱圆盘模型为基础，创作了许多版画作品。”米尔嘉说。

“原来是这样啊……”我说。

“正如萨凯里发现的那样，在双曲几何中，三角形的内角和确实小于 180°。而且，在庞加莱圆盘的度量下，这个正 n 边形的每条边等长。”

“但看起来是越靠近圆周，边就越短。”

“没错。在庞加莱圆盘模型中，等长的‘线段’越靠近中心看起来就越长，越靠近圆周看起来就越短。这是因为在庞加莱圆盘模型的度量下，长度会随着某点距中心的欧几里得距离发生改变。”

“我们看庞加莱圆盘的时候，就相当于看到无限的尽头了。”

“原来如此。”我说，“仔细想想，当我们站在欧几里得平面上眺望地平线时，也是在有限的视野内看到了无限的尽头。原理和这个是一样的……”

接着，泰朵拉问：“小理纱，用计算机就能画出许多这种图吗？”

“把‘小’去掉。”理纱说，“用绘图工具就能画出来。”

“嗯，我一定要把这个图也放进去。”泰朵拉仿佛下定了什么决心似地说道。

4.4.4　半平面模型

“双曲几何的模型不仅只有庞加莱圆盘模型。”米尔嘉说，“我们试着在**半平面模型**上画出两条‘直线’吧，就像刚才在庞加莱圆盘模型中所做的那样。”

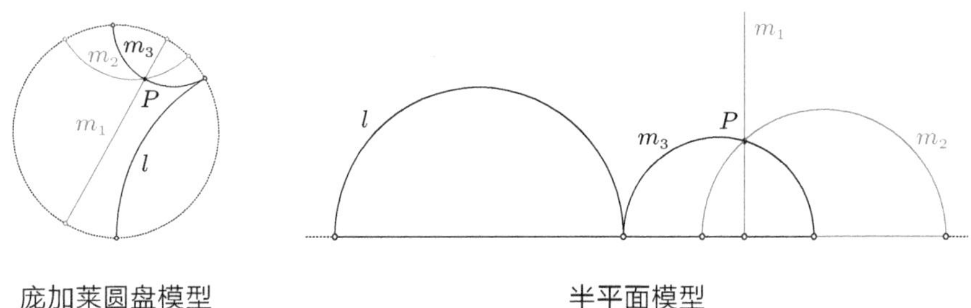

庞加莱圆盘模型　　　　半平面模型

“将半平面 H^+ 定义为如下形式。

$$H^+ = \{(x, y) | y > 0\}$$

如此一来，线元素 $\mathrm{d}s$ 定义为如下形式的模型就是半平面模型。”

双曲几何半平面模型中的线元素

$$\mathrm{d}s^2 = \frac{1}{y^2}(\mathrm{d}x^2 + \mathrm{d}y^2)$$

“正如这个式子所示，$\mathrm{d}s$ 会随着 y 而改变。y 越接近 0，也就是越靠近 x 轴，线元素 $\mathrm{d}s$ 就越大。对双曲几何世界的居民而言，半平面模型的

x 轴位于无限远的地方，是永远无法抵达的地平线。”

“永远无法抵达的地平线……”泰朵拉说。

“庞加莱圆盘模型中圆盘的圆周是永远无法抵达的地平线，半平面模型中与之对应的就是‘x 轴与无限远的点’。”

4.5 超越平行公理

“原来如此。”我说，“通过计算线元素 $\mathrm{d}s$，我们可以知道随着坐标平面上的点(x,y)的变化，也就是随着位置的变化，微小距离也会发生改变。即使同样是双曲几何，不同的线元素定义也可以衍生出庞加莱圆盘模型和半平面模型等不同的模型。这就像绘制地图时有不同的绘图方法，比如麦卡托投影法、摩尔魏特投影法和等距方位投影法等。”

“关于这一点。”米尔嘉指着我说，“我们可以试着通过线元素的定义方式，也就是距离度量，来将几何学一般化。”

“一般化？”将几何学一般化是什么意思？

“回想一下非欧几何从欧几里得几何中诞生的过程，就可以知道关键点在于平行公理。”米尔嘉说，“罗巴切夫斯基和鲍耶就是用另一个公理替换掉平行公理，进而构建出双曲几何的。在双曲几何中，通过‘直线’外一点且与其平行的‘直线’有无数条。”

“是啊。”泰朵拉点了点头，“按照平行线的数目，几何学可分成三种，分别是球面几何、欧几里得几何和双曲几何。”

“不过，黎曼在平行公理的基础上再往前踏了一步。”米尔嘉说，“他考虑的就是将度量一般化。也就是说，他没有把注意力放在某种新的几何学上，而是放在了能开创出新几何学的度量上。只要改变度量，就会诞生新的几何学。他想的是研究度量，开创无数种几何学。像这种将度量纳入考虑范围的几何学就称为黎曼几何。”

“我虽然听说过黎曼几何，但没想到原来是这么一回事。我还以为黎曼几何是非欧几何的一种。”

“黎曼几何这个术语有两层不同的含义。首先，黎曼几何指的是由黎曼发现的非欧几何。”米尔嘉说，“其次，由于它更重要的意义在于引入了度量的概念，将几何学一般化，所以黎曼几何也是几何学的总称。”

“原来是这样啊。”泰朵拉说，“黎曼几何就是欧几里得几何和非欧几何，以及许多我不知道的几何学的总称。在黎曼几何中，欧几里得几何只是 one of them 吗？”

“就是这样的。”米尔嘉说。

◎　◎　◎

就是这样的。

庞加莱圆盘的线元素可以表示为

$$\begin{aligned} \mathrm{d}s^2 &= \underbrace{\frac{4}{(1-(x^2+y^2))^2}}_{g(x,y)}(\mathrm{d}x^2+\mathrm{d}y^2) \\ &= g(x,y)(\mathrm{d}x^2+\mathrm{d}y^2) \end{aligned}$$

$\mathrm{d}x^2$ 和 $\mathrm{d}y^2$ 可分别改写成 $\mathrm{d}x\mathrm{d}x$ 和 $\mathrm{d}y\mathrm{d}y$。$\mathrm{d}x\mathrm{d}y$ 和 $\mathrm{d}y\mathrm{d}x$ 明确写出后，$\mathrm{d}s^2$ 便可表示成下面这样。

$$\mathrm{d}s^2 = g(x,y)\mathrm{d}x\mathrm{d}x + 0\mathrm{d}x\mathrm{d}y + 0\mathrm{d}y\mathrm{d}x + g(x,y)\mathrm{d}y\mathrm{d}y$$

将上式的系数 $g(x,y)$、0、0 和 $g(x,y)$ 分别设为 g_{11}、g_{12}、g_{21} 和 g_{22}；将 x 和 y 分别改写为 x_1 和 x_2，可得到下式。

$$\mathrm{d}s^2 = g_{11}\mathrm{d}x_1\mathrm{d}x_1 + g_{12}\mathrm{d}x_1\mathrm{d}x_2 + g_{21}\mathrm{d}x_2\mathrm{d}x_1 + g_{22}\mathrm{d}x_2\mathrm{d}x_2$$

也就是说，$\mathrm{d}s^2$ 可写成下面这样。

$$\mathrm{d}s^2=\sum_{i=1}^{2}\sum_{j=1}^{2}g_{ij}\mathrm{d}x_i\mathrm{d}x_j$$

这时的g_{ij}就是用来表示某个点在某个方向上的长度和欧几里得几何中的长度相差多少的函数。给这里的g_{ij}加上某些条件后，这种形式的度量就称为黎曼度量。定义出黎曼度量中的线元素$\mathrm{d}s$之后，对其进行积分操作，就可得到这个空间上某条曲线的长度了。

给定度量和连接两点的曲线，就可以用积分定义出曲线的长度。接着，就可再由曲线的长度定义出两点间的距离。在欧几里得空间中，这两点间的距离就是连接两点的线段的长度。

度量是距离计算方法的一般化形式。不管是在欧几里得几何、球面几何，还是双曲几何中，度量都不会因为方向的不同而发生改变。虽然我们一般会认为在空间中，不管从哪个方向测量距离，得到的结果都应该相同，但其实还应该考虑到距离随着位置和方向改变时的情况。

鲍耶和罗巴切夫斯基原本想证明平行公理，却发现了双曲几何。双曲几何就是非欧几何的一个例子。

定义出度量后，就可以在欧几里得几何上建立双曲几何的模型，也就是庞加莱圆盘模型和半平面模型。相较于此，黎曼又更进一步。利用度量建立无数的几何学 —— 黎曼在他的就职演讲中提出了这个想法。这让当时在场的高斯兴奋不已。那时黎曼只有 27 岁，而高斯已经 77 岁了。高斯或许从中看见了几何学的未来。

彼时，以平行公理作为起点构建起来的几何学体系，已经朝着通过引入其他公理取代平行公理来创立新几何学的方向进步了。黎曼又向世人展示了不必执着于平行公理，通过度量便可构建出无数几何学这一理论。这使得人们对于空间的研究前进了一大步。其研究对象，在现代数学中被称为**黎曼流形**。

◎ ◎ ◎

“其研究对象，在现代数学中被称为黎曼流形。”

米尔嘉说完，放学铃声就响起来了。

“开始撤退。”理纱说。

4.6 自己家

当天晚上。

我的书桌上摆着一杯温热的路易波士茶。这是妈妈刚刚端给我的。

我想起了今天米尔嘉说的那些内容。

我以为自己早就明白什么是欧几里得几何了，毕竟这是数学书中常出现的内容。我听过鲍耶、罗巴切夫斯基、黎曼等人的名字，也知道球面几何，见过许多其他奇怪的图形，当然也知道平行公理有什么样的意义。

然而，我从来没有想过跳出平行公理或勾股定理来思考。虽然看过埃舍尔的版画，却不知道他的版画和双曲几何的庞加莱圆盘模型有什么关系。也没想到原来只要改变度量，就可以构建出无数种几何学，并由此研究无数种空间。

怎么会这样呢？这已经不是“装作不知道的游戏”了。我甚至从一开始就什么都不知道。

焦虑。

我什么都不知道。世界上到处都是我不明白的东西。我……还没准备好面对世界。就像是备考逼得我喘不过来气一样，我对自己的无知感到相当无力。

我一边体会着这样的焦虑，一边机械地端起马克杯。至少我还能体会到温热的路易波士茶流过喉咙的感觉。

不对，不对，不对。是我想错了。正因为无知，才要学习；正因为准备不足，才要好好准备。

记得我曾和尤里说过“数学又不会跑掉”，所以不要担心、不要焦虑。

数学又不会跑掉。

我今天也要继续做题。

这是为了我的明天，也是为了我的未来。

几何学的公理既非先验综合判断，

亦非实验事实。

它们是约定。

—— 亨利·庞加莱《科学与假设》

第5章 跳入流形

于是，我开始探索用一般的量的概念，
来构建“拓展至多维空间”这个概念。
自那之后，“拓展至多维空间”便可以有各种定量关系。
因此，我们所谓的三维空间，
也只是“拓展至三维空间”的特例而已。
——波恩哈德·黎曼[25]

5.1 跳出日常

5.1.1 轮到我了

高一、高二，然后是高三。

我就读的高中是一所应试型学校。从入学起，身边就经常出现和高考相关的话题。比如最难考的医学院合格率是多少，以及考入公立大学的成功案例之类的。就连发给家长的高中介绍手册，也会花大篇幅来宣传有多少人考上了哪所大学。

高一、高二，然后是高三。

我看着学长学姐们参加考试和毕业。现在，属于我自己的考试季终于正式来临了。没错，考试是与逐渐降低的气温和冷冽的寒风一起降临的。

从“外面”看考试，和在考试“里面”拼搏，是完全不一样的感觉。旁观者可以事不关己地用轻松的语气说着自己的预测结果，但身在其中的人一旦被狂潮般的信息吞没，便无法从容应对。我们只能看见周围世界的一小部分，既不知道自己身在何处，也不知道未来在哪里，只能挣扎着前进。

然后，检测突然降临。已经毕业的那些学长学姐们也是这样撑过一波波压力的吗？只有自己成为当事人，才能知道压力有多大。我对高考感到恐惧，恐惧自己被检测的那一天的到来。

我，何其愚蠢的人啊。在成为当事人之前，居然从来没想过这么简单的事情。

5.1.2　为了打倒恶龙

“哥哥——哥哥！你在听我讲话吗？”

尤里的声音打断了我的思考。

今天是星期六，这里是我的房间。

表妹尤里和平常一样来我家玩。

“尤里还能这么轻松自在，真好啊。”我叹了口气说，“我还得忙着看习题答案的讲解。”

“题不是已经做出来了吗？做出来了不就行了？”

“做题的重点并不在于有没有解出答案，而是要确定自己的理解正不正确，看看有没有其他更好的解法才行。看答案讲解能找到自己的不足之处，找到不足之处后就能弥补了。只有按照这样的方式做题才有意义。给自己反馈是很重要的。”

“哇，好认真。那你的备考怎么样了？还顺利吗？”

“还算顺利。不过有时候会被我的好妹妹打断。”

“什么话呀。我以为备考就是做练习题呢。”

“但是高考的时候，不一定会出和练习题一样的考题啊。秋天会有实力测试，圣诞节前还有合格判定模拟考。我想在那个模拟考中得到好成绩，但是剩下的时间不多了……”

唉，我对一个初中生讲这些做什么。

“你不是也有模拟考吗？”我问尤里。

“好像有，不过那个顺其自然就好了。啊，还是当初中生好啊！”尤里一边说着，一边松开马尾，开始编起麻花辫。“一本正经的哥哥，仿佛要去打倒恶龙。”

5.1.3 尤里的疑问

“先别管打倒什么了。你刚才跟我说什么来着？”我说。

“四维骰子是什么？”尤里说。

“四维骰子？”

尤里拿了一本书给我看。那是我在初中时很喜欢看的一本数学读物。

“这本书上写的。它说四维骰子没办法拿到三维空间里，可是我根本不知道四维骰子长什么样。”

“四维骰子不就是四维骰子吗？”

“不要糊弄我了。四维骰子到底是什么？”

“仔细想想就知道了。我上初中的时候也想过这个问题。我们的世界是三维的，我们也知道骰子长什么样子。你想想，四维骰子应该是什么样子的呢？”

“四维空间是光靠想就能想出来的吗？”

“你正在读的那本书中就有关于四维空间的描述。四维空间就是三维空间再多加一维……这个话题我们之前也有聊过吧[1]？”

---

①《数学女孩5：伽罗瓦理论》中的内容。

“先别管聊没聊过了，接着说嘛。”

“我们没办法亲眼看到四维的世界，所以很难想象它的样子。不过，我们可以用已知的东西去类推四维骰子的样子。”

“已知的东西是什么？可以从中得知四维的什么呢？”

“从四维空间开始讨论可能有点困难，我们不妨试着从低维的空间思考。我上初中的时候是通过直觉来理解一维、二维和三维的。这就是已知的东西。

- 一维…… 线的世界
- 二维…… 面的世界
- 三维…… 立体的世界

一维、二维，然后是三维。我大致可以想象这三个世界的样子。如果分别对它们进行研究，应该可以类推出四维的世界。我上初中时是这么想的。”

“哥哥，你上初中的时候就想到这些了吗？”

“我没跟你讲过吗？”

“喵喵喵。再多讲一些嘛！”

就这样，我们踏上了寻找四维骰子的旅程。

5.1.4 考虑低维的情况

“那我就照着我上初中时的思考顺序一个个说明吧。”我说。

“正合我意！”尤里回答。

“首先我想到的是三维世界中的立方体。因为骰子是立方体，所以我当时就思考所谓的立方体到底是什么样的形状。”

因为骰子是立方体，所以我当时就思考所谓的立方体到底是什么样的形状。当然，我很清楚实际的立方体长什么样，但我觉得应该考虑的是立方体的结构有什么性质。把这些性质带到四维空间，再说明四维空间的立方体就容易多了。

我努力思考后得到的结论是：

立方体是由正方形黏合而成的。

想一下骰子的样子就知道了。骰子有 ⚀ 到 ⚅ 六个面，而且每个面都是**正方形**。这六个正方形黏合在一起后变成一个骰子。因此，我们可以说立方体是由六个正方形黏合而成的。

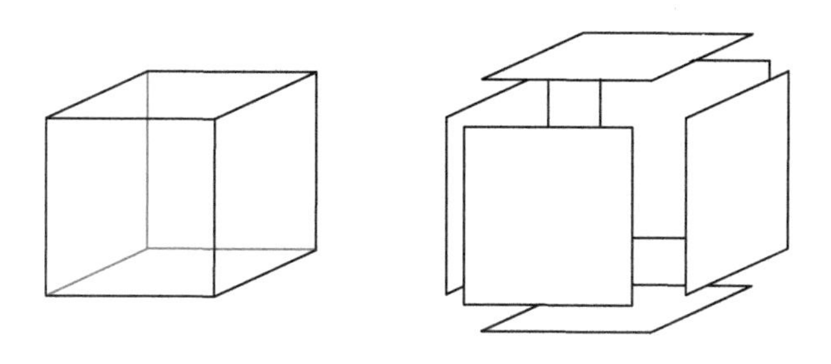

立方体是由正方形黏合而成的

接着，我有了一个关于正方形的惊人发现。那就是

正方形可以说是二维的立方体！

把正方形说成立方体有点奇怪，但我还是试着让自己想象‘正方形是二维的立方体’这样的概念。这个发现让我非常兴奋。

为什么我会那么兴奋呢？因为我注意到

立方体是由正方形黏合而成的

这句话，如果换个方式来说，就会变成

三维立方体是由二维立方体黏合而成的。

当时还是初中生的我，虽然很想了解四维立方体，但完全没有头绪。不过，当我确认三维立方体可以由二维立方体黏合而成时，就前进了一大步。因为只要把维度再加一，就可以得到

四维立方体是由三维立方体黏合而成的

这一结论。

要想制作四维立方体，只要把三维立方体，也就是普通的立方体黏合起来就好了。当时我觉得这个思路非常正确，而且不仅正确，它还是一个很自然、很漂亮的思路——因为其中包含着一贯性。

“因为其中包含着一贯性。”我和尤里说。

“好有趣！哥哥，这个好好玩的样子喵！”

“当时我沉迷在这个思路中，但同时也有点害怕。”

“害怕什么呢？”

“害怕这个思路是错的。”我说，“虽然我认为四维立方体是由三维立方体黏合而成的，但那毕竟是我随便想出来的东西。这个随便想出来的东西是不是正确的呢？我想好好确认这一点。”

“这样啊。”

“所以，我试着思考降低一个维度的情形。”

所以，我试着思考降低一个维度的情形。三维的立方体就是普通的

立方体；二维的立方体就是正方形。

那么，一维的立方体又是什么呢？当我们把一维的立方体黏合起来时，有办法得到二维的立方体，也就是正方形吗？

我马上就想到了。

所谓一维的立方体，其实就是正方形的一个边，也就是线段。当我们把一维的立方体，也就是线段黏合起来时，确实可以得到二维的立方体，也就是正方形。

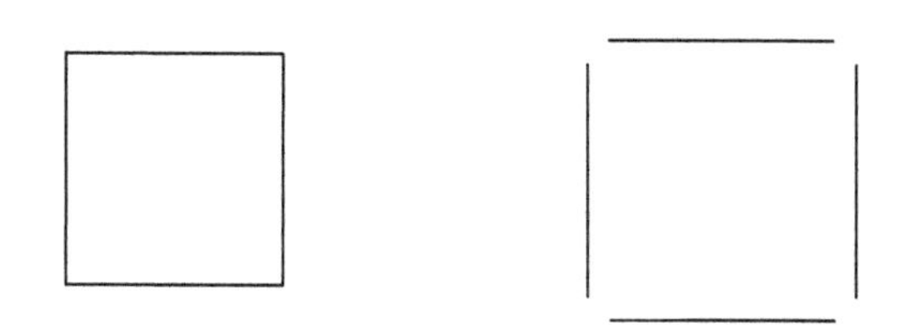

正方形是由线段黏合而成的

这让我相当兴奋。降低一个维度之后，确实能得到

二维立方体是由一维立方体黏合而成的

这一结论。不过，我发现这里有一个很大的问题。

“不过，我发现这里有一个很大的问题”我说。

“什么大问题？”

“**内部是否为实心**。我想起来制作骰子有两种可能的情况：一种是用黏土之类的材料制作，这时会做出来一个实心的立方体；另一种则是用纸折，这时会做出来一个中空的立方体。”

“这两种都行吧？它们不都是立方体吗，这很重要吗？”

“很重要。当时还是初中生的我以‘立方体是由正方形黏合而成的’

作为思考的起点，但是，当我们将正方形板这种实心的正方形黏合起来时，得到的却是中空的立方体。这表示在内部是否为实心的事情上，产生了前后不一致的情况。”

“这样啊，我懂了。‘将实心的二维立方体粘起来，得到的却是空心的三维立方体’这点很奇怪，是这样吗？”

“没错。那时的我只能使用类比的方法来推理，因此实心与否非常重要。”

“哥哥好聪明喵。然后呢？后来是怎么解决的？”

“只要把实心的立方体和只有表面的立方体分开来看就可以了。也就是说，

- 把实心的立方体称为骰子体
- 把有表面，但里面为空心的立方体称为骰子面

这样一来，我刚才提到的发现，就有必要稍微修正一下了。”

- 一维骰子面是由四个一维骰子体黏合而成的
  （正方形的外框是由四条线段组成的）
- 二维骰子面是由六个二维骰子体黏合而成的
  （立方体的表面是由六个正方形组合而成的）

“原来如此！”

“有了这些证据，我就更加确信自己有办法跳进四维的世界了。也就是这样。”

- 三维骰子面是由三维骰子体黏合而成的

“好厉害！”尤里大叫，“咦？好奇怪，我们想做的不是三维骰子面，而是四维骰子面吧？”

“这就是特别需要注意的地方了。用我想的方式命名的话，那个得叫

三维骰子面才对，因为用纸折出来的骰子是二维骰子面。空心的骰子就算放进三维世界里，也还是一个二维的骰子面。”

“嗯……”

“所以说，再加一个维度的话，应该就能得到三维骰子面了。也就是说，我们要想象的是一个可以放进四维世界的三维骰子面。”

“原来如此！”

“接着我就开始思考，要怎么用三维骰子体黏合出这样的东西。”

“等一下。”尤里赶紧制止我说下去，眼里闪闪发光，“我感觉自己也能猜出三维骰子体是用什么方式黏合成三维骰子面的了。”

“呦，不得了。”

尤里谨慎地说：“我们思考的问题是这个吧？

- **该怎么黏合三维骰子体才能做出三维骰子面**

这样的话，就和上初中时的哥哥一样，研究

- **该怎么黏合二维骰子体才能做出二维骰子面**

不就好了吗？”

“尤里好厉害，就是这样，思考低维时的情况就行了。”

“嘿嘿。”尤里害羞地挠了挠头，“再多夸夸我嘛。”

“就先夸你这么多。”

“小气！总之，所谓的二维骰子体就是实心的正方形，对吧？把这些正方形黏合成二维骰子面的时候，每个正方形的边都会与和它相邻的正方形的边重合。”

“没错。”

“制作二维骰子面的方法是让正方形与相邻正方形的边重合——可以这样说吗？”

“可以的，尤里。收集六个二维骰子体，使相邻正方形的边重合，我们就可以得到二维骰子面。如果把组成二维骰子面的其中一个二维骰子体涂上颜色，就是下面这样。”

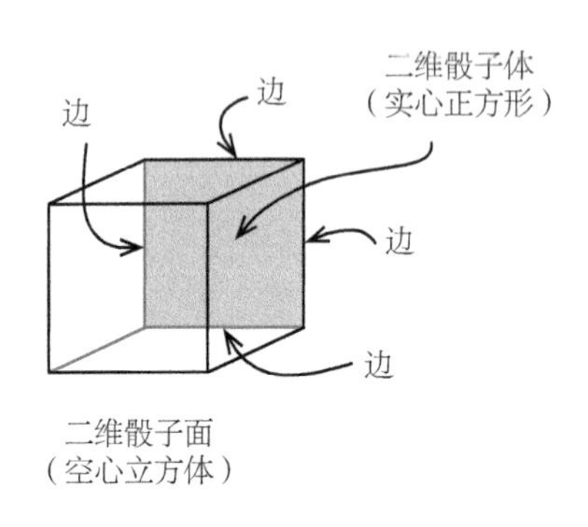

将多个二维骰子体黏合起来

“对对，所以只要把三维骰子体用同样的方式黏合起来就行了吧？三维骰子体有六个面，所以我们只要让这六个面和相邻的三维骰子体重合，就可以制作出三维骰子面了 —— 话虽如此，但这是不可能的。”

“为什么不可能？”

“因为三维骰子体不就是实心的立方体吗？我们得收集好几个立方体，再把它们的每个面一个不剩地黏合起来，这样黏合出来的骰子不就七扭八歪了吗？”

“你说的没错。”

“所以根本不可能啊。骰子如果七扭八歪，就不是立方体了。”

“在三维空间中是这样的。”

“？”

5.1.5　会歪成什么样子呢

“现在，我们要把三维骰子体，也就是实心的骰子黏合起来。我们想的是，把许多个实心的立方体黏合起来后，就会得到四维空间中的三维骰子面。但是，我们很难站在三维的角度来看这个骰子的样子，所以只好把它扭歪。”

“可是，这样不就看不到骰子真正的形状了吗？”

“初中的时候我和你一样，觉得不能扭歪这些形状。不过后来我发现，我们平常就是歪着看骰子的。”

“什么意思？”

“也就是说，我们现在想做的把四维空间中的三维骰子面呈现在三维空间，如果降低一个维度的话，就是把三维空间中的二维骰子面呈现在二维空间。这你知道该怎么做吗？”

“要在二维空间呈现的话，画在纸上不就好了吗？”尤里说。

“如果在二维空间呈现二维骰子面，就是这样歪歪的。”

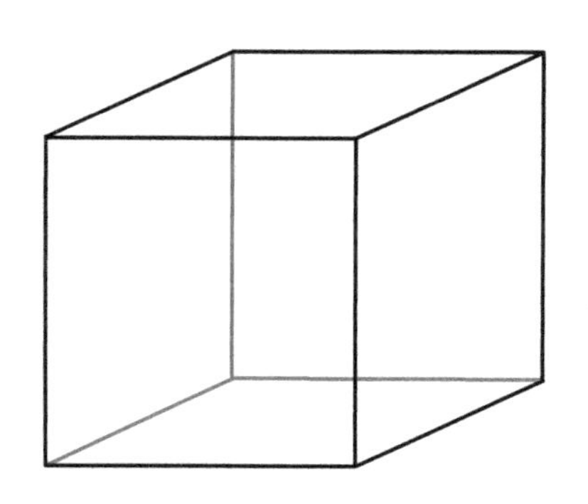

在二维空间呈现出来的二维骰子面

“没有歪啊，全都是正方形嘛。”

“不不不，尤里。我们会在脑中自动把它们转换成正方形，但实际上，纸面上只有面向我们的这一面，还有背对我们的那一面是正方形，剩下的上下左右四个形状都是平行四边形。我说的歪掉，指的就是这个。整理后可知

- 如果把三维空间中的二维骰子面呈现在二维空间，
  二维骰子面内的多个二维骰子体就会歪掉

所以说，

- 如果把四维空间中的三维骰子面呈现在三维空间，
  三维骰子面内的多个三维骰子体就会歪掉

就是这个意思。”

“原来如此。前面说的我都明白了，可是没有实际看到，还是不太确定。哥哥，可不可以把用三维骰子体黏合起来的三维骰子面画出来呢？就算是歪掉的也没关系。”

“画出来的立体图形大概是这样的。”

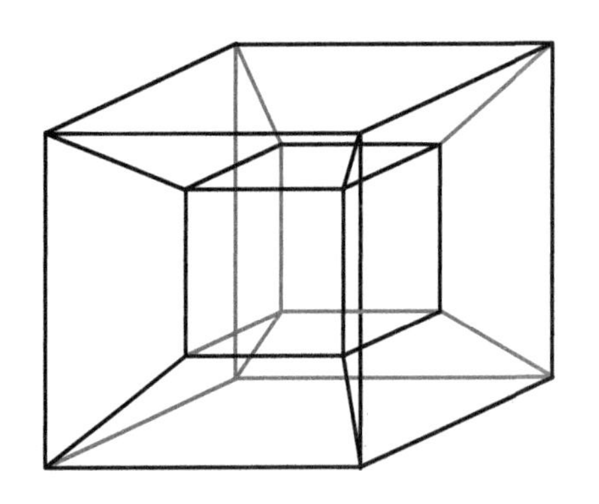

在三维空间呈现出来的三维骰子面

“嗯？”

“要看懂这个图，得发挥一些想象力才行。这其实是一个立体模型，只是画在纸上了而已。所以严格来说，我们是用二维空间来呈现‘在三维空间呈现出来的三维骰子面’的。”

“哦……”

“这是由八个骰子组成的。各个骰子的每一个面都会与相邻骰子的面重合。最容易理解的是位于中央的小骰子。这个骰子的六个面，分别与周围六个骰子的面重合。这六个歪掉的骰子，看起来就像是头被切掉的金字塔。图中六个头被切掉的金字塔的方向都不一样。比如，这是其中一个头被切掉的金字塔。”

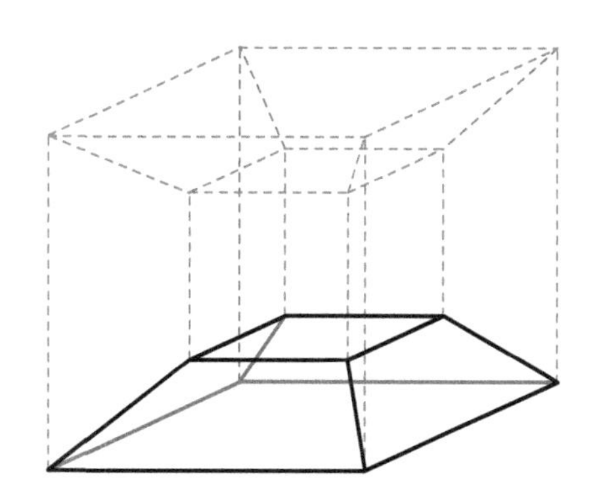

其中一个头被切掉的金字塔

“……”

尤里闭口不言。在秋日阳光的照射下，她重新编好的头发闪耀着金色的光芒。尤里似乎已进入了思考模式，我则静静等待着她回到现实世界。

“哥哥……”尤里终于开口说话，“这很奇怪啊。我知道这几个立方体为什么会歪掉，也知道中央小骰子的每个面都和周围那几个无头金字塔的面重合。可是从这张图来看，金字塔底部的大正方形没有和任何一个面重合不是吗？”

“当然不是，每个金字塔底部的面都和最外面那个最大的骰子重合。”

“咦？最外面那个最大的骰子是什么啊？全部骰子都在这张图里啊？总共有七个骰子，中央有一个骰子，周围有六个外形像是头被切掉的金字塔的骰子。”

“尤里的思路和我以前的一模一样，我上初中时也烦恼同样的事。但是，这张图里确实是有八个骰子，分别是一个小小的立方体、六个头被切掉的金字塔，还有一个位于最外部的大型立方体。”

“听不懂你在说什么。”

“用同样的方式画二维骰子面来比较一下，你应该就能听懂了。把骰子上方的正方形往下用力压扁，就可以将用三维空间呈现出来的二维骰子面改用二维空间来呈现。被压扁的正方形就相当于最外面的大正方形⑥。”

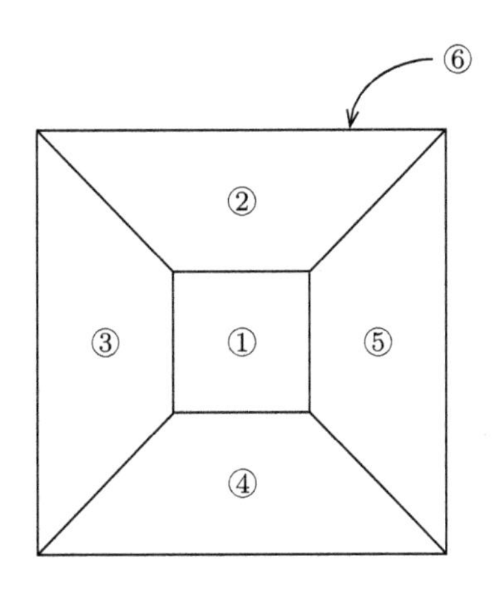

将原本用三维空间呈现出来的二维骰子面压扁，改用二维空间来呈现

“是这么回事啊……”

“我们试着想象用同样的方式处理刚才的三维骰子面。也就是说，将用四维空间呈现出来的三维骰子面压扁，改用三维空间来呈现，得到的就是刚才那个图，外部会有一个较大的立方体。”

“嗯，不过还是觉得里面的正方体和外部的正方体重叠在一起有点奇怪喵……”

我和尤里的一天就这样缓缓度过。

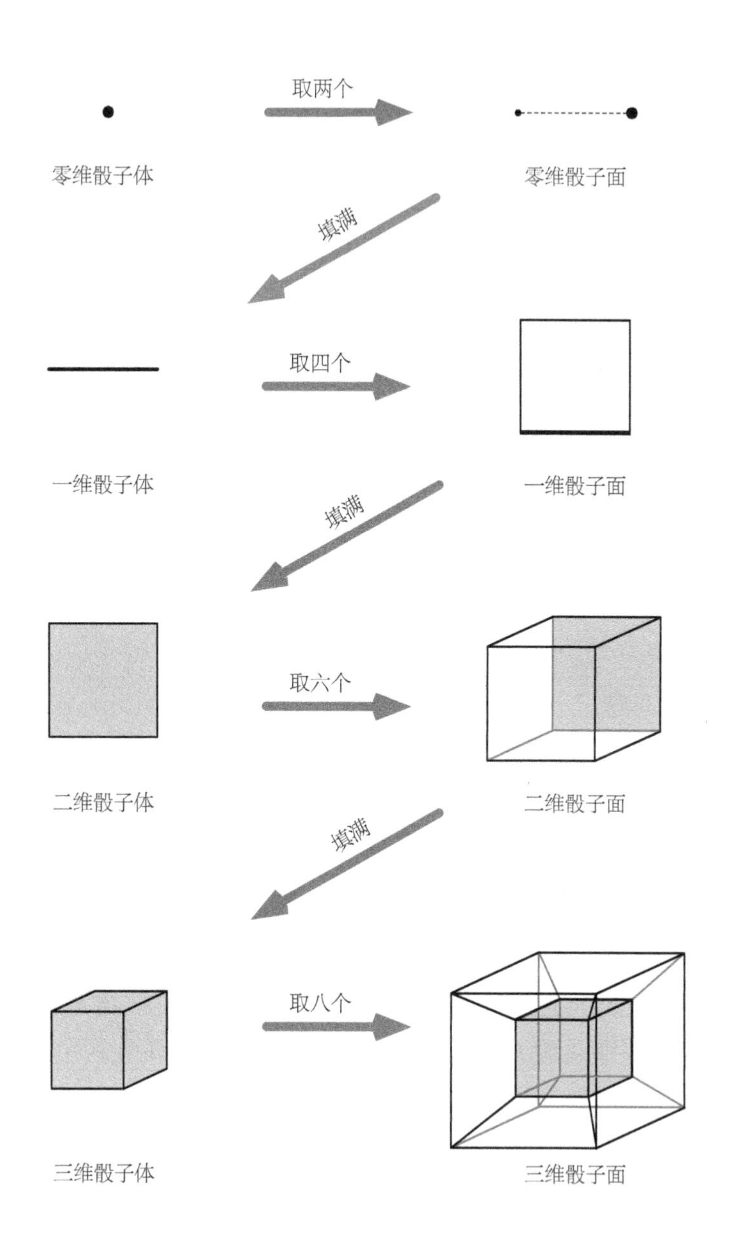
取两个
零维骰子体
零维骰子面
填满
取四个
一维骰子体
一维骰子面
填满
取六个
二维骰子体
二维骰子面
填满
取八个
三维骰子体
三维骰子面

5.2 跳入非日常

5.2.1 樱花树下

我们高中每个星期一的早上都有全校集会，所有学生都得在讲堂集合，接受校长的“谆谆教诲”。

秋意渐浓。这是最适合集中精神读书的季节。特别是对高三学生来说，这是最后的冲刺阶段。

所以，为什么我必须得在这里听那些自己早就知道的事呢？我借着扶眼镜的机会强忍住了呵欠。

全校集会结束后，我在回教室的途中悄悄地溜了出来 —— 反正第一节课是自习。我独自一人漫步在校内的树林间，周围连个人影都没有。

前方出现了一棵大树。我走近抬头一看 —— 没错，是那棵樱花树。

如果现在是春天，它的树梢应该会染上一整片的淡粉色，非常显眼。不过现在是秋天，它只是一棵大树而已。

“还记得吗？”

听到声音，我转过头 —— 米尔嘉就站在我的身后。

“当然，记忆犹新。”我回答。

高一的春天，我和米尔嘉邂逅在这棵樱花树下。

她和我一起抬头仰望樱花树。柑橘般的香气扑鼻而来。

“我也记得。”米尔嘉说。

我们就这样一言不发地站着。教学楼另一端的操场上传来了学生们的吆喝声。大概是哪个班级在这寒冷的天气里上体育课吧。不过，这棵樱花树下只有我和米尔嘉两个人。

“米尔嘉，”无法忍受沉默的我终于开口：“你是在沿着最短路径走向自己的未来吧？”

“最短路径？”米尔嘉直勾勾地看着我的眼睛。

我心想："她连视线都是最短路径。"

"去'豆子'聊吧。"她说。

"那我得先回去拿书包"—— 原本这么想的我，什么都没有说。既然米尔嘉都说要去了，那我也跟着去吧。立刻出发。

5.2.2 内外翻转

我们走进车站前那家名叫"豆子"的咖啡店，找了个位置面对面坐下。

"你考试准备得怎么样了？"她说。

"还行吧。不过希望你别像我妈那样问我这些事。"我说。最近大家总是问我同样的问题。

"我没有你妈妈那么温柔。"米尔嘉将刚送来的咖啡端起，她的金属框眼镜起了一层薄薄的雾气，"她身体还好吗？"

"应该没事了。"她是在问我妈妈突然倒下住院的事。

"尤里在干什么？最近都没看到她。"

"和平常一样，偶尔读点书，思考一下数学问题之类的。"我回答。接着，我提到前几天和尤里谈论的四维骰子，也就是三维骰子面，简单交代了我们推论的过程，"将八个三维骰子体黏合在一起，可以得到三维骰子面。不过，尤里觉得降低一个维度的时候，骰子会彼此重叠这件事很奇怪。"

"这样啊……那把骰子延伸到无限远处，然后再**内外翻转**怎么样呢？"

"内外翻转？"

我正想继续问下去，米尔嘉做出了写东西的手势。那是要我拿出纸笔的信号。可我的文具还放在学校里，于是我和"豆子"的店长借了纸笔。

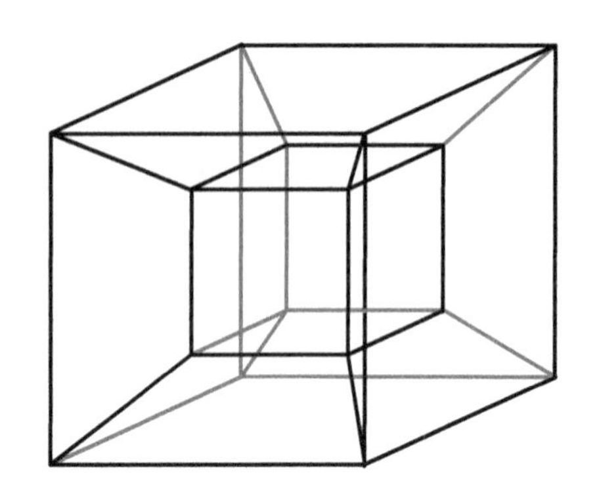

在三维空间呈现出来的三维骰子面

“我们可以把这个东西想成一个很大的立方体**内外翻转**后的样子。”

“什么意思？”

“之前，你是把这个图形外部的整个宇宙都当成立方体的外部。现在，试着把图形外部想成立方体的内部。换句话说，整个宇宙都在三维骰子体里。”

“嗯……我还是没听懂这是什么意思。”

“试着想象一下无边无际的宇宙。在宇宙中漂浮着一个立体图形，其外围的整个宇宙，就是第八个立方体的内部。这个内外翻转的、内部包含了整个宇宙的立方体有六个正方形的面，各个面分别与六个金字塔的底面黏合。”

“哇！”这个想法让我不由自主地大叫了一声——居然还可以这样想！

“看出来了吧。”

“看出来了。就是把整个立方体往外翻，对吧？”

“没错。在把三维骰子面强行压掉一个维度，在三维空间中呈现时，确实可以画成这个样子，但就拓扑空间而言，还应该添加一个延伸到无限远处的条件才对。”

“没想到可以这样理解……”

"维度较低的情形也一样。比说，我们试着把二维骰子面强行压掉一个维度，在二维空间中呈现出来。"

"这个我知道，就是把一个正方形压扁，对吧？"

"但这样就会出现重叠的情况，所以我们可以试着把正方形外围的区域都当成第六个正方形的内部。第六个正方形的内部就是编号⑥代表的所有区域。"

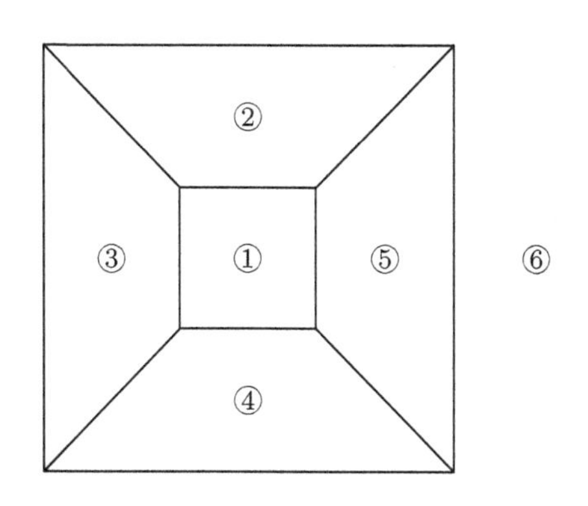

"嗯…… 确实是二维版本的情形。"

5.2.3 展开图

"除了把图形压扁和内外翻转，还有一种方法。这种方法不需要把图形扭歪。"米尔嘉说。

"图形不会歪的方法？"

"我们来制作一个三维骰子面的展开图。"说着，她便开始画起了图，"首先，试着画一下二维骰子面的展开图。切开二维骰子面中多个互相黏合的边，再将其摊平。这样一来，我们就能在不扭歪正方形的情况下将其摊开在平面上。被切离的共享的边，在展开图中会分散到两个地方。在这张图中，我用箭头标示出原本互相重合的边。"

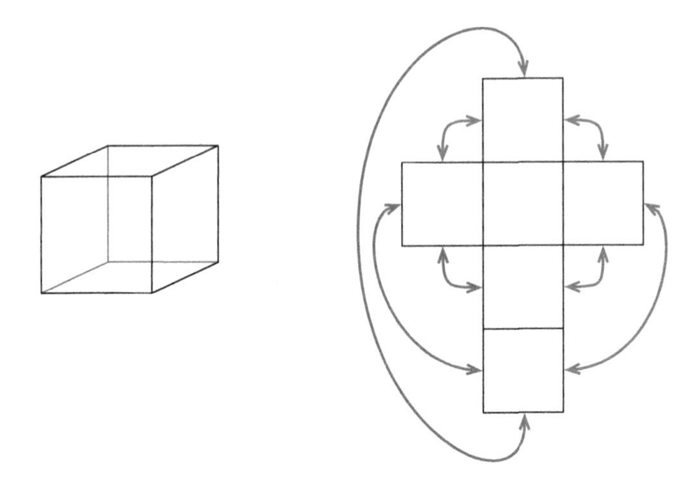

二维骰子面的展开图（六个二维骰子体）

“原来如此。接着我们要用同样的方式处理三维骰子面，对吧？二维骰子面的展开图是多个正方形，那么三维骰子面的展开图就是多个立方体！”

“没错。往上加一个维度，然后进行同样的操作。”米尔嘉点了点头，“这就是三维骰子面的展开图。切开三维骰子面中多个互相黏合的面，再将其摊开。这样一来，我们就能在不扭歪立方体的情况下将其摊开在空间中。被切离的共享的面，在展开图中会分散到两个地方。在这张图中，我用箭头标示出原本互相重合的面。”

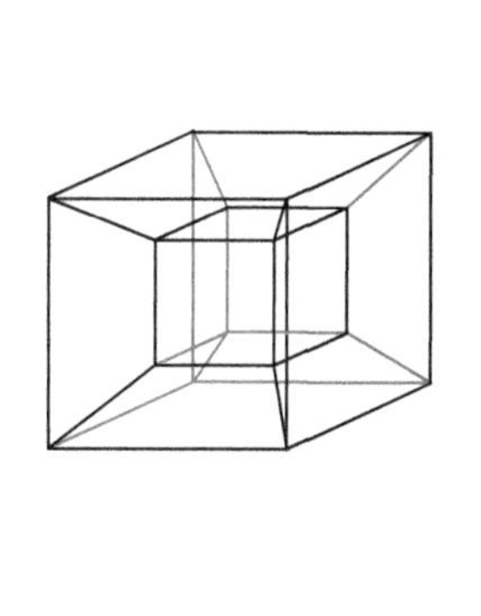

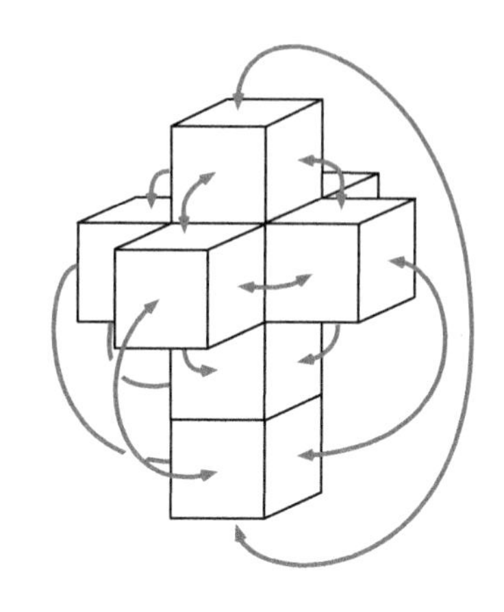

三维骰子面的展开图(八个三维骰子体)

"我知道三维骰子面的展开图是什么样子了。确实很有趣。"

"如果跳入其中进行移动的话，还可以想象到'有限却没有尽头'的样子。"

"有限……却没有尽头？我知道三维骰子面是'有限'的，但'没有尽头'又是什么意思呢？"

"如果有个生物住在这个三维骰子面里，那么不管它朝哪个方向前进，都可以一直往前，不会抵达尽头。当它跳入其中一个立方体，会从那里进入另一个立方体。假如它从某个面进入，并一直往前跳，会怎样呢？"

我看着米尔嘉画的三维骰子面的展开图沉思着。

"原来如此。它会在通过四个立方体之后回到原点，是吗？"

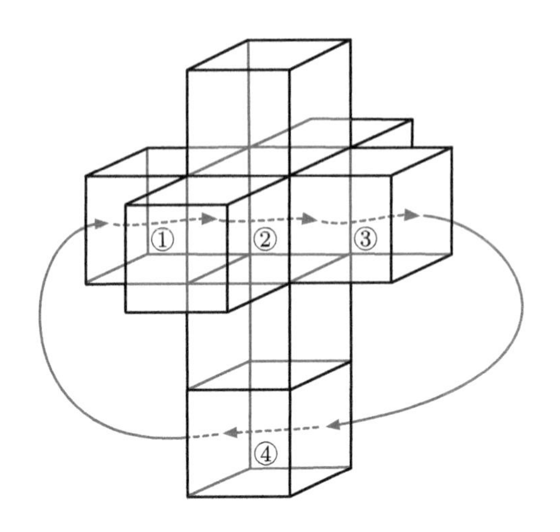

某生物在三维骰子面中一直前进的情况

“虽然这个生物会觉得自己一直在前进，但实际上，它只是在有限的范围内，也就是这四个立方体中一直绕圈圈而已。三维骰子面里的三维生物，无论怎么做都没办法逃到三维骰子面的外部。因为不管朝哪个方向跳，它都会进入相邻的立方体。”米尔嘉说。

“确实如此。这就像二维骰子面里的二维生物，无论怎么做都没办法逃到二维骰子面的外部一样。”

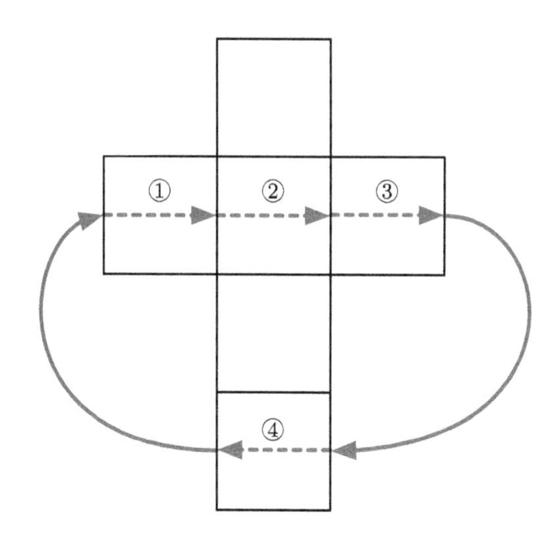

某生物在二维骰子面中一直前进的情况

"就是这样。"米尔嘉说，"在二维骰子面中移动的二维生物，无论怎么做都没办法移动到骰子面的外部。因为不管朝哪个方向移动，它都会进入相邻的正方形。"

"感觉很少见到这种移动路径。"

"是吗？之前我们不是摸过默比乌斯带和克莱因瓶等立体图形的表面吗？你可以把那些想成在二维空间移动的样子。在二维空间的情况下，我们可以用'摸'这个词，但三维空间中，就很难找到合适的词语来形容这一动作了。因为在我们的意识中，生物是在三维空间的内部移动的。如果是四维生物，应该可以从三维空间的外部看到三维空间，从而'摸'到它。"

"三维生物很难想象从外部观看三维空间的样子，就好比二维生物很难想象从外部观看二维空间的样子一样。"

"如果在这个世界中，不管怎么走都走不到尽头，就代表这个世界没有尽头。然而，没有尽头还可以分成'无限且没有尽头'和'有限却没有尽头’两种情况。欧几里得平面与欧几里得空间就属于‘无限且没有尽头’，二维球面和三维球面则属于‘有限却没有尽头’。”米尔嘉说。

“二维球面可能是那样的，但三维球面就不是了吧？”我提出异议，“二维生物没办法跑出二维球面之外，但三维生物可以跑出三维球面之外啊。”

“那还真是很厉害呀！”米尔嘉刻意用很夸张的语气说，“但那其实只是你的误解而已，你误会三维球面的样子了。三维球面其实是三维流形的一种。”

“流形？”

“若有一个空间与 n 维欧几里得空间局部同胚，则称这个空间为 n 维流形。二维球面是二维流形的一种；三维球面是三维流形的一种。在三维球面中，不管是哪个点，其邻域皆可看成一个三维欧几里得空间。二维球面与三维球面都没有边界，所以三维球面内的三维生物没办法跑到外面。”

“咦？所以是我误会三维球面的意思了？”

“你知道**庞加莱猜想**吗？”

5.2.4　庞加莱猜想

“我知道，在电视节目上看到过。”

“庞加莱猜想中有提到名为 S^3 的**三维球面**。然而，许多人会把三维球面 S^3 误解成二维球面 S^2。提到三维球面，许多人会想到球的表面那样的立体图形，也有人误以为三维球面是实心的球。”

“我也以为是实心的球。”

“其实三维球面这个东西，和你上初中时想到的三维骰子面是用同样的方式命名的。”

“这样啊……”我意识到自己想法的矛盾之处，“之所以会把三维球面想象成实心的球，可能是因为电视节目介绍庞加莱猜想的时候是把绳子缠绕在一个球上，那个场景在我脑海中留下了印象。”

“那是在解释下降了一个维度的情况。”米尔嘉说，“球的表面是二维球面，与三维球面完全不同。二维骰子面和三维骰子面也完全不同，不是吗？”

“确实。”

“庞加莱猜想中出现的三维球面并不是球的表面，也不是实心球。如果用我们刚才的理解来说明，三维球面就是类似于空间的存在。”

“可是，我虽然可以把三维骰子面想象成被扭歪的立方体，也可以想象出它的展开图，但很难想到三维球面是什么样子的。”

“三维球面和三维骰子面同胚，是三维流形的一种。因此，我们可以把三维球面和三维骰子面当成同样的东西。”

5.2.5 二维球面

我们可以把三维球面和三维骰子面当成同样的东西。

不过首先，我们还是来思考一下二维球面的情况。假设有一个由橡胶制作的气球，我们把这个气球当成地球仪。这就是一个二维球面。若将这个地球仪从赤道处切开，分成北半球和南半球，并各自摊平，就会出现两个圆板。沿着赤道这个圆周可以把南北半球粘起来，也就是说，我们可以使用一维球面黏合南北半球。

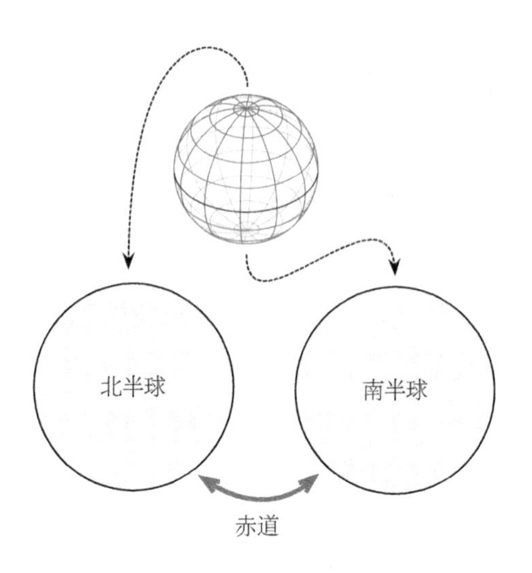

将地球仪的表面切成两个圆板

二维生物在二维球面上移动时，可以从北半球出发，穿过赤道来到南半球，再继续前进，穿过赤道回到北半球。尽管这个生物可以往任何一个方向一直走下去，但这个球面是有限的。这和住在地球上的我们类似，因为地球表面也是一个‘有限却没有尽头’的世界。”

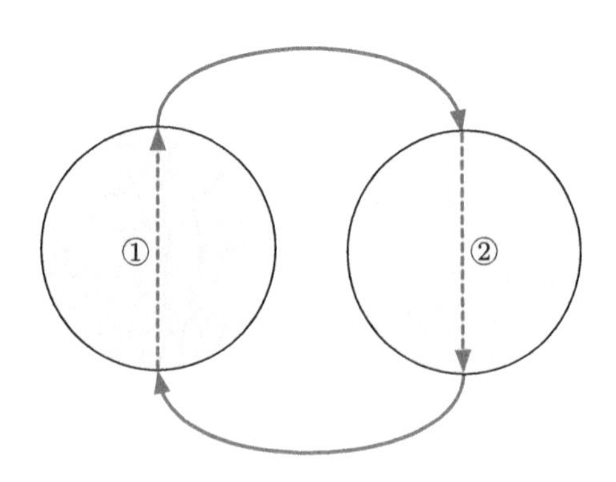

二维生物绕行二维球面一周的样子

5.2.6 三维球面

“嗯，我知道二维球面是怎么回事了。沿着赤道切开后可以得到两个圆板。那三维球面呢？”

“将两个实心圆板沿着圆周粘起来后，便可得到一个和二维球面同胚的面。若把维度往上加一级，也是一样的结果。也就是说，如果把两个实心球体沿表面粘起来，就可以得到一个和三维球面同胚的东西”

“将球体沿着表面粘起来？”

“发挥一下你的想象力。就像二维生物绕二维球面一圈时，会穿过赤道在两个圆板间移动一样，你可以试着想象三维生物绕三维球面一圈时，穿过球面在两个球体间移动的样子。”

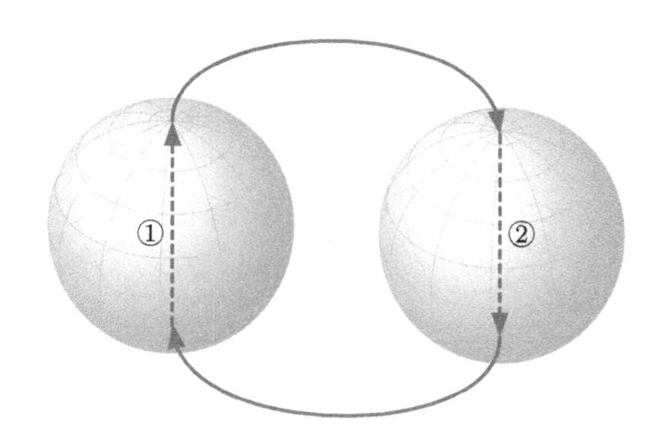

三维生物绕行三维球面一周的样子

“有点难啊。是要先在其中一个球体的内部移动，移出表面后，再进入另一个球体的内部吗？”

“没错。”米尔嘉点了点头，“虽然这里画成了循环的样子，但要注意，生物从其中一个球体的表面出去后，进入的是另一个球体的内部。”

“原来如此。这是因为我们把两个球体的表面粘在一起了。这样我就知道把两个球体的表面粘在一起是什么意思了。”

“看到这两个球体之间的关系，应该就能知道三维球面的样子了吧。

n 维球面一般用 S^n 表示。为一致起见，在算式中也直接用 S^n 表示。”

$$
\begin{aligned}
x^2 &= 1 && \text{零维球面 } S^0\text{（两点）} \\
x^2 + y^2 &= 1 && \text{一维球面 } S^1\text{（圆周）} \\
x^2 + y^2 + z^2 &= 1 && \text{二维球面 } S^2\text{（球面）} \\
x^2 + y^2 + z^2 + w^2 &= 1 && \text{三维球面 } S^3 \\
&\ \vdots && \quad \vdots
\end{aligned}
$$

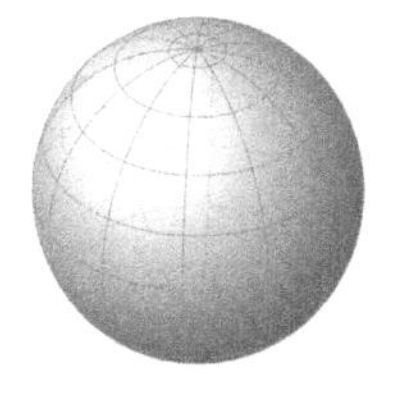

三维球体

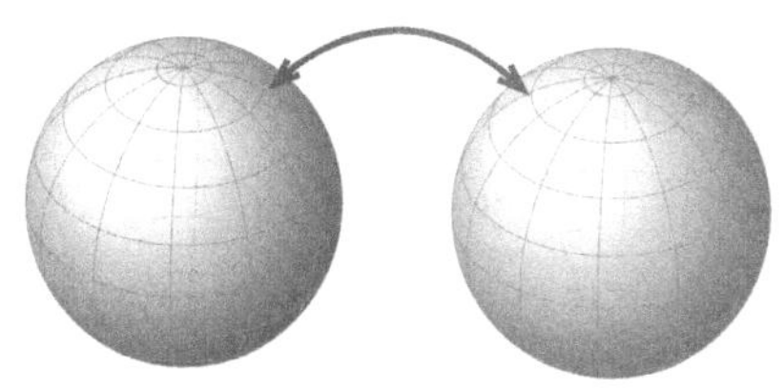

三维球面的展开图

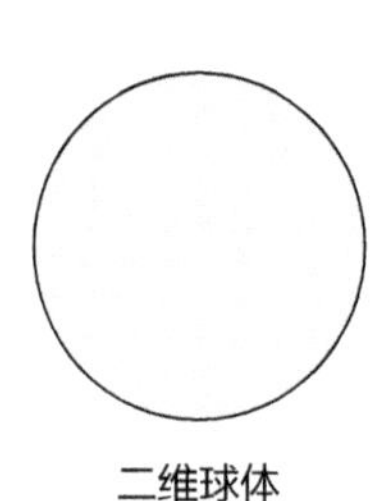

二维球体

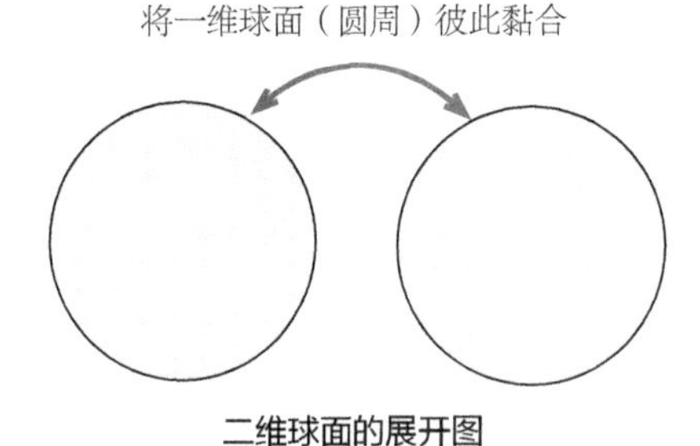

二维球面的展开图

一维球体

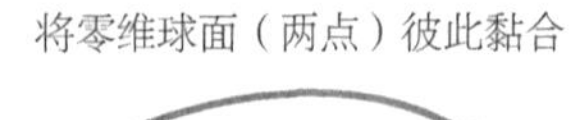

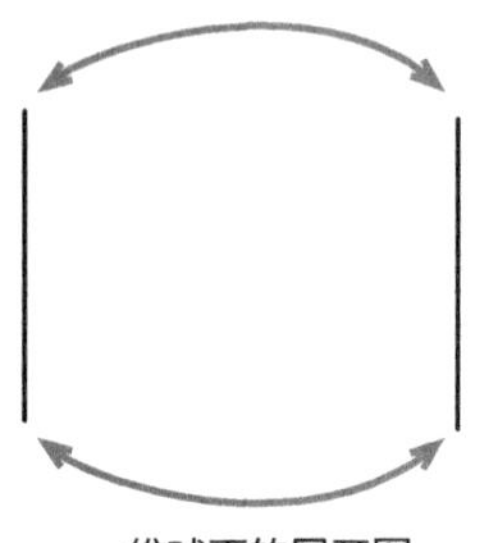

一维球面的展开图

“对了，刚才你不是有提到 n 维流形的话题吗？你说三维球面就是三维流形的一种。”

“嗯？”她喝着已经完全冷掉的咖啡，将视线投向我，“怎么了吗？”

“三维流形和欧几里得空间局部同胚，这代表站在三维球面内部观看周围，和站在三维欧几里得空间内部观看周围在拓朴上没有差别，是吗？”

“大致来说是这样的，”米尔嘉说，“不过这只是局部的情况。二维球面在局部上和二维欧几里得平面同胚，但从整体来看并非如此。三维球面在局部上和三维欧几里得平面同胚，但从整体来看也不是这样的。”

“从局部来看分不出差别，但从整体来看可以分出差别……这种说法感觉不太好懂。因为所谓的‘从整体来看’，就是从外部来看这个图形。二维曲面的话勉强还可以理解，但在三维和三维以上的情况下，如果自己必须跳入其中的话，又该如何看到整体的样子呢？如果在欧几里得空间中睡着，醒来时却在三维球面内，这时就算环视四周也分辨不出来自己是在哪个空间里吧。”

“这个假设还挺有意境的。要想判断空间的种类，可以使用一种‘了解形状的工具’。”米尔嘉说。

“了解形状的工具？”

“嗯，就是群。”

我和米尔嘉就在这些闲聊中度过了一整天。

5.3 要跳入，还是跳出

5.3.1 醒过来时

“学长？”

听到这个声音，我猛然抬起了头。

眼前是一位眼睛大大的短发女孩，她用担心的眼神看着我。

“泰朵拉？”

我环顾周围：身边有大量桌椅，墙壁旁有我熟悉的书柜，远处是哲学家的青铜半身像，半身像旁有一个装有脚轮的小推车，上面堆满了书……啊，这里是学校的图书室。

“学长？”学妹泰朵拉又叫了我一声，“不好意思打扰你了，不过马上就要就放学了。”

“啊，已经这么晚了吗？”我回答。确实，窗外已经变暗了许多。

放学后，我来图书室做题。沉浸在计算中的我被泰朵拉的声音唤了回来。我从思考的世界中跳出，瞬间回到现实世界。——还是说我刚才其实是睡着了？

“瑞谷老师等一下就要来赶人了。学长应该也要回家了吧？所以我……”泰朵拉的双手时而握紧、时而张开，言词间有些踌躇。

“嗯，那我们一起走吧。”

“好的！”

5.3.2 Eulerians

我和泰朵拉一起走向车站。

说起来，最近似乎很少有机会像这样和泰朵拉单独相处。在楼顶吃午餐时只觉得冷，聊数学的时候通常也有米尔嘉在场。另外，我自己也为了准备考试忙得不得了。

走在住宅区里弯弯曲曲的小路上，泰朵拉先开了口。

“我想组建 Eulerians。”

“记得你之前也提过要做一件事，就是这个？——Eulerians 是什么？”

“是一个数学社团。”

“数学社团？你想找人一起成立一个学生社团吗？”

“是的，但现在的成员只有我和理纱。Eulerians 原本是我和理纱的小组名，意思是欧拉支持者们的聚会。理纱知道怎么用计算机编程，制作庞加莱圆盘那样的图形。我也想做做看，但能力不足，所以想先负责写文章。”

泰朵拉边说边用手比画，不过我一时间还没太明白她想做些什么。

“然后，我们想把研究成果整理成册，以 Eulerians 这个名字出版。它可以是杂志，也可以是小册子、会刊之类的，总之就是尺寸比较小的书。还不确定要做多少页，反正就是把我们想到的东西和做的研究以书的形式印出来。”

“啊，就像同人志[①]那样的吗？”我问道。可爱的活力少女原来是在想这些事情。

“我想把学到的东西化为有形的东西。”泰朵拉热情洋溢地接着说，“去年我在双仓图书馆的研讨会上发表了有关随机快速排序的报告[②]。那个时候，在 Iodine 会场里面对那么多初高中生，我真的很紧张，做得也不太好，不过对我来说那是一次非常重要的经历。许多人听完后觉得很开心，我自己也学到了不少东西，而且……那次让我找到了存在感，让我切实感受到了自己存在于此的价值。”

“……”我说不出话来。

“可是，只有当时在会场里的人听到了我的报告。虽然我把在发表时没办法讲清楚的内容印在纸上发给了大家，但因为准备时间不够，所以写得并不是很详细。也就是说，我那天发表的内容是散落在时空各处的。”

泰朵拉一边说着，一边向夜空摊开双手，做出挥洒着什么的动作，像是在向全世界表达自己的看法。

---

① 日本个人或团体根据自己的兴趣创作并自费制作的图书或杂志等。——编者注
②《数学女孩4：随机算法》中的内容。

十字路口。

我们在红灯前停下。我沉默着，泰朵拉则继续边做夸张的手势边说她的想法。

“我想把已知的内容和自己的想法化为有形之物，但是我个人能力有限，所以我决定请理纱和我一起组建 Eulerians，毕竟之前作报告的时候也有请理纱帮忙……”

信号灯转绿，于是我们开始往前走。我仍保持沉默。活力少女不停地在说，我却一句话也说不出来。“真是厉害”“我会给你加油”……我很想说这些话，但一个字都说不出口。

“……而且除了斐波那契手势，我还想到了一个新的暗号……学长？”

当我们穿过空无一人的公园时，泰朵拉终于发现我一直闭口不言，于是她停下脚步，抬头看着我。

一个字都说不出来的我，没办法真心诚意地鼓励泰朵拉。

“我没有那个精力。”

最后说出来的竟然是这样的话。明明我想说的不是这个。

“不、不是的，我们不会麻烦学长的。学长备考已经够忙了，我只是——”

“我有一大堆弱点。”

“学长？”

“我很害怕。”

“……”

“我也想要存在感。虽然我没有精力，又有一大堆弱点，还很胆怯，但我也想找到存在的实感。然而，我现在所追求的实感，只是第一志愿录取这种微不足道的事情。除此之外，我已经没有余力再思考其他的事情了。”

路灯在身后闪烁，我坐在公园的长凳上，半是自言自语地说着。

“我觉得创立 *Eulerians* 杂志的计划很棒。我会支持你的。相比之下，我自己的烦恼相当渺小，这让我觉得很惭愧。”

泰朵拉坐到我的身旁。我感觉到她的手触碰到了我的背，随之而来的还有淡淡的香味。

“学长…… 请不要说这种话。我和学长，以及米尔嘉学姐相遇后，学到了很多东西。你们让我了解到学习是一件很棒、很有趣、很快乐、很美妙、很让人感动的事，所以我想把这样的感动传达给其他人。正因为学长教会了我很多事情，我才会想去学习更多的事情。所以学长，请不要说这种话……”

泰朵拉的话带着哭腔，她放在我背上的手也在微微颤抖。

我抬头仰望夜空。

夜空中挂着繁星。

空中繁星看似绕着同一个点旋转。

然而，一直在同一个地方打转的只有我。

在这个空无一人的空间内，

我一直在原地打转。

一边苦恼着，

一边在同一个地方绕圈子。

当我们把空间拓展到无法测量的大小时，
就需要区分这个空间是没有尽头，还是无限大。
前者是拓展方式的问题，后者是量的问题。
波恩哈德·黎曼[25]

第6章 捕捉看不到的形状

我的研究目标，
是判断一个有根号的方程应该具备哪些性质，
才能被解出来。
在纯分析问题中，没有任何一个问题比这个更困难，
也没有任何一个问题像这个问题般被孤立在其他问题之外。
——埃瓦里斯特·伽罗瓦[①]

6.1 捕捉形状

6.1.1 沉默的形状

F1 赛车手在赛车前会稍微热一下身。我在考试前也有自己的一套热身方式：先去一趟厕所，然后做一些简单的伸展动作，最后将文具、准考证和不带闹铃功能的表放在桌上。像这样准备好一切，以便自己在考试时能全神贯注地解题。

随着模拟考试的次数增加，我对这些步骤也习以为常。然而，有些东西不管经过多少次考试我都习惯不了，那就是沉默的气氛。考试开始前的沉默，我永远都无法习惯。

① 引自弥永昌吉的《伽罗瓦的时代：伽罗瓦的数学(第二部 数学篇)》，该书暂无中文版。

监考老师正在分发试卷，考场内所有考生的注意力都在他们的动作上。明明耳朵里只能听到零星几声紧张的干咳，但我的心中却感到前所未有的烦躁。无论如何，我都无法习惯这种令人烦躁的沉默。

考试开始后就不会有这种感觉了。到了那时，我只会让自己的头脑飞速运转，拼命思考如何解题。但在考试开始之前，我什么也做不了。在一片沉默中，没什么东西能拿来思考的我，开始想一些有的没的。

比如，自己在泰朵拉的面前出丑。前几天，我在公园让她看到了我软弱的一面。隔天在学校，她却当什么都没发生对我露出笑容，就像天使一样 —— 这么形容可能有点夸张 —— 她很率直、有活力，并且能认真听我说话。虽然有时做事有些毛躁，但给人一种天真浪漫的感觉。她是一个有些毛躁的天使。

这时，开考铃声响了起来。大家一齐打开了试卷。

模拟考试开始。

6.1.2 问题的形状

问题 6-1（递推公式）

设 $\theta = \frac{\pi}{3}$。

设实数对 (x, y) 可通过 f 映射至实数对 $(x\cos\theta - y\sin\theta, x\sin\theta + y\cos\theta)$，其中 f 可表示为

$$f(x, y) = (x\cos\theta - y\sin\theta, x\sin\theta + y\cos\theta)$$

设数列 $\langle a_n \rangle$ 与 $\langle b_n \rangle$ 各项可表示为以下递推公式。

$$\begin{cases} (a_0, b_0) & = (1, 0) \\ (a_{n+1}, b_{n+1}) & = f(a_n, b_n) \qquad (n = 0, 1, 2, 3, \cdots) \end{cases}$$

试求

$$(a_{1000}, b_{1000})$$

在时间有限的考试中看到复杂的算式时，很容易让人紧张，这是肯定的。这时，只要冷静下来，观察式子的形式，看穿其性质，就可以找到解题的方法。

这道题也一样。重点在于看穿题目中的

$$f(x, y) = (x\cos\theta - y\sin\theta, x\sin\theta + y\cos\theta)$$

所代表的意义。这里的映射 f 可以将坐标平面上的点 (x, y) 移动到点 $(x\cos\theta - y\sin\theta, x\sin\theta + y\cos\theta)$。我们可以用映射 f 将坐标平面上的点以原点为中心旋转 θ 角。这是一个我看过很多次的式子。映射 f 可表示为以下矩阵。这样看起来就清爽多了。

$$\begin{pmatrix} \cos\theta & -\sin\theta \\ \sin\theta & \cos\theta \end{pmatrix}$$

该矩阵与向量的乘积为

$$\begin{pmatrix} \cos\theta & -\sin\theta \\ \sin\theta & \cos\theta \end{pmatrix} \begin{pmatrix} x \\ y \end{pmatrix} = \begin{pmatrix} x\cos\theta - y\sin\theta \\ x\sin\theta + y\cos\theta \end{pmatrix}$$

所以点会以下面的方式移动。

$$\begin{pmatrix} x \\ y \end{pmatrix} \overset{f}{\longmapsto} \begin{pmatrix} x\cos\theta - y\sin\theta \\ x\sin\theta + y\cos\theta \end{pmatrix}$$

就像夜空中的各个星座会以北极星为中心旋转一样，点也会以原点为中心旋转。

弄明白这些后，剩下的就简单了。简单来说，这个问题就是在问重复 1000 次映射 f 会得到什么结果。

$$\underbrace{\begin{pmatrix} 1 \\ 0 \end{pmatrix} \overset{f}{\longmapsto} \begin{pmatrix} a_1 \\ b_1 \end{pmatrix} \overset{f}{\longmapsto} \cdots \overset{f}{\longmapsto} \begin{pmatrix} a_{999} \\ b_{999} \end{pmatrix} \overset{f}{\longmapsto}}_{\text{重复 1000 次映射 } f} \begin{pmatrix} a_{1000} \\ b_{1000} \end{pmatrix}$$

旋转角度为 $\theta = \frac{\pi}{3}$，也就是 60°，所以旋转 6 次就是 360°，点回到原来的位置。不要被 1000 次这个数字吓到。因为旋转 6 次就会回到原来的点，所以我们只要计算 1000 除以 6 得到的余数就可以了。1000 除以 6 会余 4。只要计算 mod 求余即可。

$$\begin{aligned} \begin{pmatrix} a_{1000} \\ b_{1000} \end{pmatrix} &= \begin{pmatrix} a_{1000 \bmod 6} \\ b_{1000 \bmod 6} \end{pmatrix} \\ &= \begin{pmatrix} a_4 \\ b_4 \end{pmatrix} \end{aligned}$$

旋转 θ 角 4 次，就相当于旋转 1 次 4θ 角。也就是说，把点 $\binom{a_0}{b_0} = \binom{1}{0}$ 旋转 4θ 角，即为所求。

$$
\begin{aligned}
\begin{pmatrix} a_{1000} \\ b_{1000} \end{pmatrix} &= \begin{pmatrix} \cos 4\theta & -\sin 4\theta \\ \sin 4\theta & \cos 4\theta \end{pmatrix} \begin{pmatrix} a_0 \\ b_0 \end{pmatrix} \\
&= \begin{pmatrix} a_0 \cos 4\theta - b_0 \sin 4\theta \\ a_0 \sin 4\theta + b_0 \cos 4\theta \end{pmatrix} \\
&= \begin{pmatrix} 1 \cdot \cos 4\theta - 0 \cdot \sin 4\theta \\ 1 \cdot \sin 4\theta + 0 \cdot \cos 4\theta \end{pmatrix} \qquad \text{由于 } a_0 = 1, b_0 = 1 \\
&= \begin{pmatrix} \cos 4\theta \\ \sin 4\theta \end{pmatrix}
\end{aligned}
$$

这样就行了。答案是$(\cos 4\theta, \sin 4\theta)$。那么，下一个问题……

6.1.3　发现

考试结束的铃声响起。

如果在考试中拼尽全力，当答卷被收回时，心中就会有一股难以言喻的安心感。特别是数学考试。平常我就习惯推导算式了，所以解题时不觉得有什么障碍。用泰朵拉的话来说，就是我已经和算式成为朋友了。先不说其他科目，这次的数学我应该会得满分。

离开考场，我带着愉快的心情走向车站。虽然风有些凉，但我的脸颊火热，头脑仍处于兴奋之中，所以冷风反而让我觉得很舒服。

看穿题目中给定算式的性质非常重要，这次数学考试的第一道题也是如此。能否看穿那个式子表示旋转是关键。

说到旋转，我想起了米尔嘉。那是很久之前的事了。那时，我没有注意到振动是旋转的投影，于是被米尔嘉说“真是个死脑筋”。我和米尔嘉一起解开了许多题目，一起思考了许多数学问题。

在这次的问题中，因为点旋转 6 次后会回到原来的位置，所以我们可以使用循环群 C_6。

群的公理——

群的定义（群公理）

满足以下公理的集合 G 称为**群**。

- **运算** $\star$ 具有封闭性。
- 对任意的元素而言，**结合律**成立。
- 存在**单位元**。
- 对于任意的元素，存在此元素的**逆元素**。

由所有旋转矩阵构成的集合和矩阵的积运算可以构成一个群。矩阵的积本身具有封闭性，结合律也成立。其单位元即为单位矩阵 $\begin{pmatrix}1&0\\0&1\end{pmatrix}$，它也是 $\theta=0$ 的旋转矩阵。至于逆元素，自然就是逆矩阵了。没错，旋转矩阵的逆矩阵就是反向旋转，或者说是将旋转后的结果恢复原样的操作。旋转角度为 θ 的旋转矩阵和旋转角度为 $-\theta$ 的旋转矩阵的乘积就是单位矩阵。

$$\begin{aligned}
&\begin{pmatrix}\cos\theta & -\sin\theta\\ \sin\theta & \cos\theta\end{pmatrix}\begin{pmatrix}\cos(-\theta) & -\sin(-\theta)\\ \sin(-\theta) & \cos(-\theta)\end{pmatrix}\\
&=\begin{pmatrix}\cos\theta & -\sin\theta\\ \sin\theta & \cos\theta\end{pmatrix}\begin{pmatrix}\cos\theta & \sin\theta\\ -\sin\theta & \cos\theta\end{pmatrix}\\
&=\begin{pmatrix}\cos^2\theta+\sin^2\theta & \cos\theta\sin\theta-\sin\theta\cos\theta\\ \sin\theta\cos\theta-\cos\theta\sin\theta & \sin^2\theta+\cos^2\theta\end{pmatrix}\\
&=\begin{pmatrix}1 & 0\\ 0 & 1\end{pmatrix}
\end{aligned}$$

也就是说，$-\theta$ 的旋转矩阵，就是 θ 的旋转矩阵的逆矩阵。

$$\begin{pmatrix}\cos\theta & -\sin\theta\\ \sin\theta & \cos\theta\end{pmatrix}^{-1}=\begin{pmatrix}\cos(-\theta) & -\sin(-\theta)\\ \sin(-\theta) & \cos(-\theta)\end{pmatrix}$$

由此可知，所有旋转矩阵的集合和矩阵的积运算可以构成一个群。我想起来米尔嘉曾说过的“我们称这样的集合为群”，也想起了她说这句话时的样子。

回到家，一打开门我就被吓了一大跳——站在玄关处迎接我的不是别人，正是米尔嘉。

“欢迎回来。还真晚呢。”

6.2 用群来捕捉形状

6.2.1 以数为线索

进到客厅，米尔嘉坐在了我的对面。妈妈想为她再冲一杯红茶，但被她谢绝了。

“谢谢，您别费心了。”米尔嘉微笑着说。

“那吃块蛋糕吧。”妈妈说。

米尔嘉有多久没来我家了呢？只要她在，周围的气氛就会变得很不一样。也不是紧张，而是有一种很清爽的感觉。

“先不说蛋糕。”我说，“米尔嘉，你怎么来了？”

“我们聊了半天了，也聊得很开心。”妈妈插话。

“我是来探望阿姨的，也有好一阵子没看到尤里了。不过，看起来尤里也不是一直在这里的。话说，你模拟考试考得怎么样？”

“还可以吧。数学应该会得满分。”

“我想也是。”米尔嘉轻轻点了点头。

“我现在可不是死脑筋了。”我想起米尔嘉之前说的话，于是这么回答，“今天有出递推公式的题目，我立刻就想到了 $\frac{\pi}{3}$ 的旋转矩阵。”

“看起来心情不错啊。”她说。

“这孩子，只要解出了数学题，心情就会特别好。”

妈妈端着蛋糕过来，参与了我们的对话。不晓得为什么，妈妈的心情似乎也很好。

“妈妈，我说……”

“好、好，我不说话了。”妈妈回到厨房。

“说到旋转矩阵，我就会想到循环群。”米尔嘉继续说着。

“嗯。我们之前还提到群是‘了解形状的工具’。”

“群可以用来研究形状，帮助我们了解形状和对形状进行分类。”她说。

“对形状进行分类，是指分成三角形或四边形之类的吗？”

给我端来红茶的妈妈再一次插话。

“就像阿姨说的那样。”米尔嘉说，“我们有时会通过数字来为形状分类。比如可以用顶点的个数来为多边形分类。”

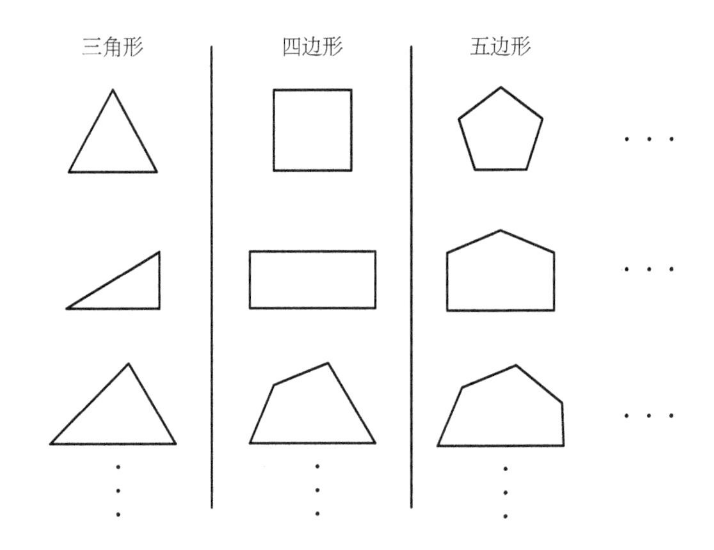

“是啊。”妈妈对米尔嘉说。

“我说妈妈，你应该也差不多……”

“人家米尔嘉都能好好给我说明，我自己的儿子反倒这么冷淡。”妈妈有点闹别扭似地离开了。

“当对象是多边形时，人们自然就会想到用顶点个数来分类。”米尔嘉说，“n 边形这种叫法，本身就是一种‘将顶点个数相同的多边形分为同一类’的表现。我们可以说这种分类的基准是顶点个数。不过，分类的基准并不只有这一种。比如说，三角形还可以分为锐角三角形、直角三角形和钝角三角形。这时就是以最大角为基准来进行分类了。”

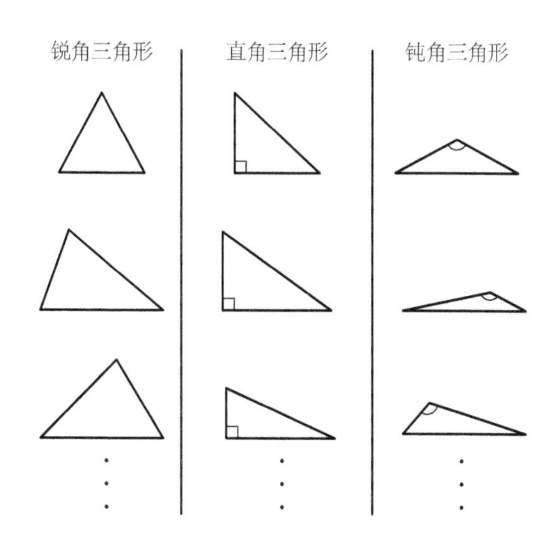

“这个我是知道，但你说群是了解形状的工具，这是什么意思呢？”

“还是个死脑筋。”米尔嘉说，“你刚才不是举出旋转矩阵那个例子了吗？$\frac{\pi}{3}$ 的旋转矩阵就明确描述了正六边形的特征。假设我们将‘以原点为中心，逆时针旋转 $\frac{\pi}{3}$，视为操作 a，并将反复操作的过程以乘积的方式表示。这样一来，便可得到由 a 生成的群 $\langle a \rangle$。那么，这时的单位元 e 又是什么呢？”

“单位元 e 表示‘不旋转’这项操作，也就是 $e = a^0$。”

“那 a 的逆元素 a^{-1} 呢？”

“逆元素 a^{-1} 表示以原点为中心，逆时针旋转 $-\frac{\pi}{3}$。于是，$aa^{-1} = e$。结合律也成立。当 n 为整数时，由 a^n 构成的集合可形成一个群。”

“这个群的阶是多少？”米尔嘉像面试官一样问我。

“群的阶，指的就是组成群的集合内有多少个元素，对吧？那就是 6，因为它代表旋转正六边形后可能得到的结果。”我回答。

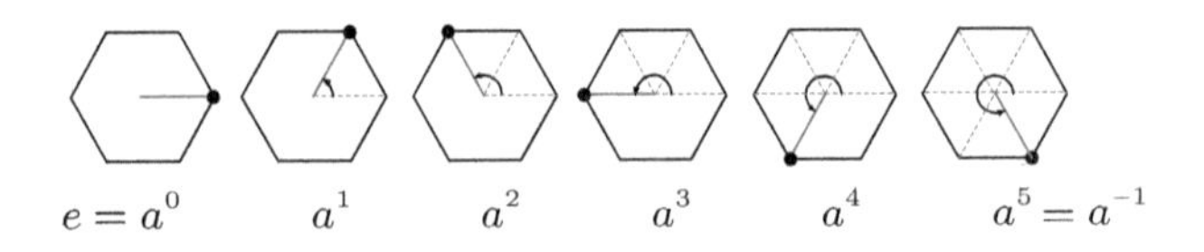

“这个群可以写成

$$\{e, a, a^2, a^3, a^4, a^5\}$$

也可以写成

$$\{a^0, a^1, a^2, a^3, a^4, a^5\}$$

还可以写成

$$\{a^{n \bmod 6} \mid n \text{为整数}\}$$

等不同形式。”米尔嘉说。

“这个我知道，所以我也顺利解出了这道题。”

“旋转 6 次 $\frac{\pi}{3}$ 后，会得到 a^6，也就是 a^0。由一个元素 a 生成所有元素的群称为循环群，写作 $\langle a \rangle$。这里的群 $\langle a \rangle$ 与阶数为 6 的循环群 C_6 同构。”

“这也可以说是将元素分成 6 个类别吧。都用不到群，总之就是旋转了 6 次的感觉。”

“这种‘旋转了 6 次的感觉’是通过图形反映出来的，而循环群则用数学的方式来表示这种感觉。”

“你是说，循环群可以帮助我们了解形状吗？”

“不只是循环群。循环群只是最简单的一种群而已。群可以表现更为复杂的操作。假设操作不仅限于旋转，还包括镜像，这时会发生什么呢？这次我们将两个顶点分别用不同的记号来表示。”

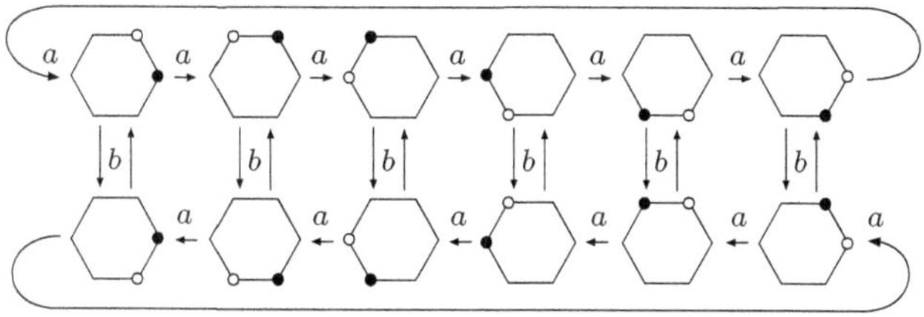

“原来如此。由旋转 a 和镜像 b 排列组合出来的所有操作也可以形成一个群。由 a 衍生出来的群为循环群 C_6，由 b 衍生出来的群为循环群为 C_2，将二者加起来的群……”

“这张图显示了由这两种操作衍生出来的所有可能的结果。旋转和镜像等操作用于帮助我们确认某形状是否为正六边形，所有不会改变形状的操作皆可用群来表示。我们一般把这种群称为二面体群。这个例子则是由一个分正反面的多边形所形成的群。你可以用顶点的个数或角的大小来研究形状，不过如果使用群，就可以处理更加复杂的形状。在了解形状上，群是一种非常有用的工具。我们可以通过群来给形状分类。”

“原来如此。”

“旋转和镜像听起来像是有关图形的操作，但其实它们可以在群的架构下用代数的方式表示。不用实际画出图形也能用群来表示这种操作。举例来说，代数拓扑学就是利用代数方法来研究拓扑空间的。这时，群就扮演着很重要的角色。”

“用群来研究拓扑空间……那不是很奇怪吗？就拿刚才的例子来说，就算旋转正六边形或取其镜像，边的长度还是不会改变。在拓扑学中，边长不是可以自由延伸吗？”我说。

“只要满足群公理，就可以创建一个群。将旋转、翻转等操作视为群的运算方式，也只是群的一种用途而已。在代数拓扑学中，我们可以创建其他的群，并以此进行研究。拓扑学关心的是拓扑不变量，所以研究的方向很明确。

也就是说，我们希望能通过同胚映射制作出不变的群。要是同胚映射中有不变的群，你觉得我们可以从中知道些什么呢？”米尔嘉用愉快的语气问我。

“从中知道些什么……可以知道什么呢？”

“假设现在有两个多边形，我们要调查这两个多边形的顶点个数。如果顶点个数不同，这两个多边形就不是同一种多边形。”

“这倒是。”

“与此相同，假设有两个拓扑空间，我们要调查两个拓扑空间在同胚映射时不变的群。如果群不同构，这两个拓扑空间就不是同胚的。用泰朵拉的话来说就是，群是识别拓扑空间的武器。”

“……”

“拓扑空间内有什么样的群呢？我们在研究拓扑空间的形状时，有哪些群可以派上用场呢？用什么样的群可以将拓扑学中什么样的问题转移到代数学上呢？这就是代数拓扑学。可供我们研究的东西数不胜数。”

渐渐地，我们所在的空间好像消失了。我感受不到家的存在，也感受不到客厅的存在，只是专注地听着米尔嘉“讲课”。

6.2.2　线索是什么

晚上。

我送米尔嘉到车站。

“阿姨真亲切。”

“我妈妈很喜欢你。”

“是吗……”

妈妈想留米尔嘉吃晚餐，所以我们在出门前推拉了好一阵。虽然我很乐意让她在我们家吃饭，但强留就不合适了。

我们沿着人行道慢慢向车站走去。

“伽罗瓦理论就是由‘群’这个想法衍生出来的，是吗？”我说。

“伽罗瓦理论的萌芽应该在这很久之前了。”米尔嘉轻声说，“形状的对称性，模式的发现过程，有规律的运动，以及音乐的韵律等都隐含着群的概念。伽罗瓦只是把这些东西拿到灯光下，让它们站上数学的舞台而已。他为了明确能否用代数的方式解出方程而研究系数域，又为了研究域而研究群。”

“是啊。”我想起前一阵举办的伽罗瓦节[①]，表示了赞同。

“关于方程的解的问题，伽罗瓦曾说过，在纯分析问题中，没有任何一个问题比这个更难，也没有任何一个问题像这个问题般被孤立在其他问题之外。实际上，他所开创的群论对当时的数学家来说是一门崭新的学问。然而，对现代数学家来说，群早已是基本的研究工具之一了。在表现数学对象所拥有的对称性和相互关系时都会用到群。从这一层面来说，伽罗瓦的话并不正确。群论并没有孤立于其他问题之外，相反，群和所有的问题都有关。”

“确实如此。”我说，“不过，伽罗瓦想说的，应该是群被孤立于当时的问题之外吧。或者说，伽罗瓦意识到了当时其他数学家没有意识到的另一个层次的问题，他可能发现了其他人不曾注意到的关联性。”

“嗯…… 原来还可以这么解释。”米尔嘉听完我的话后眼睛一亮。

“就像伽罗瓦为了研究域而去研究群那样。”我继续说下去，“在代数拓扑学中，要想研究拓扑空间，就需要研究群。这在数学领域内是常发生的事，因为数学家很喜欢在两个世界之间架起桥梁。”

我们走上车站前的天桥。在我们的脚下，车流滚滚。米尔嘉站在天桥的正中央，回头看向我。

“确实，数学家喜欢在不同的世界间架设桥梁，但这样做还不够。你不觉得应该再往前一步，深入数学的核心吗？”

我点了点头。

---

①《数学女孩5：伽罗瓦理论》中的内容。

是啊，之前已经发生过许多次同样的事了。既然都走到这一步了，我希望还能再往前踏一步。

“当然。我还想再往前踏一步。”我说。

米尔嘉朝着我走近一步，伸出了她的手。

细长的手指抚过我的脸颊。

（好温暖）

她的手指在我的脸颊上来回抚摸。

“这就是你的‘形状’。像这样抚摸过之后，就能知道你的‘形状’了。现在，我们想知道拓扑空间的形状，那么该怎么做，才能摸出拓扑空间的形状呢？”

我什么都说不出口。

米尔嘉突然使劲捏了一下我的脸颊。

“好痛！”

“该怎么做才能摸出拓扑空间的形状呢？”她又重复了一遍问题。

“该怎么做？”

“画一下自环吧。明天，在图书室。”

黑发才女留下了这句话后，就快步走下了天桥，消失在车站前的人群中。

脸颊真痛。

6.3　用自环来捕捉形状

6.3.1　自环

第二天放学后，我、米尔嘉，还有泰朵拉聚集在图书室。

“我们来谈谈拓扑空间内的**基本群**吧。”米尔嘉说，“我们可以通过基本群，来摸出拓扑空间的样子。”

“摸得出来吗？”泰朵拉一边用手掌抚摸自己的脸颊，一边问道。

“不是用手掌，而是用手指来摸。为了了解形状，我们需要用指尖来抚摸环面和球面。”米尔嘉用食指抚过另一只手的手腕。

“话说，我们是在讲数学的话题，对吧？”我说。

“要建立一个基本群，就要在拓扑空间中建立自环。”

“自环，是一个圈吗？”泰朵拉把双手的拇指和食指合在一起，比出一个圈。

“自环是这样的。”米尔嘉用食指在空中画了一个圈，“以拓扑空间中的一点为起点，从这个点开始，在拓扑空间中画出一条曲线，然后使曲线的终点与起点一致。这就是一个自环。自环的起点和终点一致，我们把这个点称为**基点**吧。”

“就是绕一圈回到原点吗？”

“在拓扑空间中画曲线就是将属于拓扑空间的元素，也就是拓扑空间内的点连接起来。在将其连接起来时需要用到近邻的概念，而这在拓扑空间中不会出现任何问题。我们可以用开邻域来定义拓扑空间中的近邻。”

“不好意思，有没有例子可以说明呢？”泰朵拉问。

“我们可以用甜甜圈的表面，也就是环面来进行思考。假设环面上有一个点 p，以点 p 为基点，可以画出这样的自环。”

“这是一个在边缘上的自环呢。我们就叫它‘边缘自环’吧……”

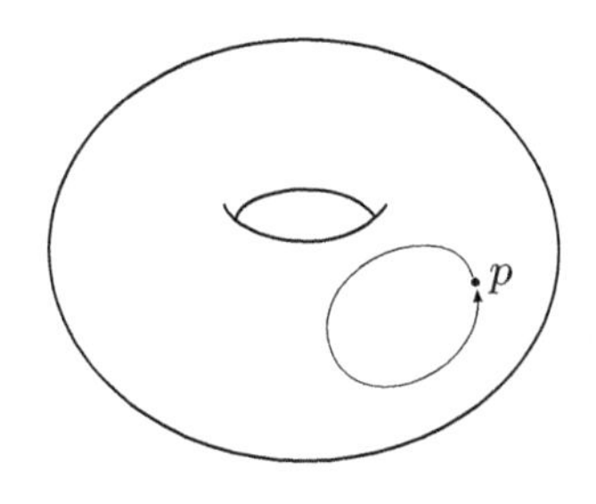

画在环面上的“边缘自环”

“说到自环，我想到的是这样的。”我画了一张图，“是这样绕了一圈的‘小自环’。”

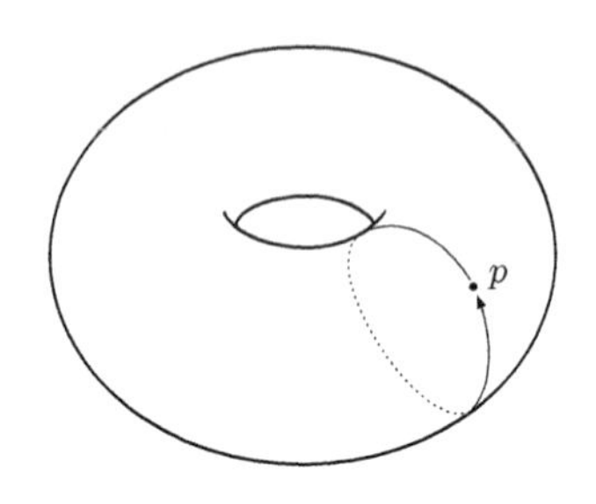

画在环面上的“小自环”

“嗯，还有这样的‘大自环’。”我又画了一张图。

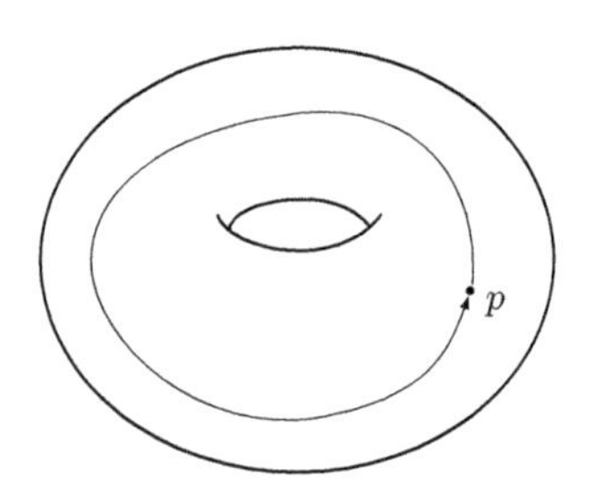

画在环面上的“大自环”

“目前画出来的都是在环面这个拓扑空间上的自环。”米尔嘉说，“起点和终点必须相同，中间不能断掉，也不能跑到环面之外。这，就是自环。”

“我大概理解自环的概念了。”泰朵拉点了点头。

“那么，我们试着用数学的方式来表示这个概念吧。”米尔嘉继续说着，“思考一下 $[0,1]$ 这个闭区间。闭区间 $[0,1]$ 是满足 $0 \leqslant t \leqslant 1$ 的所有实数 t 的集合。再思考由这个闭区间到一个拓扑空间的连续映射 f。也就是说，对于任何满足 $0 \leqslant t \leqslant 1$ 的实数 t，$f(t)$ 可表示拓扑空间中的一个点。接着，

针对映射 f，令其满足 $f(0) = f(1)$ 的条件。此时的连续映射 f，就是数学意义上的自环。”

“请、请问，$f(0) = f(1)$ 这个条件又是从哪里来的呢？”泰朵拉问道。

“是因为要显示出起点和终点相同吗？”我说，“所以才令 $f(0) = f(1) = p$，没错吧？”

“没错。我用‘大自环’的图来说明吧”。米尔嘉说。

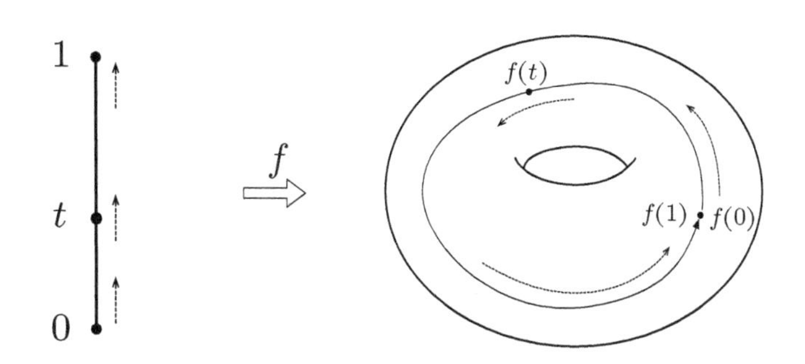

以连续映射 f 来表示大自环

“原来是这个意思啊。$f(0)$ 是起点，$f(1)$ 是终点。当 t 从 0 走到 1 时，环面上的点 $f(t)$ 也会跟着移动，就像用手指画圈一样。”泰朵拉一边说着，一边像刚才的米尔嘉那样用手指画了一个圈。

“点 $f(t)$ 移动时，就像在‘抚摸’环面。”我说。

“不过，环面上可画出无限多条自环。”米尔嘉说，“而且，只要自环的路径中有一点点不同，就会形成另一个自环。因此，连续变形后得到的自环，都是等价的。我们要将彼此间可通过连续变形转换的自环视为等价的自环。我们刚才用连续映射的方式来表示自环，因此这里的连续变形，指的就是将连续映射连续变形。”

“将连续映射连续变形？”

“我来说明一下自环的同伦关系吧。”米尔嘉说。

6.3.2　自环上的同伦

“我们可以试着想象拓扑空间中的自环。它就像贴在环面上的橡皮筋一样。”米尔嘉说，“我们可以把拓扑空间中自环连续变形的样子想成贴在这个空间上的橡皮筋任意变形的样子，也可以把它看作从直积 $[0,1] \times [0,1]$ 到拓扑空间的连续映射 H。我们试着将环面上的自环 f_0 连续变形至自环 f_1 吧。另外，假设这里思考的自环都有共同的基点。”

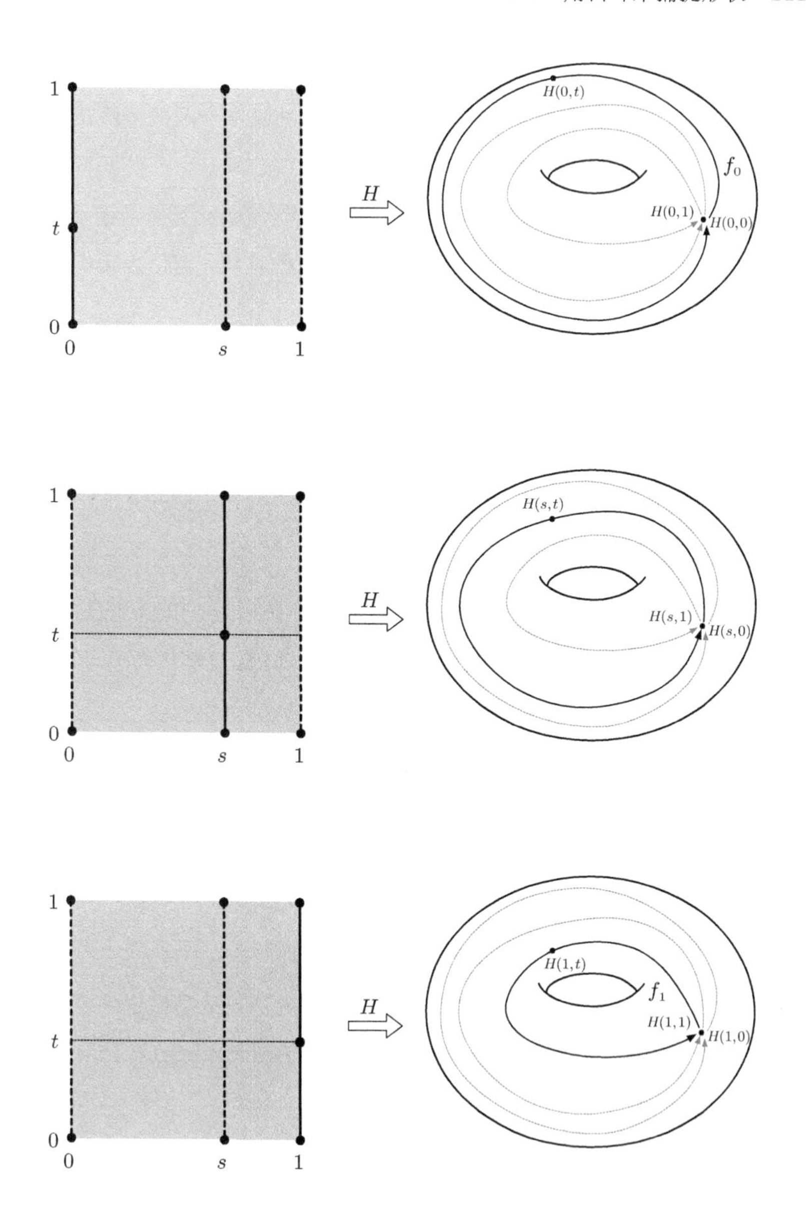

我和泰朵拉盯着米尔嘉画的图看了一阵子。

“原来如此。这样我就知道用连续映射来表示自环的连续变形是什么意思了。”我说，“对于拓扑学的书中常出现的那些变形，我们应该也可以想成这个样子吧？‘连在一起’可以想成连续映射，‘将连在一起的东西在不切断的情况下变形’可以想成连续映射的连续变化。”

“不好意思，这里说的连续映射 H，我还是不懂它是什么意思。”泰朵拉说。

“首先，$[0,1]\times[0,1]$ 又称为 $[0,1]$ 和 $[0,1]$ 的直积，可以表示成下面这样的集合。”米尔嘉说。

$$[0,1]\times[0,1]=\{(s,t)\mid s\in[0,1],t\in[0,1]\}$$

“这是由两个可以在 0 和 1 之间移动的实数对 (s,t) 所组成的集合吗？”

“没错，而 (s,t) 所对应的拓扑空间可以用 $H(s,t)$ 来表示。”

“我不太明白……”

“泰朵拉。”我加入解说的行列，“可以先固定 $H(s,t)$ 中的 s 来进行思考。固定 s 后移动 t，$H(s,t)$ 就会成为一个自环。f_0 和 f_1 分别代表不同的自环，

- 当 $s=0$ 时，$H(0,t)=f_0(t)$
- 当 $s=1$ 时，$H(1,t)=f_1(t)$

接着让 s 从 0 移动到 1，便可使自环 f_0 连续变形成 f_1。这和改变 t，使点移动形成自环是同样的概念。现在我们改变 s，使自环变形。”

“使自环变形……同时还要保持它自环的性质，是吗？”

“当然。”米尔嘉点了点头，“因为我们设想的基点 p 是固定的点，所以就 H 来说，满足 $0\leqslant s\leqslant 1$ 的任何 s 都要加上 $H(s,0)=H(s,1)=p$ 这个条件。”

“你们看是这样吗？在 $H(0,t)$ 中移动 t，可以得到一个自环 f_0；在 $H(1,t)$ 中移动 t，可以得到另一个自环 f_1。而在 $H(s,t)$ 中移动 s，可以从 f_0 变形成 f_1。”泰朵拉边说边用手指画来画去。

“没错。在思考拓扑空间时，比如在考虑一个环面时，我们可以做出无

数个自环，这代表我们有无数种抚摸的方式。而这无数个自环，可以依照能否连续变形成相同的样子来进行分类。”

“原来如此，也就是等价的意思。如果伸缩之后会变成相同的样子，即存在连续映射 H，我们便可将这些自环视为同一类自环。”

“正是如此。将基点 p 看作固定的点，让自环从 f_0 移动到 f_1 的连续映射 H 称为**同伦变形**。如果同伦变形 H 存在，我们就可以说 f_0 与 f_1 在自环上同伦。f_0 和 f_1 在自环上同伦，就表示可以从自环 f_0 连续变形成 f_1。f_0 和 f_1 在自环上同伦，可以写成

$$f_0 \sim f_1$$

其中‘$\sim$’代表等价关系，所以我们可将所有以 p 为基点的自环所形成的集合 F 除以这里的等价关系。这样一来，便可得到**同伦类**。同伦类，就是由许多可视为等价的自环所组成的集合。”

6.3.3 同伦类

“考虑拓扑空间，再考虑拓扑空间上的自环……”泰朵拉一边喃喃自语，一边在脑中整理刚才我们提到的内容，“因为我们可以画出许多自环，所以能够连续变形成相同样子的自环可视为相同的东西？”

“没错。”米尔嘉说。

“咱们还没有说到基本群吧？我没有听漏什么地方吧？”

“还没真正开始说基本群，目前只说到基本群的组成元素而已。”

“自环是构成基本群的元素吗？”泰朵拉问道。

“自环本身并不是。由连续变形后可视为等价的自环整合而成的东西才是构成基本群的元素。将由所有自环组成的集合除以同伦这种等价关系，便能得到多种同伦类。”

“不好意思……这里可以用环面举个例子吗？”

“我们可以将环面上同伦的自环归为一个集合，一个集合就是一个同伦类。举例来说，‘大自环’的同伦类，就是由所有通过点 p 的‘大自环’所构成的自环集合。”

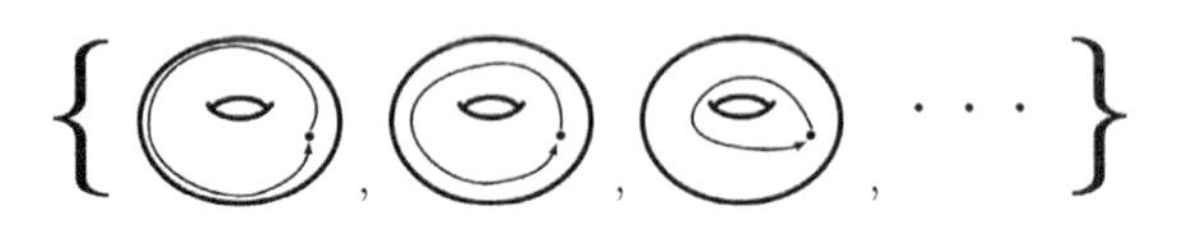

“大自环”的同伦类

“原来如此……也就是说，把所有连续移动后可以重合在一起的自环归为同一类。我懂了！这样的话，‘小自环’的同伦类就是下面这样。”

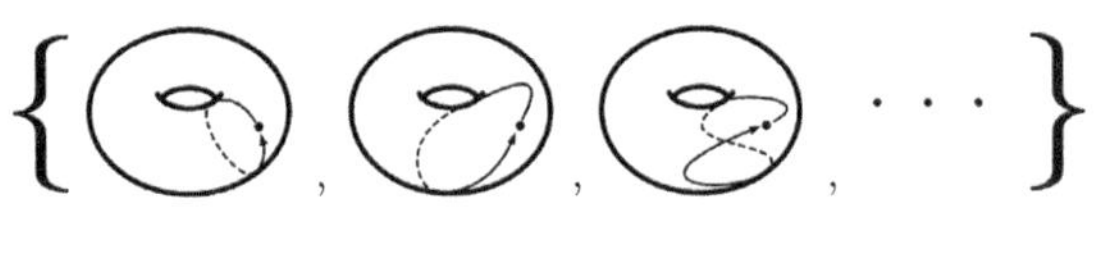

“小自环”的同伦类

“那么，‘边缘自环’的同伦类就是下面这样。”我说。

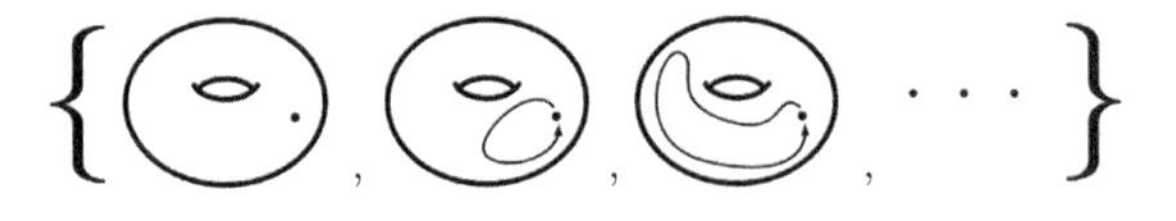

“边缘自环”的同伦类

“等一下。最左边的不是自环吧？”

“不，泰朵拉，它确实是自环。这是由一个点所构成的自环，因为它满足 $f(0) = f(1)$ 这个条件。规则中并没有要求这个点一定要移动。”

“原来如此。我被自环这个词误导了。这样看来，在环面上的同伦类就可以分成‘大自环’‘小自环’和‘边缘自环’三种。”

“是啊。”

“不对。”米尔嘉摇了摇头，“环面上的同伦类有无数种。比如说，这种自环刚才就被泰朵拉忽略了。”

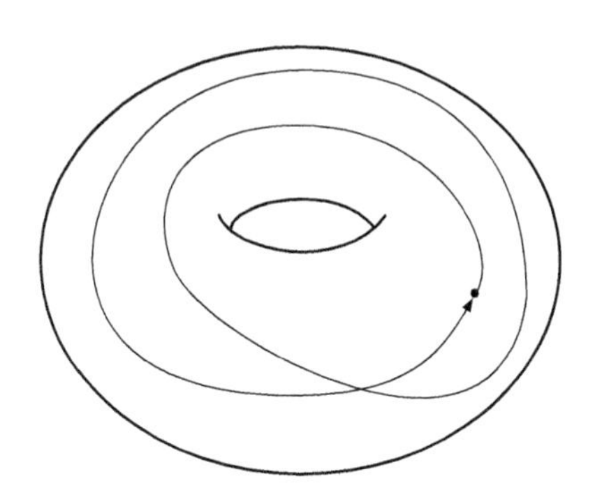

“啊，双层自环！”泰朵拉把眼睛睁得更大了。

“这样啊。”我说，“环面上的双层自环没办法连续变形成单层自环。”

“另外，还有这样的自环。”米尔嘉又画了一个图。

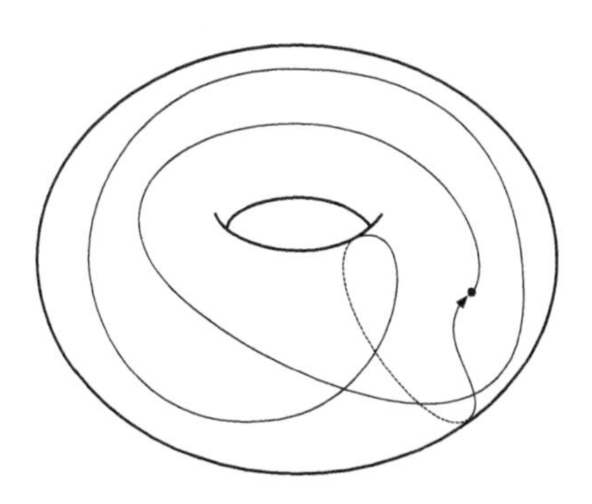

“原来如此……”

“等等，我知道了。把‘大自环’和‘小自环’连接起来后，就可以得到其他同伦类的自环了。”

“这表示，通过绕很多圈，或者用各种方式连接，就可以得到许多不同模式的自环！”

“没错，这样的概念可以衍生出同伦群。”

6.3.4 同伦群

这样的概念可以衍生出同伦群。

这里把连接自环的操作视为一种群的运算方式。我来按顺序说明。

- 在拓扑空间 X 上取一固定点 p
- 设集合 F 为以 p 为基点的所有自环的集合
- 将同伦视为一种等价关系。将集合 F 除以等价关系 $\sim$，可得到所有同伦类的集合 $F/\sim$
- 集合 $F/\sim$ 的元素为“连续变形后可视为等价的自环的集合”
- 加入群的运算方法，使集合 $F/\sim$ 成为一个群。考虑集合 $F/\sim$ 的元素，也就是同伦类 之间“连接”的操作，将其视为群内的运算方法。因为所有自环共享基点 p，所以这些自环一定可以连接起来
- 由这种方法得到的群就叫作“在拓扑空间 X 中，以 p 为基点的**基本群**”，写成下面这样

$$\pi_1(X, p)$$

◎ ◎ ◎

“等一下，这里的 π 应该不是圆周率吧？”

“和圆周率无关。$\pi_1(X, p)$ 里的 π 只是作为代表量使用而已。”米尔嘉说。

“吓了我一跳。”

“要确认 $\pi_1(X, p)$ 是否符合群公理并不难。”米尔嘉继续说，“比如说，这里的单位元是什么？”

米尔嘉指着泰朵拉问道。

“单位元应该是连接以后不会发生改变的自环…… 所以是‘边缘自环’吗？”

“应该是‘边缘自环’的同伦类。”我补充。

“没错。”米尔嘉回答，“换个方式说，由点 p 变形而成的同伦类自环就是单位元。”

“以直观的方式解释，这种单位元就是可连续变形成点 p 的自环的集合，是吗？”我说。

“可以这么说。”米尔嘉点了点头，“到这里，我们为了保证可以使用‘连接’这一运算方式而固定了基点 p 的位置，但实际上，即使基点 p 不固定，我们也可以思考基本群的问题。有一个基点 p 和一个基点 q，若 p 与 q 这两点间存在可移动的路径就没问题了。不过，这时就必须添加在拓扑空间 X 中，任意两点皆可以用曲线连接这个条件，也就是添加路径连通的条件才行。若拓扑空间 X 满足路径连通，我们就不需要像 $\pi_1(X, p)$ 那样明确写出 p 了。路径连通的拓扑空间 X 的基本群可写成下面这样。”

$$\pi_1(X)$$

“米、米尔嘉学姐……”

“另外，我们还可以证明**基本群是拓扑不变量**。如果两个路径连通的拓扑空间 X 与 Y 同胚，便可证明出它们各自的基本群 $\pi_1(X)$ 和 $\pi_1(Y)$ 同构。”

“我的大脑已经变乱了……”

“环面的基本群为两个加法群 $\mathbb{Z}$ 的直积 $\mathbb{Z} \times \mathbb{Z}$。两个加法群分别代表在大自环与小自环内绕了几圈。”米尔嘉说，“我们试着想想比环面更加简单的拓扑空间基本群吧。比如一维球面 S^1 的基本群 $\pi_1(S^1)$ 是什么样的群呢？”

问题6-2（S^1 的基本群）

试求一维球面 S^1 的基本群 $\pi_1(S^1)$。

“放学时间到了。”

瑞谷老师的话让米尔嘉的“课程”告一段落。

6.4　掌握球面

6.4.1　自己家

复习到深夜12点，然后去洗澡——这就是我最近的生活模式。我尽可能在同样的时段做同样的事。随着考试的临近，我想让自己早睡早起。

现在是23点53分——23和53都是质数——我收拾了一下书桌，准备到浴室洗澡。我边脱衣服边回想今天米尔嘉讲的内容和泰朵拉的反应。想到两人互相抚摸脸颊的样子……不想这个了，先集中精力思考米尔嘉出的题吧。

6.4.2　一维球面的基本群

我一边洗澡，一边思考。

把一维球面 S^1 的拓扑空间想成一个圆周就可以了吧。在圆周内做一个自环，对可连续变形成相同样子的自环一视同仁……在绕一圈的途中“来来回回”的自环，皆是等价的。

不过，在 S^1 中绕一圈和绕两圈并不相同，因为其中一种没办法连续变形成另一种。所以说，我们可以按绕的圈数将其分类。另外，还可以逆向绕圈，所以我们将“来来回回”的部分抚平后，就可以通过“往哪个方向绕了几圈”来决定 S^1 的基本群。这是由整数构成的群，也就是由整数的集合通过“+”的运算方式所构成的加法群。

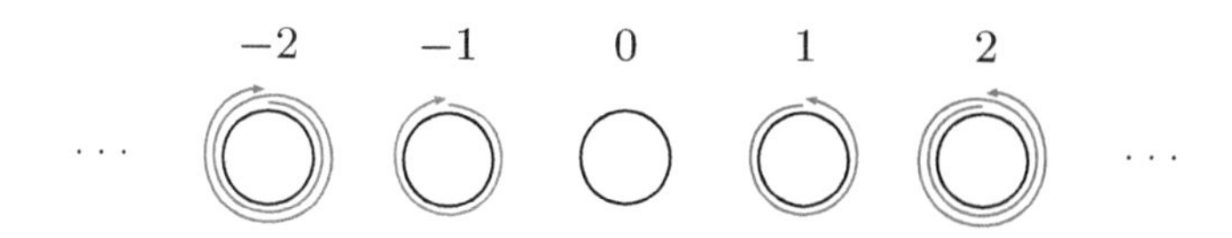

换句话说，一维球面 S^1 的基本群 $\pi_1(S^1)$ 与加法群 $\mathbb{Z}$ 同构。

$$\pi_1(S^1) \simeq \mathbb{Z}$$

相当于 $\mathbb{Z}$ 中的 0 的元素，也就是相当于单位元 e 的元素是由一个点形成的自环的同伦类。它是不朝任何一个方向绕圈的自环的集合。

原来如此。基本群以自环的形式来捕捉空间的形状，说的大概就是这样的感觉吧。我们对一维球面 S^1 所感受到的结构，和对于 $\mathbb{Z}$ 所感受到的结构，确实很相似。

"绕一圈之后再绕两圈，总共绕了三圈"可表示为 $1+2=3$；"绕两圈之后不再绕圈，总共就绕了两圈"可表示为 $2+0=2$；"绕三圈之后再朝反方向绕四圈，就相当于朝反方向绕了一圈"可表示为 $3+(-4)=-1$；"绕 n 圈之后再朝反方向绕 n 圈，就相当于没有绕圈"可表示为 $n+(-n)=0$。也就是说，我们可以用 S^1 的基本群与 $\mathbb{Z}$ 同构这句话来说明在一维球面 S^1 上绕圈圈的样子。

解答 6-2（S^1 的基本群）

一维球面 S^1 的基本群 $\pi_1(S^1)$ 与整数的加法群 $\mathbb{Z}$ 同构。

6.4.3 二维球面的基本群

我开始用洗发水洗头。我突然想思考一下当提升一个维度时，基本群会是什么情况。二维球面的基本群会是什么样子的呢？

问题6-3（S^2的基本群）

试思考二维球面 S^2 的基本群 $\pi_1(S^2)$。

把二维球面想成球的表面就可以了吧。思考球表面上的自环。自环是一条起点与终点相同且不超出拓扑空间的连续曲线，可连续变形成相同形状的自环是等价的。于是我开始思考贴在球面上的自环是什么样子的。

因为我只在脑中想象这些图形的样子，所以没办法下定论。不过，如果把二维球面上可连续变形成相同形状的自环一视同仁，应该只存在一种自环吧，也就是由单一的点所形成的自环。之所以这么说，是因为不管是什么样的自环，都可以塌缩成一个点。换句话说，二维球面上的所有自环都是同伦的。

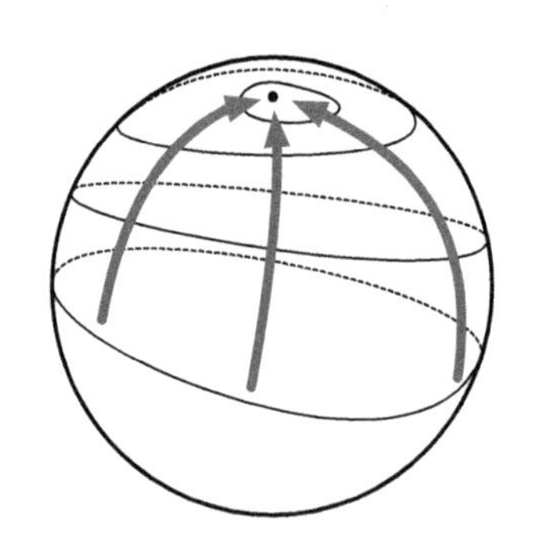

二维球面上的自环皆可塌缩成一点

也就是说，二维球面的基本群是只有一个元素的群，是一个只由单位元 e 构成的群，也就是单位群 $\{e\}$。二维球面的基本群 $\pi_1(S^2)$ 应与单位群 $\{e\}$ 同构！

$$\pi_1(S^2) \simeq \{e\}$$

解答 6-3（S^2 的基本群）

二维球面 S^2 的基本群 $\pi_1(S^2)$ 与单位群 $\{e\}$ 同构。

这种特性使我们可以明确看出一维球面和二维球面的不同。在一维球面上，有个限制自环形状的“洞”。即使我们想将一维球面上的自环变小，也没办法使其塌缩成一个点。不过，二维球面上就没有限制自环形状的“洞”了。不管是什么样的自环，都可以连续变形，塌缩成一个点。

6.4.4 三维球面的基本群

我泡在浴缸里，想着再加一个维度的情形。

等一下。三维球面 S^3 的基本群不也一样吗？在三维球面这种空间内做出一个自环，将这个自环往内收缩，应该能轻松使其塌缩成一点。原来如此！电视节目在讲庞加莱猜想时，也会用拉着绳子的宇宙飞船当作例子，原来就是这个意思啊。

拓扑空间 M	基本群 $\pi_1(M)$
一维球面 S^1（圆周）	整数的加法群 $\mathbb{Z}$
二维球面 S^2（球的表面）	单位群 $\{e\}$
三维球面 S^3	单位群 $\{e\}$

到这里应该都是正确的。不过，还是有点奇怪。二维球面和三维球面是同一个基本群。这样的话，不就没办法用基本群来区分形状了吗？

6.4.5 庞加莱猜想

我走出浴室，把头发吹得差不多干后走向书柜，拿出一本很久以前买的、因为太难而没有读下去的拓扑相关图书。

书上写着，一维同伦群又称为基本群。

基本群是由自环构建出来的群，而自环相当于一维球面，所以我们也可以说基本群是以一维球面为基础构建出来的群。由一维球面为基础构建出来的群叫一维同伦群 $\pi_1(M)$，它就是基本群。原来如此，基本群 $\pi_1(M)$ 的下标 1 就是这个意思啊。那么以 n 维球面为基础构建出来的群就叫作 n 维同伦群 $\pi_n(M)$ 了吧。它就是将基本群的概念一般化后的群。

作为三维生物的我会觉得 S^2 给人一种中空的感觉，或许利用二维同伦群 $\pi_2(S^2)$ 就能明白这种感觉了。

我继续读下去。

然后就看到了**庞加莱猜想**。

庞加莱猜想

设 M 为三维闭流形。

若 M 的基本群与单位群同构，则 M 与三维球面同胚。

嗯！

我现在终于可以理解这个命题的意义了。

- 三维闭流形，这个我知道。它是一个局部与三维欧几里得空间同胚的、大小有限的、无边缘的三维拓扑空间。自己跳入这种空间后，即使再怎么努力观察周围，也会觉得这个空间看起来和原本待的宇宙相同。这是一个不管朝哪个方向前进、无论走多远都不会抵达尽头的空间。虽然可以一直前进，大小却是有限的。也就是说，这是一个有限但没有尽头的空间
- 我也知道 M 的基本群。它就是将连续变形成相同样子的自环一视同仁，进而构建出来的群 $\pi_1(M)$

- 我也知道三维球面。它就是将两个三维球体的表面贴合起来的拓扑空间 S^3

我除了了解庞加莱猜想的命题，即**若 M 的基本群与单位群同构，则 M 与三维球面同胚**，也知道庞加莱猜想的意义是什么 —— 庞加莱猜想是想告诉我们基本群的威力。

如果庞加莱猜想成立，基本群就可作为判断某三维闭流形是否与 S^3 同胚的工具。假设我们要研究一个三维闭流形 M。我们想知道的是 M 这个流形有什么性质，比如说，M 是否与 S^3 同胚。要想知道答案，就用基本群来研究吧。如果 $\pi_1(M)$ 是单位群，M 就会和 S^3 同胚；若非如此，就不是同胚。

我们能不能通过在群的世界中比较 $\pi_1(M)$ 和 $\pi_1(S^3)$ 的差别，来代替在拓扑空间的世界中比较 M 和 S^3 的差别呢？基本群能否作为拓扑空间的世界和群的世界之间的桥梁呢？庞加莱猜想就是在问这样的问题。

庞加莱猜想。

这是拓扑几何学的问题，也是代数学的问题，因为在研究这个问题时，需要用到名为基本群的工具。

6.5 被限制的形状

6.5.1 确认条件

“我好久没有熬夜到天亮了。”我和另外两个人说，“实在是太有趣了。当然，我弄明白的东西根本不算什么。不过，真的很有趣，毕竟我以前对庞加莱猜想可以说是一无所知。”

这里是图书室。米尔嘉和泰朵拉默默地听我说昨晚我获得的成果。

“也就是说，基本群可以用作判定武器吗？”泰朵拉说，“可是，既然基本群是拓扑不变量，那基本群同构的话，拓扑空间会同胚不也是理所当然的事吗？”

“这里需要特别注意。”米尔嘉说，“我们有必要严格区分必要条件和充分条件。”

◎ ◎ ◎

我们有必要严格区分必要条件和充分条件。

我们用 $P(M)$ 来表示 M 的基本群与单位群同构这个条件，用 $Q(M)$ 来表示 M 与三维球面同胚这个条件。

以下是庞加莱猜想的主张。

$$P(M) \Longrightarrow Q(M)$$

而命题“基本群是拓扑不变量”可以推导出下面这个关系。

$$P(M) \Longleftarrow Q(M)$$

由于基本群是拓扑不变量，而三维球面的基本群和单位群同构，所以当 $Q(M)$ 成立时，$P(M)$ 亦成立。泰朵拉，你了解拓扑不变量的意思了吗？

◎ ◎ ◎

“泰朵拉，你了解拓扑不变量的意思了吗？”

“应该是了解了……我的想法还不够细致。”

“我之前也卡在了同一个地方。”我说，“基本群是拓扑不变量，表示若 X 与 Y 同胚，则 $\pi_1(X)$ 与 $\pi_1(Y)$ 同构。只说基本群是拓扑不变量还不够充分，因为它并不能当作 X 与 Y 同胚的证据。”

6.5.2 捕捉我所不知道的自己

“看来我还得再多读一点书才行。”泰朵拉说，“学长能花那么多时间读书，我就不行。我差不多晚上十点就已经在睡梦中了……”

“不不不，熬一晚上完全是错误的做法，而且我读的还是和考试无关的书。”我说。或许是睡眠不足的关系，我今天说的话总感觉没怎么经过大脑，“毕竟我要高考。对了，前几天我参加模拟考了。我得像 F1 赛车手那样，在正式考试前好好热身才行，毕竟模拟考可以检验自身实力。认真对待模拟考也是为了给正式考试做好准备。话说，考试时出现的题目让我联想到了循环群。刚好出现了一道和循环群 C_6 同构的题，不过题目本身和同构没什么关系。”

“循环群。考试还会出和循环群有关的题目吗？”

“不，我只是联想到循环群而已。问题本身是一个很简单的旋转矩阵。虽然它也没有按照矩阵的样子描述。因为每次旋转 $\frac{\pi}{3}$，所以会得到正六边形…… 咦？”

我的心脏好像停了一拍。

题中确实给出了 $\theta = \frac{\pi}{3}$ 这个条件，也具体给出了旋转角度是多少。就是因为题目有具体给出角度，所以我才能用 $\bmod 6$ 得出答案。我的答案是

$$(a_{1000}, b_{1000}) = (\cos 4\theta, \sin 4\theta)$$

但是我忘了之后还要代入角度算出答案！

$$\begin{cases} \cos 4\theta = \cos \dfrac{4\pi}{3} = -\dfrac{1}{2} \\ \sin 4\theta = \sin \dfrac{4\pi}{3} = -\dfrac{\sqrt{3}}{2} \end{cases}$$

所以

$$(a_{1000}, b_{1000}) = (-\frac{1}{2}, -\frac{\sqrt{3}}{2})$$

才是最终的答案。居然忘了代入，太粗心大意了！

解答6-1（递推公式）

$$(a_{1000}, b_{1000}) = (-\frac{1}{2}, -\frac{\sqrt{3}}{2})$$

“学长？”

泰朵拉疑惑地叫着我。

“没事，只是发现了一个粗心的地方而已。上次模拟考的时候……”

“数学？”米尔嘉问我。

“嗯，最后忘了把给的角度代入 θ。”

“那只能拿一部分分数了。”米尔嘉淡淡地说。

然而，现在的我无法忍受她这种淡淡的语气。

“米尔嘉，你好差劲！”我提高了音量说。

“差劲？”她眯起眼睛看着我。

“你确定要读的学校了，不用参加模拟考，所以才能用那种事不关己的口气说出这种话！”

“事不关己？”她重复了一遍我说过的话。

“你一直都这样，用那种我什么都知道的表情，摆出一副看透一切的样子。”

“看透一切？”

“冷漠。”

“冷漠？”

“还很自命清高……”

“自命清高？”

不，我并不想说这种难听话。

“……”

“说完了吗？原来你是这样看我的。”

不是的，但我说不出话来。因为我很后悔说出这些话，也在努力不让自己掉眼泪。

“你只是因为一道题做错了，就慌张到连话都不知道该怎么讲了吗？就算考了一百万次模拟考，做了一百万次准备工作，模拟考也只是模拟考。就算这次合格了，也不代表最终考试也能合格。”

“……”

“我是米尔嘉。”她继续说着，“而你，则是你自己。

你所看到的我，并不是我的全部。

我所看到的你，也不是你的全部。

今天，我看到了你的另一面。”

是否存在一个

与三维球面不同胚的三维闭流形的基本群？

—— 亨利·庞加莱

第7章 微分方程的温度

温度变化的速度与温差成正比。

——牛顿冷却定律

7.1 微分方程

7.1.1 音乐教室

“显然是你不对。”盈盈说，“你还是个不成熟的‘小王子’。”

这里是音乐教室，盈盈在弹钢琴。我站在她的身旁，看着她灵活又细长的手指。她弹的是巴赫的改编成爵士风的曲子。

盈盈和我一样上高三，一头美丽的波浪卷发引人注目。她是一个很喜欢弹钢琴的少女。虽然钢琴爱好者协会的活动已经结束，但作为会长的她仍留在音乐教室里练琴。

“我也知道是自己不对。”

我把昨天发生的事，也就是和米尔嘉争吵的事情和她说了。

“总之，你这是把火气撒在她身上了。”她说，“米尔嘉只是说出了事实而已。‘那只能拿一部分分数了’，这很像她说的话。女王大人没有恶意，只是淡淡地陈述了事实。”

“嗯，确实是这样。”我承认，“都是我的错。”

确实如盈盈所说。只是考试答错一道题而已，我居然因此而迁怒他人。我觉得自己很糟糕……

“音乐是时间的艺术，时间是不可逆的。”盈盈说，“不管是什么样的错误，已经弹奏出来的音就无法收回去。就算弹错，也得继续演奏下去。音乐只能持续前进。”

“持续前进……”

“音乐是时间的艺术，时间是一维的。”她继续说道，“但人类是有记忆的，记得自己听过哪些音。当音的记忆串联起来时，就会在心中形成旋律。想创作出好的音乐，就得让好的音交替出现。曲借音而生、音凭曲而悦，师父是这么说的。”

她立志要走音乐道路，从小就开始跟专业的音乐老师学习。她的老师是一位白发绅士，我见过他几次。

“让好的音交替出现…… 什么是好的音呢？”

“音乐是时间的艺术，时间是连续的。”她说，“单拿出一个音，没有人能够断定它有多好。在该出现的时候响起来的该出现的音，才是好的音。音该在何时出现，则取决于它和其他音之间的关系。”

说到这里，她停止了演奏，并看向我。

“你能在该说话的时候说出该说的话吗，不成熟的‘小王子’？”

没错，我不能被这种无聊的错误绊住。这种糟糕的态度只会让自己和重要的人之间的关系变得更糟。这样不行。

“盈盈，谢谢你。”说完，我便离开了音乐教室。

我的身后再次响起了巴赫的曲子。

7.1.2 教室

“学长，你怎么一副无精打采的样子？”泰朵拉说，“要不要一起吃午餐？”

这里是我上课的教室。现在是午餐时间。

泰朵拉比我小一届。以前她还不太敢进学长学姐的教室，最近倒是毫不犹豫就进来了。

“当然可以。”我抬起头回答。天气已经变得很冷了，不太适合在楼顶吃午餐。

“米尔嘉学姐今天没来。”泰朵拉边说边挪了一个空桌子和我并桌，“她今天请假了吗？”

“好像是。”我边打开便当边回答。

是啊。原本我想就昨天的事情给米尔嘉好好道个歉，但她偏偏不在。我感觉错过了道歉的好时机。

不知道是不是我的沉默让泰朵拉有点紧张，吃完便当后，她还是一副坐立不安的样子。

“最近有挑战什么难题吗？”我试着抛出一个话题。

“有！”她仿佛松了一口气，“学长，**微分方程**是什么样的方程呢？”

“微分方程？看来你挑战了一个很难的问题呢。”

“没有，我还没开始研究。只是前几天和理纱聊天的时候，聊到了和微分方程有关的话题。我在图书室找了一些书来看，但还是完全不懂。我想学长应该了解得比较详细，所以中午才过来打扰你。”

“嗯，我知道了。举例来说——”

◎ ◎ ◎

举例来说，有一个从所有实数到所有实数的可微函数 $f(x)$。它实际上是什么样的函数，我们并不知道。我们唯一知道的，是对于任何实数 x，以下式子必定成立。

$$f'(x) = 2$$

这里只是举个例子。若已知 $f(x)$ 对 x 求微分后得到的 $f'(x)$ 不论何时都等于2，那么函数 $f(x)$ 实际上会是什么样的函数呢？你应该知道吧？

◎　◎　◎

"知道……请等一下。这是要通过 $f'(x) = 2$ 求出 $f(x)$ 是多少，对吧？也就是说，直角坐标系中 $y = f(x)$ 的图形的斜率永远等于 2，所以我们可以得到

$$f(x) = 2x$$

因为 $y = 2x$ 在直角坐标系中是一条直线，斜率永远都是2。"

"没错。你推导出来的函数 $f(x) = 2x$ 确实满足 $f'(x) = 2$ 这个式子。"

"太好了……"

"但是，满足 $f'(x) = 2$ 的函数并非只有 $f(x) = 2x$ 而已。比如说，

$$f(x) = 2x + 3$$

这个函数又如何呢？"

"我想想，因为 $f'(x) = (2x + 3)' = 2$，所以这个函数也符合条件。啊，这样的话，$f(x) = 2x + 1$ 也符合条件。"

"是啊。满足 $f'(x) = 2$ 的 $f(x)$ 一般可以写成下面这样的式子。"

$$f(x) = 2x + C \qquad C\text{为常数}$$

"没错。"

"泰朵拉，你刚才是从 $y = f(x)$ 的图形的斜率来思考的，对吧？这种想法并没有错，不过在解这道题时，只求 $f'(x) = 2$ 两边的积分就可

以了。所以说，我们可以得到以下式子。”

$$f(x) = 2x + C \qquad C\text{为常数}$$

“啊，是呢。”

“而刚才我们提到的例子 $f'(x) = 2$ 就是一个与函数 $f(x)$ 有关的微分方程。”

$$f'(x) = 2 \qquad \text{与}\,f(x)\,\text{有关的微分方程的例子}$$

“咦，这个就是微分方程？”

“是啊，虽然是很单纯的形式。”

“这样啊，确实有微分出现，不过所谓的方程是……”

“我们所说的方程，指的是这种形式的式子。

$$x^2 = 9 \qquad \text{关于}\,x\,\text{的方程的示例}$$

这里的 x 表示某个数，但我们并不知道它表示的是哪个数。尽管不知道 x 是什么数，但我们对 x 也并非一无所知。我们知道这个数平方后等于 9。那么，满足 $x^2 = 9$ 这个方程的 x 是多少呢？求这样的 x 就是所谓的**解方程**。”

“这个我知道。”

“刚才说的是方程，而微分方程和它有类似之处。我们在解方程时求的是数，在解微分方程时求的则是函数。我们不知道 $f(x)$ 是什么样的函数，但我们对 $f(x)$ 也并非一无所知，因为我们知道它满足 $f'(x) = 2$ 这个式子。那么，能够满足 $f'(x) = 2$ 这个式子的函数 $f(x)$ 是什么样子的呢？求这个 $f(x)$ 就是所谓的解微分方程。这样你应该大致了解微分方程了吧？”

“原来如此……”泰朵拉缓慢地回答，“话说，刚才学长说的内容我好像在一本书中读过，但感觉和读书比起来，听学长讲比较好懂…… 总之，我大概了解什么是微分方程了。”

	例	要求的答案
方程	$x^2=9$	数 x
微分方程	$f'(x)=2$	函数 $f(x)$

“对了，你知道怎么解 $x^2=9$ 这个方程吗？”

“当然知道。答案是 $x=\pm3$。我还是解得出这种题目的。”

“嗯，解 $x^2=9$，会得到 $x=3$ 和 $x=-3$ 这两个解，因为 $x=3$ 满足 $x^2=9$，$x=-3$ 也满足 $x^2=9$。也就是说，方程的解不一定只有一个。当题目要求解方程时，一般来说会要求你列出所有的解。”

“这个我懂。”

“刚才我们解的微分方程 $f'(x)=2$ 也是同样的道理。虽然你得出 $f(x)=2x$ 这个解，但微分方程 $f'(x)=2$ 的解不只有这一个。不管是 $f(x)=2x+1$、$f(x)=2x+5$，还是 $f(x)=2x-10000$，它们都是解。一般我们会用 $f(x)=2x+C$ 的形式将所有可能的解整合起来。”

“确实，方程和微分方程看起来很像……”

“像 $f(x)=2x+1$ 这种满足微分方程的其中一个解称为**特殊解**；像 $f(x)=2x+C$ 这种，将满足微分方程的所有函数用带任意常数 C 的形式来表示的解，称为**一般解**。”

“等一下。这样的话，$f'(x)=2$ 这个微分方程不就有**无数个解**了吗？因为不管 C 代入哪个实数，$f'(x)=2$ 都成立。”

“没错。在微分方程中，有无数个函数解的情况并不罕见。”

“原来是这样。”

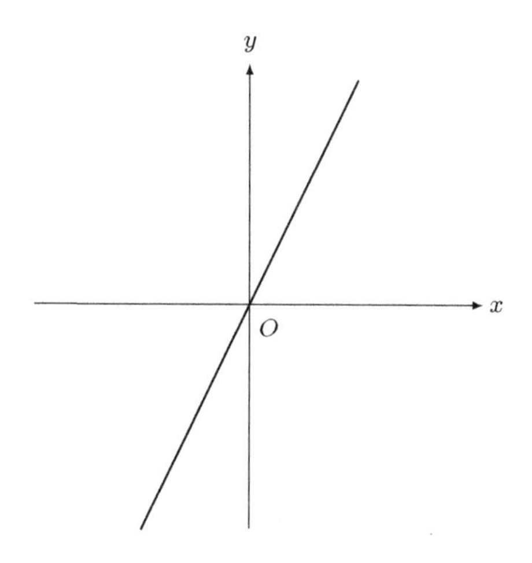

特殊解的图形 $y = 2x$

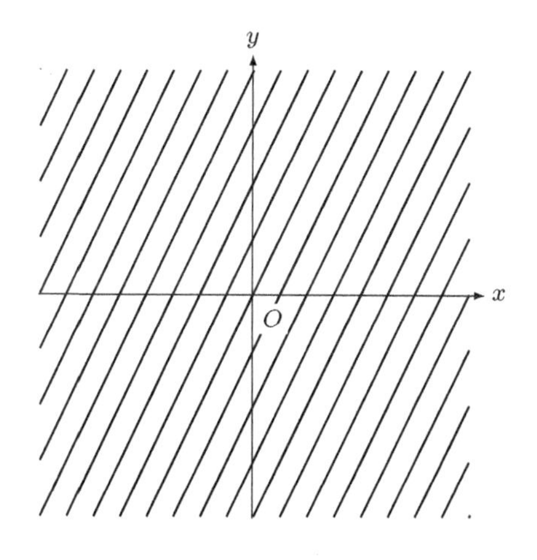

一般解的图形 $y = 2x + C$ 的示例

“如果想知道某个数是不是方程 $x^2 = 9$ 的解，方法很简单。将这个数代入 x，若能使 $x^2 = 9$ 成立就是解。找出解可能有些困难，不过要确认一个数是不是解就很简单了。同样 ——”

“等一下。”泰朵拉打断了我，“微分方程也是这样的吗？如果想知道某

个函数 $f(x)$ 是不是 $f'(x)=2$ 的解，只要微分它就可以了。如果某个函数 $f(x)$ 的微分结果等于 2，那这个函数就是 $f'(x)=2$ 的解了，对吧？”

“就是这样。若能找到满足微分方程的函数，那么这个函数就是这个微分方程的一个解。因此，若想具体确认 $f(x)$ 是否满足微分方程，只要对它进行微分就行了。”

7.1.3　指数函数

或许是因为泰朵拉很认真地听我讲解，所以我越说越起劲。

“我们能通过 $f'(x)=2$ 求出 $f(x)=2x+C$，由此可知，我们可由简单的微分方程求出不定积分。计算不定积分时会出现积分常数，这是一般解中的参数。若能确定参数值，便可得到各种特殊解。”

“也就是说，在解微分方程的时候，只要把两边都积分就可以了吗，学长？原来这就是解微分方程的方法啊。”

“不对。刚才提到的 $f'(x)=2$ 是最简单的一种微分方程，所以解起来很简单。一般来说，在解微分方程时，我们不一定会用两边积分这种方法来解 $f(x)$。”

“这样啊……”

“普通的微分方程中会有一堆 $f(x)$、$f'(x)$ 和 $f''(x)$ 之类的符号，通常没那么容易解开。比如这道题就稍微有点难，但它也是微分方程。”

我在笔记本上写下另一个微分方程。

$$f'(x)=f(x)$$

“原来如此。函数 $f(x)$ 微分后的导函数 $f'(x)$ 等于 $f(x)$，这个微分方程是这个意思吧？”

“没错。这个微分方程想求的是可使导函数 $f'(x)$ 与原本的函数 $f(x)$ 恒相等的函数 $f(x)$，即不管 x 等于什么样的实数 a，皆可使

$f'(a)=f(a)$ 成立的函数 $f(x)$。”

“确实，就算对两边积分也没什么用。因为会变成下面这样

$$f(x)+C=\int f(x)\mathrm{d}x$$

我们不知道 $\int f(x)\mathrm{d}x$ 是多少，也不知道 $f(x)$ 是多少。”

“是啊。”

“那 $f'(x)=f(x)$ 这个微分方程该怎么解呢？”

泰朵拉把身体靠过来一些，和平常一样的香甜的气味变浓了。

“与其说怎么解，不如说我们已经知道答案了……比如说，试着思考 $f(x)=\mathrm{e}^x$ 这个函数。将指数函数 e^x 微分，其导函数也会是 e^x，对吧？指数函数 e^x 在微分后，其形式也不会发生变化。也就是说，

$$(\mathrm{e}^x)'=\mathrm{e}^x$$

恒成立。若 $f(x)=\mathrm{e}^x$，则 $f'(x)=\mathrm{e}^x$，故下式成立。

$$f'(x)=f(x)$$

因此，$f(x)=\mathrm{e}^x$ 就是微分方程 $f'(x)=f(x)$ 的特殊解。”

“不对，学长，请等一下。”泰朵拉大力挥动她的右手，“我知道指数函数 e^x 是什么，也知道 e^x 对 x 微分后的 $(\mathrm{e}^x)'$ 等于 e^x，因为之前我们曾经用泰勒展开式来解它的微分[①]。”

“是啊。”

“可是，我们要解的不是微分方程 $f'(x)=f(x)$ 吗？我们明明是想求函数 $f(x)$ 是多少，学长却突然说‘试着思考 $f(x)=\mathrm{e}^x$ 这个函数’这种话……这不就是在背答案吗？”

---

①《数学女孩 2：费马大定理》中的内容。

“可是，你想想看，当看到 $x^2=9$ 这种形式的方程时，你不也会立刻察觉到 $x=3$ 是其中一个解吗？”

“嗯，这个我懂。因为 $3^2=9$。”

“当看到微分方程中一个函数和它的导函数相等时，我们也会立刻察觉到指数函数 e^x 就是其中一个解。这和那个情况类似啊。”

“是这样吗？”泰朵拉双手交叉抱在胸前。

“除了 e^x 外，你有想到其他符合 $f'(x)=f(x)$ 的函数吗？”

“$f(x)=\mathrm{e}^x+1$ 可以吗？微分之后 e^x 的部分也不会变。”

“可是 1 会消失。”

“不好意思，我把它写出来看看。假设

$$f(x)=\mathrm{e}^x+1$$

将 $f(x)$ 对 x 微分，可以得到

$$f'(x)=\mathrm{e}^x$$

$f'(x)=f(x)$ 不成立！这个不对！”

“所以，虽然 $f(x)=\mathrm{e}^x$ 是微分方程 $f'(x)=f(x)$ 的解，但是 $f(x)=\mathrm{e}^x+1$ 不是这个方程的解。”

“这样的话，感觉微分方程 $f'(x)=f(x)$ 除了 $f(x)=\mathrm{e}^x$ 之外，应该没有其他解了，因为不管加上什么都不会影响微分后的结果。”

“那改成 $f(x)=2\mathrm{e}^x$ 又如何呢？”

“啊……这样就成立了！将 $f(x)=2\mathrm{e}^x$ 微分后，会得到 $f'(x)=2\mathrm{e}^x$，$f'(x)=f(x)$ 确实成立。既然如此，$f(x)=3\mathrm{e}^x$ 和 $f(x)=4\mathrm{e}^x$ 也都会成立，是吗？”

“没错，就是这样。所以，假设 C 是一个常数，这个微分方程的解就是

$$f(x) = Ce^x$$

微分方程 $f'(x) = f(x)$ 的一般解是一个含有参数 C 的函数 $f(x) = Ce^x$。”

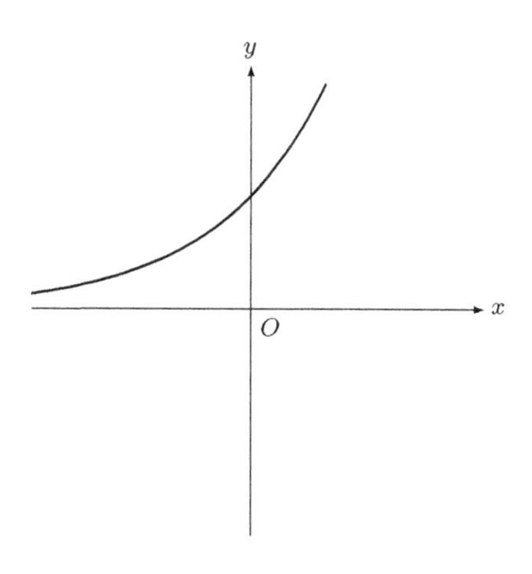

特殊解的图形 $y = e^x$

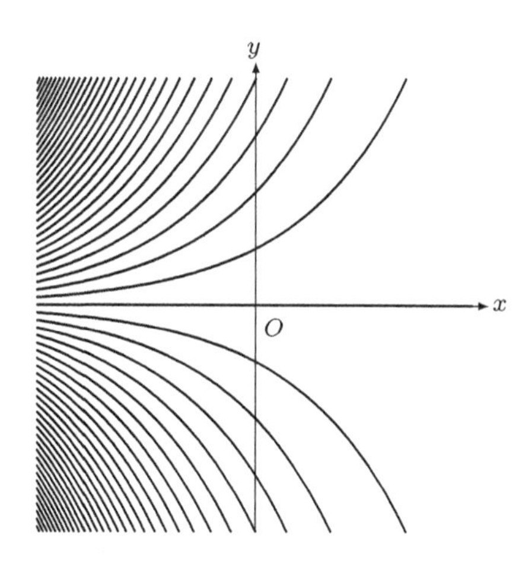

一般解的图形 $y = Ce^x$ 的示例

“……”

泰朵拉还是无法接受的样子。

“咦，这个应该不难吧？”

“啊，不是难度的问题。可以先回到刚才的地方吗？我还是不太能接受这样的解释。”

“刚才的地方？”

“$f'(x)=2$ 这个微分方程在两边积分后可以得到函数 $f(x)=2x+C$，这个我可以接受。但是，当我们在解 $f'(x)=f(x)$ 这个微分方程时，突然就出现了 $f(x)=\mathrm{e}^x$ 的特殊解，之后又把它变形成 $f(x)=C\mathrm{e}^x$ 这样的一般解，总觉得有点说不过去……”

“原来如此。那我们就试着一步步解这个方程吧。”

◎ ◎ ◎

那我们就试着一步步解这个方程吧。

我们要解的是 $f'(x)=f(x)$ 这个微分方程。

为了厘清是谁对谁微分，我们可以先假设 $y=f(x)$，也就是 y 是 x 的函数。这样就可以改写微分方程

$$f'(x)=f(x)$$

将 $f'(x)$ 替换成 $\frac{\mathrm{d}y}{\mathrm{d}x}$，将 $f(x)$ 替换成 y，便可将微分方程改写成下面这样。

$$\frac{\mathrm{d}y}{\mathrm{d}x}=y$$

我们的目标就是求出函数 y。

突然跳到 $y=\mathrm{e}^x$ 可能感觉有点奇怪，但思考 y 是什么样的函数这一点很重要。比如说，如果 y 是下面这种常数函数会怎么样呢？

$$y=C$$

若要判断 $y=C$ 是否满足微分方程 $\frac{\mathrm{d}y}{\mathrm{d}x}=y$，只要对其进行微分就知道了。将 $y=C$ 的两边分别对 x 微分之后，可以得到

$$\frac{\mathrm{d}y}{\mathrm{d}x}=0$$

所以我们可以了解到，如果 $y=C$，那么在 $C=0$ 的时候，会满足微分方程。也就是说，

$$y=0$$

这个常数函数是微分方程 $\frac{\mathrm{d}y}{\mathrm{d}x}=y$ 的一个特殊解。

到这里能明白吧？

接着来思考 $y\neq 0$ 时的情况吧[①]。

我们的微分方程是

$$\frac{\mathrm{d}y}{\mathrm{d}x}=y$$

当 $y\neq 0$ 时，我们可以在等号两边同除以 y。这样就可以得到

$$\frac{1}{y}\cdot\frac{\mathrm{d}y}{\mathrm{d}x}=1$$

将两边分别对 x 积分后，可以得到

$$\int\frac{1}{y}\cdot\frac{\mathrm{d}y}{\mathrm{d}x}\mathrm{d}x=\int 1\ \mathrm{d}x$$

等号右边是将 1 对 x 积分，所以我们可得到带有积分常数 C_1 的函数。

$$\int\frac{1}{y}\cdot\frac{\mathrm{d}y}{\mathrm{d}x}\mathrm{d}x=x+C_1$$

---

① 由于微分方程的解有唯一性，所以除了常数函数，与 $y=0$ 有交点的函数都不会是该微分方程的解。

等号左边则可通过换元积分法得到

$$\int \frac{1}{y}\mathrm{d}y = x + C_1$$

设 $y > 0$，取 $\frac{1}{y}$ 的不定积分，可得到带有积分常数 C_2 的函数，使方程式变为

$$\ln y + C_2 = x + C_1$$

接着再以 C_3 取代 $C_1 - C_2$，可得

$$\ln y = x + C_3$$

由对数的定义可以得到

$$y = \mathrm{e}^{x+C_3}$$

等号右边为 $\mathrm{e}^{x+C_3} = \mathrm{e}^x \cdot \mathrm{e}^{C_3}$。这里我们再将 e^{C_3} 代换成 C，便可得到

$$y = C\mathrm{e}^x$$

当 $y < 0$ 时也可由类似步骤得到相同的答案。这里如果假设 $C = 0$，则可得到我们一开始想到的常数函数

$$y = 0$$

这一特殊解。至此，我们顺利解开了微分方程

$$\frac{\mathrm{d}y}{\mathrm{d}x} = y$$

其一般解[①]为

① 严格来说，解题时还必须证明不存在其他形式的解（微分方程的解的唯一性）。

$$y = Ce^x$$

这和刚才的结果一样。

◎　◎　◎

“这和刚才的结果一样。”

“确实一模一样……”

7.1.4　三角函数

“再举一个例子吧。这个微分方程又该怎么解呢？”

$$f''(x) = -f(x)$$

“这个是 $f(x)$ 微分两次后的函数吧…… 我不知道该怎么解。如果是指数函数 e^x，会变成 $(e^x)'' = e^x$，但是题目中还多了一个负号。”

“微分两次之后会多一个负号，这表示微分四次之后就会变回原样，也就是 $f''''(x) = f(x)$。”

“这不是更复杂了吗……”

“我觉得你应该知道这个微分四次之后会变回原样的函数。”

“啊，我知道了，是 $\sin x$！”

$(\sin x)' = \cos x$　　$\sin x$ 微分后会得到 $\cos x$

$(\cos x)' = -\sin x$　　$\cos x$ 微分后会得到 $-\sin x$

$(-\sin x)' = -\cos x$　　$-\sin x$ 微分后会得到 $-\cos x$

$(-\cos x)' = \sin x$　　$-\cos x$ 微分后会得到 $\sin x$（变回原样）

“所以说，$f(x) = \sin x$。$(\sin x)'' = (\cos x)' = -\sin x$，确实符合 $f''(x) = -f(x)$ 的条件。”

“嗯，$f(x) = \sin x$ 是其中一个解。还有吗？”

“$f(x) = \cos x$ 也是。因为 $(\cos x)'' = (-\sin x)' = -\cos x$。”

“还有吗？”

“再来我就不知道了。”

“比如说，我们可以加入常数 A，写成 $f(x) = A\cos x$；或者加入常数 B，写成 $f(x) = B\sin x$。而一般解就是包含了参数 A 和参数 B 的函数，具体如下。”

$$f(x) = A\cos x + B\sin x$$

“我用微分来确认一下微分方程的解正不正确。首先，将 $f(x) = A\cos x + B\sin x$ 微分后可以得到

$$\begin{aligned}
f'(x) &= (A\cos x + B\sin x)' \\
&= (A\cos x)' + (B\sin x)' \\
&= A(\cos x)' + B(\sin x)' \\
&= A(-\sin x) + B\cos x \\
&= -A\sin x + B\cos x
\end{aligned}$$

而将 $f'(x) = -A\sin x + B\cos x$ 微分后可以得到

$$\begin{aligned}
f''(x) &= (-A\sin x + B\cos x)' \\
&= (-A\sin x)' + (B\cos x)' \\
&= -A(\sin x)' + B(\cos x)' \\
&= -A\cos x + B(-\sin x) \\
&= -A\cos x - B\sin x \\
&= -(A\cos x + B\sin x) \\
&= -f(x)
\end{aligned}$$

因此，这个解确实可以使

$$f''(x) = -f(x)$$

这个微分方程成立。”

“你真认真，还会确认答案对不对。”我说。

7.1.5 微分方程的目的

“因为学长举了好几个例子来说明，所以我现在大概抓到微分方程的感觉了。虽然我还不知道具体该怎么解……”

微分方程	一般解	
$f'(x) = 2$	$f(x) = 2x + \mathrm{C}$	（C是任意常数）
$f'(x) = f(x)$	$f(x) = C\mathrm{e}^x$	（C是任意常数）
$f''(x) = -f(x)$	$f(x) = A\cos x + B\sin x$	（A、B是任意常数）

“其实，我懂的也差不多只有这些。”

“对了，学长。”泰朵拉小声地说，“微分方程究竟是用来做什么的呢？”

就是这个。绝不能小看泰朵拉提出来的问题。一开始她会提出一些非常基本的问题，但到了一定阶段之后，她就会提出直指核心的问题。她的理解能力在此过程中也会不断得到提升。为了让自己站在“理解的最前沿”，她会自然而然地一直提出疑问。

“嗯，这是一个很好的问题。”我回答，“微分方程是用来做什么的呢？这个问题和‘方程是用来做什么的’很类似。比如说，列出并解出与 x 有关的方程是为了什么呢？”

“是为了求出 x 的值？”

“没错，就是为了求出 x 的值，我们想知道能满足某个方程的 x 是多少。我们已经了解了某些 x 的性质，比如 $x^2 = 9$ 之类的，然后以这些性质作为线索来求出 x 的值。”

“解微分方程也和这个概念相同吗？”

“嗯。解微分方程就是为了求出函数 $f(x)$。我们已经通过微分方程了解到某些 $f(x)$ 的性质。比如说 $f'(x)=2$，或是 $f'(x)=f(x)$，或是 $f''(x)=-f(x)$ 之类的。由这些线索一步步推导，最后得到我们想求的函数。这就是微分方程的用途。”

“……”

“得到我们想求的函数是件很重要的事。因为只要知道函数是什么，再把 x 代入，就可以知道 $f(x)$ 是多少了。我们可以移动 x，然后研究 $f(x)$ 的变化，或者将 x 变得非常大，以研究 $f(x)$ 的渐近性质。”

“原来如此……”

“求函数的感觉或许和预知未来的感觉一样。”

我想起了盈盈说的“音乐是时间的艺术”这句话。

“预知……是指预先知道未来会发生什么事吗？”泰朵拉缓缓地说着，“预知未来这件事总让人感到有些畏惧。人类可以预知未来吗？”

“说是预知未来，但其实是有限度的。毕竟要考虑误差。”

“知道函数就能预知，对此我还是……”

“说是预知可能太夸张了。这并不代表我们有办法说中所有未来会发生的事。这里的意思是，当我们将物理量表示成时间的函数时，就可以知道未来的物理量是多少。就拿星星的位置来说，预测到三十年后的星星在哪个位置就是一种预言。”

我一边说一边思考(三十年后的未来会是什么样子，还真是难以想象啊)。离考试还有几个月，我连那么近的未来都看不到。

“用函数来表示物理量？”

“就拿物理学中的弹簧振动来当例子吧。”

7.1.6　弹簧振动

有一个弹簧横置于平面，在弹簧末端挂上质量为 m 的重物，往外拉伸。在 $t = 0$ 的时候放手，重物便开始振动。若不考虑摩擦力，振动会一直持续下去。重物振动时，其位置 x 会随着时间的变化而变化。那么，位置 x 会按照什么样的规律变化呢？这个问题就是一个例子。

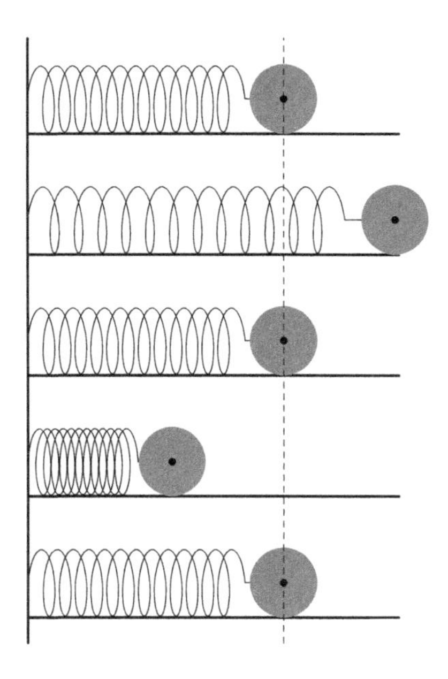

弹簧振动

虽然刚才设重物的位置为 x，不过考虑到位置是时间 t 的函数，所以也可以将其写成 $x(t)$。

在解力学问题时，我们通常会把焦点放在力上面。知道力的大小和方向后，就可以用牛顿运动方程进行计算了。若我们在质量为 m 的质点上施加力 F，便可使质点产生加速度 α。牛顿运动方程可以写成 $F = m\alpha$。这就是物理学的法则。

$$F = m\alpha \qquad \text{牛顿运动方程}$$

另外，虽然这里的力写成了 F，但其实里面也隐含着时间 t，因为力会随着时间 t 的变化而变化。既然如此，那么把力 F 写成时间 t 的函数 $F(t)$ 会好一点。

接着，我们也可以把加速度 α 想成时间的函数。位置 $x(t)$ 对时间微分后，可得到速度 $v(t) = x'(t)$，而速度 $v(t)$ 对时间微分后，可得到加速度 $\alpha(t) = v'(t)$。因此，加速度 $\alpha(t)$ 也可表示成 $x''(t)$。

假设质量 m 固定，不会随着时间 t 改变。如果将 F 改为 $F(t)$，将 α 改为 $x''(t)$，那么牛顿运动方程便可改写为如下形式。

$$F(t) = mx''(t) \qquad \text{牛顿运动方程（改写）}$$

前面我们谈的都是牛顿运动方程。

接下来，我们来聊一聊弹簧。

试着想一下，当弹簧伸长或缩短时，弹簧会对质点施加什么样的力。

弹簧对质点施加的力可以用弹簧伸缩幅度的函数来表示。当弹簧处于没有伸长也没有缩短的状态，也就是原始长度的状态下，施加在质点上的力为 0。

弹簧的性质如下所示。

- 当弹簧伸得比原始长度还长时，
  弹簧会往伸长方向的反方向，施以与伸长幅度成正比的力
- 当弹簧缩得比原始长度还短时，
  弹簧会往缩短方向的反方向，施以与缩短幅度成正比的力

这就是所谓的胡克定律，它是物理学上的定律。

由于弹簧的伸缩幅度取决于重物的位置，所以我们希望能用式子表

示出弹簧对质点施加的力 $F(t)$ 与重物位置 $x(t)$ 之间的关系。为了用较简洁的方式呈现，我们会令重物的位置在弹簧为原始长度时为 0。依照胡克定律，力 $F(t)$ 与重物位置 $x(t)$ 之间的关系可表示为 $F(t) = -Kx(t)$。

$$F(t) = -Kx(t) \qquad \text{胡克定律}$$

式子中出现的比例常数 K 大于 0，称为劲度系数。该系数越大，表示弹簧的弹力越强。之所以会加上负号写成 $-K$，是因为弹簧对重物的施力方向与弹簧伸长或缩短的方向相反。

到这里，我们已经用到了牛顿运动方程和胡克定律。二者都与质点受力 $F(t)$ 有关。

$$\begin{cases} F(t) = mx''(t) & \text{牛顿运动方程（改写）} \\ F(t) = -Kx(t) & \text{胡克定律} \end{cases}$$

联立这两个式子，消去 $F(t)$，可得

$$mx''(t) = -Kx(t)$$

等号两边同除以 m，可得

$$x''(t) = -\frac{K}{m}x(t)$$

为了让算式看起来简洁一些，我们可以用 ω 这个符号来取代 K 和 m。将 $\frac{K}{m}$ 改写成 ω^2。因为 $\frac{K}{m} > 0$，所以用平方的形式表示也不会产生问题。

如此一来，设弹簧末端重物的位置为 $x(t)$，那么函数 $x(t)$ 的微分方程如下所示。

$$x''(t) = -\omega^2 x(t) \qquad \text{弹簧振动的微分方程}$$

你看一下这个微分方程的形式，是不是可以联想到刚才那个微分方程了？也就是

$$f''(x) = -f(x)$$

所以，我们可以像刚才一样使用三角函数。不同的地方在于，这个式子中有 ω^2 这个系数。

令 $x(t) = \sin \omega t$，则 $x''(t) = -\omega^2 \sin \omega t$。确实满足这个微分方程。

我们也可以像刚才那样加入常数 A 与 B，得到

$$x(t) = A \sin \omega t + B \cos \omega t$$

这就是微分方程的一般解。

◎　◎　◎

“这就是微分方程的一般解。”我说。

泰朵拉很认真地听我讲解。虽然她偶尔会咬手指甲，但仍默默品读各个式子。不过若是平常，她应该会突然举起手说有问题想问才对。

“学长，可以等一下吗？我想实际计算一下。”

她一边说着，一边在笔记本上开始计算。

$$\begin{aligned} x(t) &= A \sin \omega t + B \cos \omega t && \text{微分方程的一般解} \\ x'(t) &= (A \cos \omega t) \cdot \omega - (B \sin \omega t) \cdot \omega && \text{等号两边分别对 } t \text{ 微分} \\ &= \omega A \cos \omega t - \omega B \sin \omega t && \text{整理} \end{aligned}$$

算到这里，泰朵拉的手停了下来。

“只要用同样的方式，再微分一次就可以了。”我说。

“我知道。不过有一点我需要好好想想……”

于是她继续计算。

$$\begin{aligned}
x'(t) &= \omega A\cos\omega t - \omega B\sin\omega t && \text{上式}\\
x''(t) &= \omega(-A\sin\omega t)\cdot\omega - w(B\cos\omega t)\cdot\omega && \text{等号两边分别对 } t \text{ 微分}\\
&= -\omega^2 A\sin\omega t - \omega^2 B\cos\omega t && \text{整理}\\
&= -\omega^2 (A\sin\omega t + B\cos\omega t) && \text{提出 } -\omega^2\\
&= -\omega^2 \underbrace{(A\sin\omega t + B\cos\omega t)}_{x(t)} && \text{找出 } x(t)
\end{aligned}$$

“确实可以得到

$$x''(t) = -\omega^2 x(t)$$

这个式子……”

“没错。你这样仔细地确认答案，我觉得很好。对了，你刚才说需要好好想想，是要想什么呢？”

“学长刚才写出一般解的时候用到了 A、B 这类常数。我只要看到式子中多了这类未知数，就会有种‘糟糕了’的感觉，感觉式子变复杂了，但我还是会在心里告诉自己这里的 A 和 B 只是普通的数而已，不要怕。”

“原来如此。确实，A 和 B 虽然写成了未知数的样子，但其实它们也只是数而已。”

“$x(t)$ 在物理上代表重物的位置。既然如此，学长刚才写的式子中，A 和 B 对于振动中的重物到底有什么意义呢？这就是我刚才在想的事。”

“然后呢？”

“看到一般解的式子，即

$$x(t) = A\sin\omega t + B\cos\omega t$$

我想到，如果令 $t=0$，不就可以知道 A 和 B 是多少了吗？因为我知道 $\sin 0 = 0$，$\cos 0 = 1$。就像这样，对吧？

$$
\begin{aligned}
x(t) &= A\sin\omega t + B\cos\omega t && x(t)\ \text{的式子}\\
x(0) &= A\sin 0\omega + B\cos 0\omega && \text{代入 } t=0\\
&= A\sin 0 + B\cos 0 && \text{因为 } 0\omega = 0\\
&= B && \text{因为 } \sin 0 = 0,\ \cos 0 = 1
\end{aligned}
$$

所以我们可以算出 $B = x(0)$。$x'(t)$ 也一样。

$$
\begin{aligned}
x'(t) &= \omega A\cos\omega t - \omega B\sin\omega t && x'(t)\ \text{的式子}\\
x'(0) &= \omega A\cos 0\omega - \omega B\sin 0w && \text{代入 } t=0\\
&= \omega A\cos 0 - \omega B\sin 0 && \text{因为 } 0\omega = 0\\
&= \omega A && \text{因为 } \sin 0 = 0,\ \cos 0 = 1
\end{aligned}
$$

所以我们可以算出 $A = \frac{x'(0)}{\omega}$

“没错！”我说。

“如果把 $x(t)$ 当成一个函数——”泰朵拉停顿了一下，“就会只考虑数学方面的内容。可是，当我们令时间为 t 时，$x(t)$ 就有了重物的位置这个物理上的意义……算式，真是一门生动的语言啊。”

“生动的语言？”

“是的。用 $x(t)$ 表示位置时，$x(t)$ 这个函数就有了物理上的意义。胡克定律也可以用算式的形式写出来。不过，它们又不只是算式。不管是移项，还是微分，这些算式都像是活的一样，有它们自己的意义。$x(0)$ 就是时间为 0 时重物的位置；$x'(0)$ 就是时间为 0 时重物的速度；令 $t=0$，就表示观察重物在时间为 0 时的状态……”

“没错。”我点了点头，“ω 可由质量 m 和劲度系数 K 决定，所以常数 A、B 确实可以决定时间为 0 时重物的位置与速度。只要知道时间，就可以知道那个时间点的重物的位置与速度。刚才提到的 ω 也有物理上的意义。我们可以把重物的振动看成匀速圆周运动的投影，在匀速圆周运动中，物体会在单位时间内前进一定角度，而这里的**角速度**就是 ω。”

“这太神奇了！”泰朵拉将双手握在胸前，感慨万千，“连算式的变形都有意义，这真是太神奇了。算式这门生动的语言真是太厉害了，就好像、就就像在创造新的意义！我想把这些事写进 *Eulerians* 里。”

“哦，是之前说的那个同人志。”

“微分方程，就像是这个世界悄悄留给我们的‘指引’一样。感觉我也可以和微分方程成为好朋友。”

泰朵拉露出了灿烂的笑容。不知道在数学领域内，她已经和多少人成为好朋友了呢？

“说起来，泰朵拉真的有在认真思考呢。”

“没、没有……我也不能一直像以前那样，一看到符号多的题目就放弃了。”泰朵拉轻轻握拳，“我也要继续前进才行！”

我和泰朵拉相视一笑。

7.2 牛顿冷却定律

下午的课程

下午的课要开始了。当然，还是自习。我看了看周围，大部分学生在专心做题。

做完两篇英语长篇阅读后，我想起了刚才和泰朵拉的谈话。

我教了她简单的微分方程。在解释牛顿运动方程和胡克定律的时候，我重新思考了物理学和数学之间的关系。不管是牛顿运动方程 $F = m\alpha$，还是胡克定律 $F = -Kx$，都是以算式来表示物理学定律的。数学常被当作一种语言，用来正确表现出物理学的规则。但数学不只是单纯的语言，算式变形后可产生新的算式，新的算式又会有新的物理意义。也就是说，最初的式子可能没什么特别的意义，但在变形之后，便能产生新的意义。就像泰朵拉说的那样，对物理学来说，数学确实是生动的语言。

我拿起物理书，开始思考微分方程的问题。

问题 7-1（牛顿冷却定律）

在室温为 U 的房间内放置一个物体，设时间为 t 时物体的温度为 $u(t)$。已知时间 $t=0$ 时，温度 $u_0 > U$；时间 $t=1$ 时，温度为 u_1。试求函数 $u(t)$。其中，假设温度变化速度与温差成正比（牛顿冷却定律）。

在解这道题时，最重要的是用算式表示物理学的定律 —— 牛顿冷却定律。这道题提到了“速度”，所以我们可使用微分方程。

- *以 $u'(t)$ 表示物体的“温度变化速度”*
- *以 $u(t) - U$ 表示物体与室温的“温差”*

所以，如果用算式表示牛顿冷却定律，也就是“温度变化速度与温差成正比”的话，就是下面这样。

$$u'(t) = K\bigl(u(t) - U\bigr) \qquad K\text{为常数}$$

至此，我们谈的是物理学的世界。

接下来，我们要谈数学的世界。

我正在架起从物理学世界到数学世界的桥梁。

我想知道函数 $u(t)$ 是什么。也就是说，我想通过已知的 U、u_0 和 u_1 来表示函数 $u(t)$。

刚才的式子可以改写成我比较熟悉的微分方程。

$$\begin{aligned} u'(t) &= K\bigl(u(t) - U\bigr) && \text{牛顿冷却定律} \\ \bigl(u(t) - U\bigr)' &= K\bigl(u(t) - U\bigr) && \text{将左边的 } u'(t) \text{ 改写成 } \bigl(u(t) - U\bigr)' \end{aligned}$$

改写等号左边的式子后，可以发现

$$\big(\underset{\sim\sim\sim}{u(t)-U}\big)' = K\big(\underset{\sim\sim\sim}{u(t)-U}\big)$$

等号两边都有$u(t)-U$这个部分。这和我刚才对泰朵拉说明的微分方程

$$f'(t) = f(t)$$

长得很像，它的一般解应该是指数函数。不过，因为微分之后必须出现K这个系数才行，所以$u(t)-U$不会是$C\mathrm{e}^{t}$，应该是$C\mathrm{e}^{Kt}$才对。因此答案如下。

$$\underset{\sim\sim\sim}{u(t)-U} = C\mathrm{e}^{Kt} \qquad C\text{与}K\text{为常数}$$

为了确认答案是否正确，可以将等号两边对t微分。

$$\begin{aligned}\big(u(t)-U\big)' &= C\mathrm{e}^{Kt}\cdot K \\ &= KC\mathrm{e}^{Kt} \\ &= K\big(u(t)-U\big)\end{aligned}$$

确实，验算结果满足原来的微分方程。由此可知，$u(t)-U=C\mathrm{e}^{Kt}$，所以可得到下式。

$$u(t) = C\mathrm{e}^{Kt} + U \qquad \cdots ⓪$$

到这里，我们已经知道时间为t时，表示物体温度的函数$u(t)$大概是什么样的了。不过，我们仍不知道C和K这两个常数是多少。

回头再来读一遍问题 7-1，确认题目给出的条件有哪些。

- 当 $t=0$ 时，温度为 u_0
- 当 $t=1$ 时，温度为 u_1

由前面$u(t)$的式子⓪，思考$t=0$和$t=1$的情况。也就是通过

$$\begin{cases} u_0 = Ce^{K\cdot 0} + U & \cdots ① \\ u_1 = Ce^{K\cdot 1} + U & \cdots ② \end{cases}$$

求出C和K是多少。

求C很简单。式子①中，$e^{K\cdot 0} = e^0 = 1$，所以可以得到$u_0 = C + U$。换句话说，通过

$$C = u_0 - U$$

我们可以得到C。将C代入②中可得到下式。

$$u_1 = \underbrace{(u_0 - U)}_{C} e^{K\cdot 1} + U$$

由此便可计算出e^K是多少。

$$\begin{aligned} u_1 &= (u_0 - U)\, e^{K\cdot 1} + U \\ u_1 - U &= (u_0 - U)\, e^K \\ e^K &= \frac{u_1 - U}{u_0 - U} \end{aligned}$$

因为$u_0 > U$，也就是说$u_0 - U \neq 0$，所以以$u_0 - U$作为除数没有任何问题。这样便可算出e^K是多少，接下来只要再整理一下式子就好。

$$\begin{aligned} u(t) &= Ce^{Kt} + U \\ &= (u_0 - U)\, e^{Kt} + U \\ &= (u_0 - U) \left(e^K\right)^t + U \\ &= (u_0 - U) \left(\frac{u_1 - U}{u_0 - U}\right)^t + U \end{aligned}$$

到这里，我们就可以用u_0、u_1和U来表示$u(t)$了。

$$u(t) = (u_0 - U)\left(\frac{u_1 - U}{u_0 - U}\right)^t + U$$

只剩下验算了。

$u(0) = u_0$ 吗？

$$\begin{aligned} u(0) &= (u_0 - U)\left(\frac{u_1 - U}{u_0 - U}\right)^0 + U \\ &= (u_0 - U) + U \\ &= u_0 \end{aligned}$$

没问题。

$u(1) = u_1$ 吗？

$$\begin{aligned} u(1) &= (u_0 - U)\left(\frac{u_1 - U}{u_0 - U}\right)^1 + U \\ &= (u_0 - U)\left(\frac{u_1 - U}{u_0 - U}\right) + U \\ &= u_1 - U + U \\ &= u_1 \end{aligned}$$

没问题。

解答 7-1（牛顿冷却定律）

在室温为 U 的房间内放置一个物体，设时间为 t 时物体的温度为 $u(t)$。已知时间 $t = 0$ 时，温度 $u_0 > U$；时间 $t = 1$ 时，温度为 u_1。函数 $u(t)$ 可表示为

$$u(t) = (u_0 - U)\left(\frac{u_1 - U}{u_0 - U}\right)^t + U$$

其中，假设温度变化速度与温差成正比（牛顿冷却定律）。

答案算出来了，接着再回到物理学的世界中吧。知道表示温度的函数 $u(t)$ 之后，可以了解到哪些事呢？

在 $u_0 - U$ 这部分中，u_0 是时间为 0 时的温度，U 是室温，所以 $u_0 - U$ 就是时间为 0 时的温差。题目中给定了 $u_0 > U$ 的条件，所以 $u_0 - U > 0$。

那么，

$$\left(\frac{u_1 - U}{u_0 - U}\right)^t$$

又该如何解读呢？从整体来看，它相当于 e^{Kt} 的部分，是时间 t 的指数函数。它虽然是指数函数，但并不是一个逐渐增大的函数。由于 $u_0 > U$，所以当时间 t 由 0 转变成 1 时，物体的温度 $u(t)$ 应该会更接近室温 U，但不可能比室温 U 还低，故 $u_1 > U$。$u_0 - U$ 和 $u_1 - U$ 皆为正，所以

$$u_0 - U > u_1 - U > 0$$

由此可知，

$$0 < \frac{u_1 - U}{u_0 - U} < 1$$

也就是说，

$$\left(\frac{u_1 - U}{u_0 - U}\right)^t$$

会随着 t 的增大而逐渐趋近于 0。

试着描绘出 $y = u(t)$ 的图形吧。

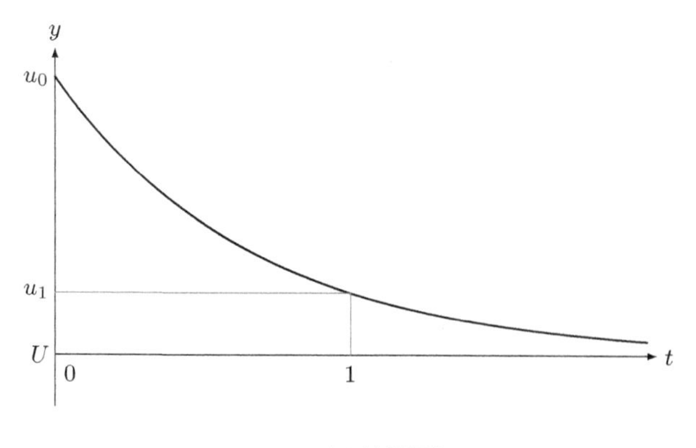

$y = u(t)$ 的图形

这样，我们就知道物体温度是如何越来越接近室温的了。由物理定律构建微分方程，再解这个微分方程，便可得知物理量随时间如何变化。算式确实是生动的语言。

一页页翻过参考书后，我看到一个与放射性物质衰变有关的题目。

问题 7-2（放射性物质的衰变）

设时间为 t 时，放射性物质残留量为 $r(t)$。已知当时间 $t = 0$ 时，残留量为 r_0；当时间 $t = 1$ 时，残留量为 r_1。试求函数 $r(t)$。其中，假设放射性物质的衰变速度与残留量成正比。

一模一样。这个问题和牛顿冷却定律相同。

用算式来表示放射性物质的衰变。既然出现了“速度”，就用微分方程来解吧。

- 以 $r'(t)$ 表示放射性物质的“衰变速度”
- 以 $r(t)$ 表示放射性物质的“残留量”

因此，“放射性物质的衰变速度与残量成正比”这种性质便可写成

$$r'(t) = Kr(t) \qquad K\text{为常数}$$

温度的变化和放射性物质的衰变是两种完全不同的物理现象。温度和放射性物质的残留量在写成函数时也代表了不同的物理量。不过，满足这些物理量的微分方程拥有相同的形式。

当然，函数的解也会是相同的形式。把前面的 $u(t)-U$ 换成 $r(t)$，把 u_0-U 换成 r_0，把 u_1-U 换成 r_1 就可以了。

$$u(t)-U = (u_0-U)\left(\frac{u_1-U}{u_0-U}\right)^t \qquad \text{牛顿的冷却定律}$$

$$r(t) = r_0\left(\frac{r_1}{r_0}\right)^t \qquad \text{放射性物质的衰变}$$

如果设上式的 $U=0$，我们便可得到两个形式完全相同的式子。

$$u(t) = u_0\left(\frac{u_1}{u_0}\right)^t \qquad \text{牛顿的冷却定律（设 } U=0\text{）}$$

$$r(t) = r_0\left(\frac{r_1}{r_0}\right)^t \qquad \text{放射性物质的衰变}$$

算式这个生动的语言，通过微分方程和函数的形式，让我知道这两种现象有着共同的模样。

解答 7-2（放射性物质的衰变）

设时间为 t 时，放射性物质残留量为 $r(t)$。已知当时间 $t=0$ 时，残留量为 r_0；当时间 $t=1$ 时，残留量为 r_1。函数 $r(t)$ 可表示为

$$r(t) = r_0\left(\frac{r_1}{r_0}\right)^t$$

其中，假设放射性物质的衰变速度与残留量成正比。

泰朵拉把微分方程比作世界悄悄留给我们的“指引”。这也很有趣…… 等一下，放射性物质存在**半衰期**。这表示温度变化或许也有着类似于半衰期的物理概念…… 就这样，我度过了属于自己的时间。我在自己的时间轴上一步步前进。

同时，我也度过了名为今天的时间。

放射性物质的衰变速度与放射性物质的残留量成正比。

第8章 高斯绝妙定理

在远早于高斯生活的年代，
朗伯就已经提出，
如果存在非欧几里得平面之类的东西，
那它一定类似于半径为i的球面。
——H.S.M. 考克斯特[21]

8.1 车站前

8.1.1 尤里

傍晚，在放学回家的路上，我刚走出车站，就遇到了尤里。

"哎呀，这不是尤里嘛。"

"哎呀，这不是哥哥嘛。咱们一起回家吧！"

我很少在早上遇到尤里，在傍晚时遇到她的次数就更少了。我们并肩走过车站前的天桥。她家就在我家附近，所以我们基本同路。

"尤里，你又长高了吗？"我说，"每次看到你都觉得你变大了呢。"

"不要说我变大了！"她敲打着我背上的书包。

"好疼。"

车站前川流不息的车辆相当喧闹，我们拐弯进入住宅区后感觉安静许多。

“对了，哥哥，我来给你出道题吧。”尤里说。

尤里出的题（？）

- 从 A 地出发，直线步行一定距离，抵达 B 地。然后往左边转 $\frac{\pi}{2}$
- 从 B 地出发，直线步行一定距离，抵达 C 地。然后往左边转 $\frac{\pi}{2}$
- 从 C 地出发，直线步行一定距离，抵达 A 地。然后往左边转 $\frac{\pi}{2}$
- 最后的朝向会和一开始出发时的朝向相同

试求由步行路径围成的三角形的面积。

“等一下，这道题很奇怪。”我说。

“啊，$\frac{\pi}{2}$ 就是 90°。这个你肯定知道吧。90° 是 $\frac{\pi}{2}$ 弧度；180° 是 π 弧度；360° 是 2π 弧度。”

“不，我指的不是这个。我知道是沿着 A、B、C 三个地点绕一圈，但如果转三次 $\frac{\pi}{2}$，也就是转三次 90°，根本不会变成三角形。”

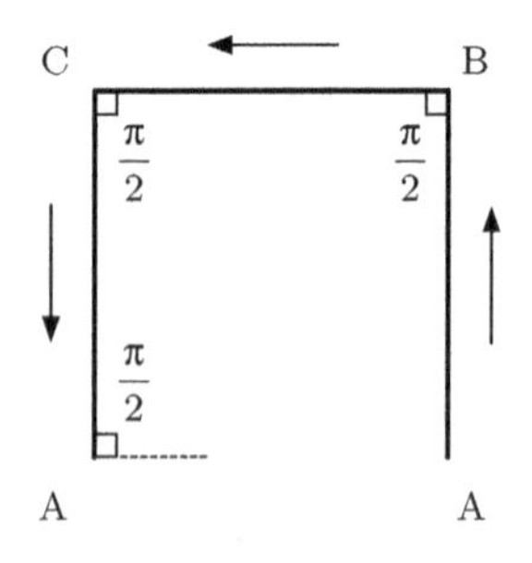

“这么快就投降了吗？”尤里愉快地说。

“不，我不是要投降，尤里。简单来说，如果三角形的三个角都是 $\frac{\pi}{2}$，那这个人就不是在平面上前进，而是在球面上前进，对吧？”

“啊，被发现了…… 哥哥果然厉害。”

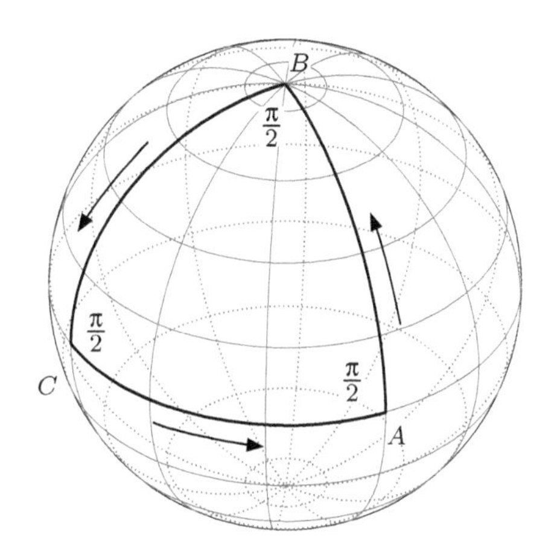

“如果沿着球面上的测地线，也就是大圆直线前进，确实可以画出三个角都是 $\frac{\pi}{2}$ 的三角形。在球面几何中，只要知道三个角的大小，就能知道三角形的面积。不过，你这道题真是夸张啊，居然要人步行走完一条边长等于从北极到赤道这么长距离的巨大三角形。”

“我又没有说是在地球上。” 尤里说。

“这样的话条件还不够，因为没有给出球面半径 R。三角形的面积会与半径 R 的平方成正比。”

“那…… 我补上条件好了。”

“这可不像你啊，尤里。干脆利落一点。”

尤里修改后的题（球面三角形的面积）

思考半径为 R 的球面上的球面三角形 ABC。当角的大小为

$$\angle A = \angle B = \angle C = \frac{\pi}{2}$$

时，试求$\triangle ABC$的面积。

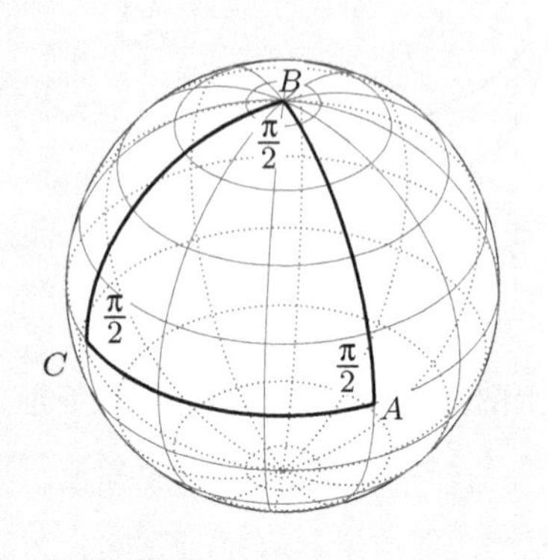

“然后呢，你的答案是？”尤里说。

“很简单。八个和 $\triangle ABC$ 一样大的球面三角形可以覆盖住整个球面。如果这是地球，可以用四个球面三角形覆盖北半球，四个球面三角形覆盖南半球。半径为 R 的球，其表面积为 $4\pi R^2$，因此，所求的球面三角形的面积就是它的 $\frac{1}{8}$，也就是 $\frac{\pi R^2}{2}$。”

尤里修改后的题的答案（球面三角形的面积）

半径为 R 的球的表面积为 $4\pi R^2$。$\triangle ABC$ 的面积为球的表面积的 $\frac{1}{8}$。因此，所求面积为

$$S_{\triangle ABC} = \frac{4\pi R^2}{8} = \frac{\pi R^2}{2}$$

8.1.2 让人惊讶的事

“果然对哥哥来说这道题太简单了…… 不过，某个人和我说，$\triangle ABC$ 的面积可以用

$$S_{\triangle ABC} = R^2\left(\frac{\pi}{2} + \frac{\pi}{2} + \frac{\pi}{2} - \pi\right)$$

这种方式算出来。”

我有点懵，因为我不知道尤里在说什么。

“这是在计算什么啊？”

“就是把三个角加起来，减去 π，得到的结果再乘以 R^2，就是面积了。”

$$\begin{aligned}
S_{\triangle ABC} &= R^2(\angle A + \angle B + \angle C - \pi) \\
&= R^2\left(\frac{\pi}{2} + \frac{\pi}{2} + \frac{\pi}{2} - \pi\right) \\
&= \frac{\pi R^2}{2}
\end{aligned}$$

“还是不懂。”

“哥哥你之前告诉过我，在球面几何中，全等与相似指的是同一件事。前阵子，我出了这道题考‘那个家伙’，但他早就知道这个知识点了，还反击了我。既然角的大小可以决定一切，那么球面三角形的形状大小也就确定了。球面三角形的形状大小确定后，面积也就确定了。用三个角的大小求出面积的公式就是下面这样。这是‘那个家伙’教我的。”

球面三角形的面积

画在半径为 R 的球面上的 $\triangle ABC$，其面积为

$$S_{\triangle ABC} = R^2(\angle A + \angle B + \angle C - \pi)$$

“原来是这样啊。”我略感疑惑地说。

“那个家伙”是尤里的好朋友。虽然他已经转学了，但似乎还常常和尤里见面。他们两人常拿数学问题来比赛，不过详细情况我就不清楚了。

话虽如此，但我没想到可以用这么简洁的公式求出面积。

“对了，我还听到一件更让人惊讶的事…… 啊，到家了！”

边聊数学边走路的我们，不知何时已经走到了我家。

“更让人惊讶的事？”

“下次再说吧 —— 砰！”

尤里用手比出手枪的形状，闭起一只眼睛，对我做出开枪的动作。

被假想子弹击中的我和简洁的公式一起“倒”向家中。

8.2　自己家

8.2.1　妈妈

晚餐前。我一边帮妈妈准备晚餐，一边想着尤里刚才告诉我的公式，也就是球面三角形的面积公式。假设 $\angle A$、$\angle B$、$\angle C$ 分别是 α、β、γ，则可得到

$$S_{\triangle ABC} = R^2(\alpha + \beta + \gamma - \pi)$$

这种很简洁的算式。

这个式子有没有什么有趣的地方呢？对此进行思考是研究数学最令人兴奋的地方。不是看到一个问题然后设法求出答案，也不是看到一个命题然后设法去证明，而是找出有趣的地方 —— 不管那是什么。尽管存在一些风险，比如不是从逻辑上进行推导的话就没有意义，没有数学意义的话就会让人觉得无聊……

“米尔嘉还会来我们家吗？”妈妈一边把装着沙拉的大盘子拿到餐桌

上，一边问我，“我还想听她讲三角形呢。”

“不知道。”我说，“说起来，米尔嘉好像挺敬重你的。”

“真的吗？快仔细说给我听听。”

我和妈妈说了米尔嘉的事，不过我的心中一直想着数学。我想快点吃完晚餐，把思路写在纸上。不过在此之前，只能先在脑中思考了。

我可以理解为什么球面三角形的面积会与 R^2 成正比，但让我觉得不可思议的是 $\alpha+\beta+\gamma-\pi$ 这个部分。没想到角度会这么直接地影响到面积。好，那我就把焦点放在 $\alpha+\beta+\gamma-\pi$ 上吧。先试着除以 R^2。

$$
\begin{aligned}
S_{\triangle ABC} &= R^2(\alpha+\beta+\gamma-\pi) \\
\alpha+\beta+\gamma-\pi &= \frac{1}{R^2}S_{\triangle ABC} && \text{左右交换，并分别除以 } R^2
\end{aligned}
$$

“原来是这样！”我大声叫道。

“哎呀！”妈妈也大叫一声，“怎么了，太烫了吗？”

我回过神来，才注意到妈妈坐在我的对面，而我正喝着南瓜汤。原来我刚才是一边在脑中推导公式，一边吃着东西。

“抱歉。我没事，只是有了新发现。”

“真是的，别吓我啊。接着说……”

我一边心不在焉地听妈妈说话，一边继续思考数学。

保持这个式子中的 $S_{\triangle ABC}$ 不变，思考 R 为 ∞ 时的情形。

$$
\alpha+\beta+\gamma-\pi = \frac{1}{R^2}S_{\triangle ABC}
$$

因为有个 $\frac{1}{R^2}$，所以当 R 为 ∞ 时，式子会变成

$$
\alpha+\beta+\gamma-\pi = 0
$$

也就是说，

$$\alpha + \beta + \gamma = \pi$$

因为π弧度是180°，所以这个式子不就是小学时学过的那个公式嘛！

三角形的内角和等于180°。

式子中还隐含着一贯性。思考R为∞时的情形，就等于思考球面半径趋近无限大时的情形。想象一个很大的球面，不难发现球面半径越大，它就越接近平面。因此，自然可以推论出，画在球面上的三角形的性质在R为∞时，会趋近于画在平面上的三角形的性质。

原本觉得不可思议的球面三角形面积公式

$$S_{\triangle ABC} = R^2(\alpha + \beta + \gamma - \pi)$$

突然变成了我很熟悉的形式。这就好像原本是点头之交的人突然变成好友一样。这个公式就是"三角形的内角和等于180°"的球面版本。

接着，我的心中传来了一个声音。那个声音说，证明它吧。

问题8-1（球面三角形的面积）

试证明在半径为R的球面上的球面三角形ABC的面积为

$$S_{\triangle ABC} = R^2(\alpha + \beta + \gamma - \pi)$$

其中α、β、γ为球面三角形ABC三个角的大小。

"…… 你说是吧？喂，你听我说话了吗？"妈妈说。

"听了听了。"我赶紧把饭吃完，回到自己的房间。

8.2.2 罕有之物

然而，求球面三角形的面积并没有那么简单。如果像尤里出的题那样是 $\alpha = \beta = \gamma = \frac{\pi}{2}$ 这种特殊形状的话还算好解，但如果是任意的球面三角形，又该如何计算面积呢？

把球面放在三维坐标内，将表示大圆的方程改用 x、y、z 来表示，先计算夹角大小，再用积分来求球面三角形的面积，这样可以吗？感觉会是一项大工程…… 我看了一下挂在书桌前的日历，上面写着考前的时间安排，旁边贴着各科冲刺的复习计划表。

没有时间了。

尤里出的题让我对球面三角形产生了兴趣，我想深入研究这个问题，可惜现在没有时间。

我叹了一口气，把眼前的验算纸收拾起来，拿出前几天寄到家里的模拟考成绩单。成绩单上列出了我的偏差值、名次和各科分数。我的第一志愿的判定结果是 B①。

果然，那道数学题我只拿到了一部分分数。要是没有那个令人痛恨的失误，我就可以拿满分了，也就不会对米尔嘉说出过分的话了。

比起这个，更大的问题是古文。古文阅读理解的分数比我想的还要低，看来有必要补习一下这部分。整体成绩虽然不差，但被较弱的科目拉低总分也让我感到困扰。这样下去，离实现判定结果为 A 的目标会越来越远。

我一边确认阅读理解中写错的地方，一边思考。对学理科的我来说，古文到底有什么意义呢？为什么考试要考古文呢？

容貌好、性情佳、风度又出众，

与世人交往，都无一点瑕疵之人。

---

① 表示考上第一志愿的可能性在60%～70%。——编者注

这是清少纳言的《枕草子》的第七十五段，也就是“类聚”的其中一段。

这段文字让人有些摸不着头脑。该段开头写着“罕有之物”，也就是“难得一见的东西”，所以结合正文内容，这段文字想表达的应该是“这样的人难得一见”吧。

没有十全十美的人。然而，确实也有人在每个项目中都能表现得很优秀。我觉得米尔嘉就是这样的人 —— 她聪明又动人。我指的并不是成绩很好、长得很漂亮这种表面上的事，她有深度，也有力量。和她比起来，我什么都不是。“与世人交往”或许隐含着时间 t 这个参数吧。随着时间 t 的增大，我和她的差距只会越来越大吧。

我又叹了一口气。唉，一直想着这些事也不是办法。现在的我，只能专注于我所能做到的事。即将来临的合格判定模拟考就是最后的模拟考。在那之前，无论如何我都要把比较弱的科目补上去，尽可能拿到第一志愿判定为 A 的结果。我和十全十美的才女不同，只能努力用功备战模拟考，做足准备获得合格判定，再以此来应对最后的高考。

8.3　图书室

8.3.1　泰朵拉

第二天是个难得的大晴天，不过气温很低。

下课后，我和平常一样前往图书室。今天要再复习一次古文单词，并做阅读理解的练习题……哎呀！我在门口差点撞上红发少女理纱。

“抱歉。”轻声回应后，理纱抱着她惯用的红色笔记本电脑，快步离开。

我看向图书室内，泰朵拉就坐在靠近窗户的位子上。奇怪的是，她露出了平时很少出现的泄气的表情。

“怎么了吗？我刚才碰到理纱了。”我坐在泰朵拉的旁边。她的身上有一股和平常不同的香味。

“没什么事，我们俩只是意见有点不合……”

“意见不合？”

“嗯，就是那本 *Eulerians*。我提了几个想在上面刊载的内容，但是理纱只会说‘不行’，什么有效的建议都不提。”

她们正在计划独立制作一本名为 *Eulerians* 的同人志。

“原来是在编辑方针上出现分歧了。”

听我这么说，泰朵拉就一边说明，一边用双手做出各种姿势。

“对啊，我想在 *Eulerians* 上刊载连续、拓扑空间、ε-δ 定义、开集、同胚映射、球面几何、平面几何和双曲几何的内容。配合具体示例和算式写出文章，阐述各种概念在历史上和数学上的联系。”

“该不会还要会写柯尼斯堡七桥问题吧？”

“没错！提到拓扑学，就一定不能错过这个例子啊。”

泰朵拉一边哗啦哗啦地翻动着她厚厚的笔记，一边回答我。

以前好像也见过这种情况。

“泰朵拉，这样的话……内容会不会太多了呢？回想一下，之前作随机算法的报告时，不是也出现了内容过多的问题吗？”

“可是，要是没有照着顺序一一说明，读者应该会看不懂吧，所以无论如何得把所有内容都放进去才行。我觉得几何学非常有趣。许多和形状有关的内容——大小、全等、相似、直线、曲线、角度和面积都包含在了几何学的研究领域内。”泰朵拉努力解释着。

“没错。”

“接触了拓扑学和非欧几何后，我发现以前以为不能改变的某些概念竟然可以随意改变，这让我感到很吃惊。以前，别说是随意改变了，我根本就不会有要去改变这些概念的想法。比如说把直线变得不像直线，把长度变得不像长度之类的……”

“原来如此，你说得没错。”

“我想把我觉得有趣的地方写出来。要是没有好好写出来，就没办法把这种有趣的感觉传达给读者了。可是不管我怎么说，理纱都说不行。”

泰朵拉的语气略带不满。

“那个……”我缓缓说出，“我不知道你们打算在 *Eulerians* 上刊载多少文章，但如果真把你刚才说的内容全都加上去，可能反而没办法把你的想法很好地传达给读者了。”

“什么意思？”

“泰朵拉，你读文章和写文章的速度都很快，英语和数学也很厉害。不过，并不是每个人都像你一样。即使你想将大量知识写给其他人看，阅读的人也未必能跟上。”

“可是……”

“你既然想把自己觉得有趣的地方传达给读者，就不能一股脑地把所有东西都写出来，而是应该提取精华。比如说，你之前说的一些话就非常有趣啊。”

“我说的哪些话非常有趣？”

“你之前不是说，微分方程就像是世界悄悄留给我们的‘指引’吗？还说算式真是一门生动的语言，对吧？我听到这些话之后恍然大悟。”

“啊，真是不敢当。”

“你很擅长用语言表达自己的理解，所以不必勉强把所有内容都塞进去，而应将你想说明的内容浓缩成一个主题。然后，只要将你站在‘理解的最前沿’时所收获的那些东西好好写出来，应该就可以做出很有趣的 *Eulerians* 了。”

“是吗？”

“而且，说不定理纱也有自己的想法。”

“可是，不管我怎么问她，她都说不行，她说我只是为了满足自己……”

“理纱好像不怎么会说话，所以你多花点时间和她沟通可能比较好。”

“多花点时间沟通？”

“你不是说过如果一个人做不到的话，找人合作就可以办到了吗？你有你擅长的事，理纱有理纱擅长的事。两个人合作的话，就可以用各自擅长的部分弥补对方的不足了。”

“原来如此。我得弥补理纱不擅长的地方才行。”

“对啊。理纱也可以弥补你不擅长的地方，像这样合作才能催生出属于你们二人的 *Eulerians*，不是吗？”

听完这些话，泰朵拉瞪大眼睛看着我。

8.3.2 理所当然的事

“我是不是摆出学长的架子说了理所当然的事？”我说。

“不，从理所当然的事开始说起是一件好事。”泰朵拉认真地回答，“我之前都没有好好听理纱说。”

“说到理所当然的事，我昨天才因为三角形的内角和等于 180° 而大吃一惊呢。”

我告诉泰朵拉昨天晚上我思考球面三角形面积时的兴奋心情。

$$S_{\triangle ABC} = R^2(\alpha + \beta + \gamma - \pi)$$

说完后，我看到泰朵拉的眼睛闪闪发亮。

“这样就可以求出面积了吗？”

“应该是。而且，当 R 为 ∞ 时，球面上的三角形就会近似于平面上的三角形，很有趣吧？半径越大的球面就越接近平面，我觉得这还挺直观的。”

“一直扩张到无限大……啊，虽然和数学无关，但学长你觉得这个怎么样？这是表示无限的手势。”

泰朵拉站了起来，把右手拇指与左手食指相碰，把左手拇指与右手食指相碰，僵硬地比给我看。确实，彼此交错的手指形成了一个扭曲的环，看起来有点像 ∞。

“这就是表示无限大的手势吗？”

“没错！在胸前做出这个手势，然后朝着对方伸出自己的双手，说出‘infinity’。这样会不会有点奇怪呢？”

“不会奇怪啊。”我说。我还觉得很可爱呢。

“infinity！”泰朵拉看起来很开心。

“先不说这个了。”我说，“我还是没办法证明球面三角形 ABC 的面积是 $R^2(\alpha+\beta+\gamma-\pi)$。用积分来算感觉比较麻烦……之后再想想看吧。”

如果有时间的话——这句话被我硬生生吞了回去。说真的，已经没有时间了。

“米尔嘉学姐应该知道怎么证明。”天真烂漫的泰朵拉公主说。

“嗯，是啊。不过最近她都没来学校，可能又去美国了吧。”

我想向米尔嘉道歉，不过已经有段时间没看到她了。每次都错过时机。就在我懊恼这件事的时候，考试、毕业也越来越近。

“咦？米尔嘉学姐在学校啊，刚才她还给了我巧克力。你看。”

她一边说着，一边拿出一个小袋子。原来我刚才闻到的是巧克力的香味。

“你什么时候见到她了？”

“大概三十分钟前。她说她要去‘加库拉’一趟。这个巧克力很好吃，闻起来也很香。”

“抱歉，我先走了。”说完，我跑出图书室。

8.4 加库拉

8.4.1 米尔嘉

我穿过校内的林荫路，奔向学生活动中心——“加库拉”。

在加库拉的大厅，有几个学生正在小声地讨论社团的事情，还有几个学生在自习。

米尔嘉一个人坐在大厅的角落里读书。她的桌上放了很多纸。她一边看书，一边用钢笔在纸上写写画画。

虽然找到了米尔嘉，但我并不知道该说些什么。正在写东西的她，周围仿佛有一条隐形的界线，让人难以靠近。

我真是个笨蛋。当初为什么会觉得米尔嘉的聪明是天生的呢？还说什么“没有十全十美的人”。她之所以知道很多东西，是因为她一直在学习。这不是理所当然的吗？和我们交谈时的她，并不能代表她的全部。就像米尔嘉自己说的一样，我所看到的她并不是她的全部。花了大量时间去阅读、思考和计算，才成就了米尔嘉现在的样子。在我不停烦恼的时候，她一直在坚持学习。我到底都做了些什么呀？

忽然，米尔嘉看向了这里。她微微一笑，动了动食指。我像是被看不见的线拉着一样，走过去坐在她的对面。

8.4.2 倾听

“你来了。”米尔嘉说，“Brotkrumen 似乎起作用了呢。”

“在读什么呢？”我没听懂米尔嘉说的是什么意思，只好提了一个很无聊的问题。

“双仓博士推荐给我的书。”她轻轻将书本合上，给我看书的封面。那是一本外文书。

“你这是要决定自己的专业方向了吗？”

“不，我还没有到那个阶段。双仓博士说不要急着去读那些很难懂的书，先踏踏实实地学习基本的数学教材。我也想念点英文书，就请她给我推荐了几本。这本好像是大学的教科书。双仓博士说我现在读的书不要特别偏向某个领域。不过，我总归要按自己的兴趣去读一些论文的。”

“这样啊。”英文的数学教材……总觉得那是另一个世界。

“我也要开始定期参加研讨会了。在学习过程中，试着寻找一些有趣的主题，做好充分的研究后就写论文。将来，还要写更多的论文。欧拉老师就写了无数的论文，我也想和他一样，把自己想到的东西或自己计算出来的东西整理成论文留下来。写论文不光是为了自己，也是为了将知识传给下一代——这是双仓博士教给我的。”

“以后就一直不断地写论文了吗？”

“可能是吧。”米尔嘉浅浅地笑了一下，“论文就像书信一样。为了将我的想法传达给未来的某个人，我会以论文为名写出这些信。”

看到她的微笑，还有她用蓝黑色钢笔写成的大量算式，我不禁觉得胸口有些闷。

虽然米尔嘉不用像我一样准备考试，但她为了前往属于她的新世界而一直准备着。

“米尔嘉，你真厉害。”

“怎么突然这么说？”

“因为你真的很厉害。在我没注意到的时候，你就已经到了我难以触及的世界。我能和你相遇真是太好了。”

她悄悄别过头去，看向窗外。

虽然我和泰朵拉说要倾听理纱的想法，但我自己又是怎么做的呢？我有仔细倾听过米尔嘉的想法，或者其他人的想法吗？米尔嘉不会妄自尊大，也不会妄自菲薄，她确实掌握了自己的“未来的形状”，并朝着这个目标勇往直前。对于这样的她，我到底了解多少呢？

8.4.3 解题

“先不说我的事了。”米尔嘉又把视线转向我，“你最近怎么样？”

“啊，对了。你知道球面三角形的问题吗？我试着证明来着，但证不出来。”

问题 8-2（球面三角形的面积）（再次列出）

试证明在半径为 R 的球面上的球面三角形 ABC 的面积为

$$S_{\triangle ABC} = R^2(\alpha + \beta + \gamma - \pi)$$

其中 α、β、γ 为球面三角形 ABC 三个角的大小。

“嗯…… 就从显而易见的部分下手吧。”

◎ ◎ ◎

就从显而易见的部分下手吧。

比如说，半径为 R 的球的表面积是为 $4\pi R^2$。

在球面上画出一个大圆，会形成两个半球面。一个半球面的面积自然就是 $2\pi R^2$。

在球面上画出两个大圆，一般来说会形成四个图形。球面几何把这种图形称为**球面二角形**或**月形**，这里我们就叫它月形吧。一个月形有两个大小相等的角。假设我们把角的大小为 α 的月形称为 α 月形，那么在由两个大圆产生的四个月形中，就有两个是 α 月形，有两个是 $(\pi - \alpha)$ 月形。此时，一个 α 月形的面积是多少呢？

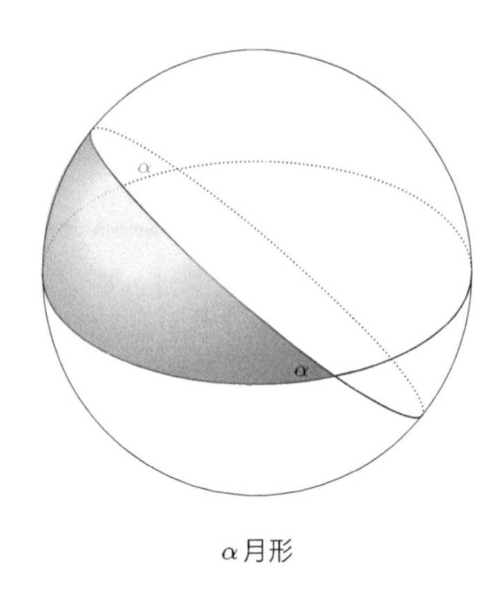

α 月形

设一个 α 月形的面积为 S_α，则 S_α 与 α 成正比。π 月形是一个半球面，所以可知

$$S_\pi = 2\pi R^2$$

这里的 $2R^2$ 可看作一个比例常数，因此 α 月形的面积可以用 R 和 α 表示为如下形式。

$$S_\alpha = 2\alpha R^2$$

在球面上画出三个大圆，一般可产生球面三角形。此时，这个球面三角形 ABC 和 α 月形、β 月形、γ 月形之间有什么关系呢？

接下来，你就知道该怎么做了吧？

◎ ◎ ◎

“接下来，你就知道该怎么做了吧？”

米尔嘉把接力棒交到我手上。不，不是接力棒，是她用的钢笔。

我一边看图，一边思考。我知道球的表面积是多少，也知道月形的面积是多少。可是，就算知道这些，又该怎么算呢？我盯着图看了好一阵，还是不知道该怎么办。

“嗯……”

“只用眼睛盯着看是不会有什么进展的，要把图画出来才行。”米尔嘉拿走我手上的钢笔，画出了这样的图。

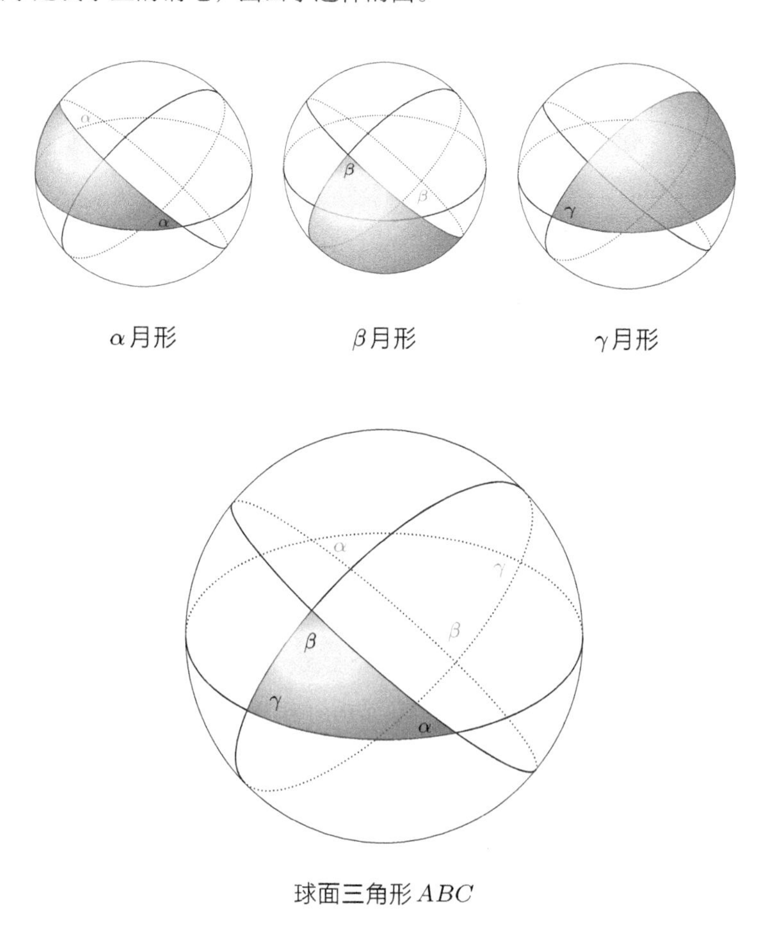

α月形 β月形 γ月形

球面三角形 ABC

“……”我还是不知道该怎么做。

“这里有两个 α 月形、两个 β 月形和两个 γ 月形，所以是六个月形覆盖了整个球面。”

“原来如此。”我想象着月形包裹着球的样子。

“六个月形覆盖了整个球面，但是?”米尔嘉上扬语调，提示这是个疑问句。

“但是…… 我知道了！有重复。在球面三角形 ABC 的部分，月形重复了三次！所以说，球的表面积等于六个月形面积的总和再减去重复的部分，是吗？减去两个 $S_{\triangle ABC}$ 就可以了！”

“没错。不过在球的背面有另一个球面三角形，它和球面三角形 ABC 完全相同，所以重复的三角形不是只有两个，而是四个。”

“我知道。这样就可以列出式子了。”于是我再次拿过钢笔。

$$\underbrace{4\pi R^2}_{\text{球的表面积}} = \underbrace{2S_\alpha + 2S_\beta + 2S_\gamma}_{\text{六个月形的总面积}} - \underbrace{4S_{\triangle ABC}}_{\text{重复的部分}}$$

“这样就对了。”米尔嘉说。

我继续计算着。我已经知道要证明的式子是什么了，接下来就朝着目标前进吧！

$$\begin{aligned}
4\pi R^2 &= 2S_\alpha + 2S_\beta + 2S_\gamma - 4S_{\triangle ABC} && \text{在前式的基础上} \\
4\pi R^2 &= 4\alpha R^2 + 4\beta R^2 + 4\gamma R^2 - 4S_{\triangle ABC} && \text{使用 } S_\alpha = 2\alpha R^2 \text{ 等} \\
\pi R^2 &= \alpha R^2 + \beta R^2 + \gamma R^2 - S_{\triangle ABC} && \text{两边同时除以 4} \\
S_{\triangle ABC} &= R^2(\alpha + \beta + \gamma - \pi) && \text{移项后提出 } R^2
\end{aligned}$$

解答 8-1（球面三角形的面积）

角度为 α、β 和 γ 的新月形各两个，可覆盖整个球面，此时会有相当于四个 $S_{\triangle ABC}$ 的部分重复。由此可写出下式。

$$4\pi R^2 = 2S_\alpha + 2S_\beta + 2S_\gamma - 4S_{\triangle ABC}$$

因为 $S_\alpha = 2\alpha R^2, S_\beta = 2\beta R^2, S_\gamma = 2\gamma R^2$，所以可得下式。

$$S_{\triangle ABC} = R^2(\alpha + \beta + \gamma - \pi)$$

（证明结束）

“好，这个问题到这里就告一段落了。”米尔嘉说。

8.4.4 高斯曲率

“明明是在求球面三角形的面积，却不需要用到积分，嗯……”我沉吟道。我实在是有点不甘心，想扳回一局，于是说道：“话说，昨天我在思考 R 为 ∞ 的情况时，发现这个式子是三角形的内角和等于 $180°$ 拓展后的结果。”

听我说完后，米尔嘉轻轻点了点头。

“哦，是啊。这样的话，不如我们把式子

$$S_{\triangle ABC} = R^2(\alpha + \beta + \gamma - \pi)$$

改写成下面这种常数 K 的形式吧。

$$K = \frac{\alpha + \beta + \gamma - \pi}{S_{\triangle ABC}}$$

这样一来，我们便可判断用测地线画出来的三角形属于哪种几何学。”

- 当 $K > 0$ 时，是球面几何
- 当 $K = 0$ 时，是欧几里得几何
- 当 $K < 0$ 时，是双曲几何

“哎呀！”我惊讶地说，“居然可以用 K 这个常数给几何学分类！分类…… 作为分类基准的常数 K 又是什么呢？”

“K 可以解释成某种几何学与欧几里得几何相差多少，也可以解释成表示了这个空间的弯曲情况。事实上，K 相当于高斯曲率。”

“高斯曲率……”

“曲率有很多种。比如平面上有一个半径为 R 的圆，那么圆的曲率就定义为 $\frac{1}{R}$。R 越大，圆的曲率就越小；R 越小，圆的曲率就越大。因为 R 越大，弯曲程度就越缓和，R 越小，弯曲程度就越严重，所以一般我们会用半径的倒数来定义圆的曲率。同时，我们也可以用圆的曲率来定义曲线上某个点的曲率。简单来说，就是考虑曲线上一点与圆相切，这个点的曲率就是该圆的曲率 $\frac{1}{R}$。如果弯曲方向相反，则曲率为 $-\frac{1}{R}$。

“原来如此…… 所以直线的曲率就定义为 0，是吗？”

“没错。如果我们不定义曲线的曲率，而是定义曲面的曲率，就必须考虑曲面的延展状况。以圆柱侧面来说，在某个方向上它弯曲的情况和圆一样，但在另一个方向上它就像直线一样笔直延伸。每个方向的弯曲状况都不一样。”

“确实如此。”

“曲面上点 P 的高斯曲率是这样定义的。点 P 在曲面上的一条切线与点 P 处的法线可决定一个平面。随着平面方向的改变，平面与曲面相交所形成的曲线的曲率也不一样。求出各种平面方向下的最大曲率和最小曲率，二者之积即为点 P 的高斯曲率。”

“嗯……”我尽可能发挥我的想象力，跟上米尔嘉的说明。

“举几个简单的曲面当作例子吧。”

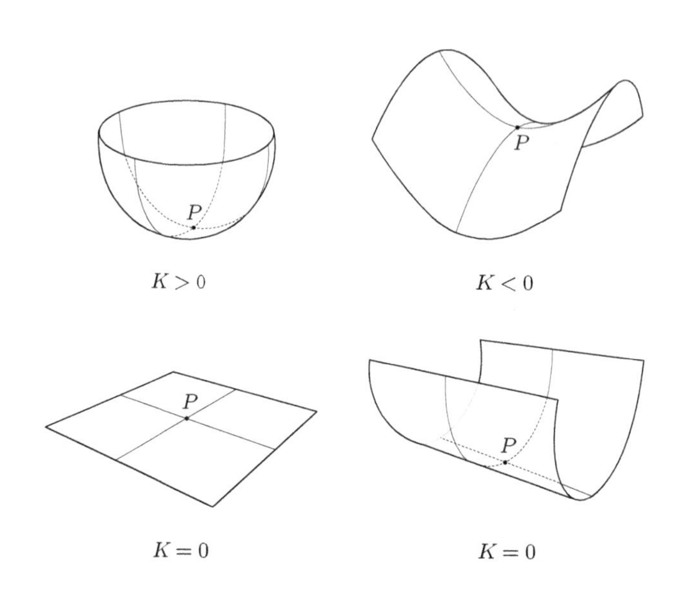

$K>0$ $K<0$

$K=0$ $K=0$

“在图中的各曲面上，都标出了通过点 P 的最大曲率和最小曲率的曲线。在半径为 R 的球面上，最大曲率和最小曲率相等，二者都是 $\frac{1}{R}$ 或 $-\frac{1}{R}$。不管是哪种情况，二者的正负号都相同，所以相乘后得到的高斯曲率为正，也就是 $K=\frac{1}{R^2}>0$。这就是球面几何的高斯曲率。另外，在形状像马鞍的曲面上，点 P 的最大曲率和最小曲率正负号相反。也就是说，高斯曲率为负，即 $K=-\frac{1}{R^2}<0$。”

“原来如此。在平面上，最大曲率和最小曲率都是 0，所以 $K=0\times 0=0$。因此，平面的高斯曲率 $K=0$。”

“没错。在圆柱侧面中，最大曲率为 $\frac{1}{R}$、最小曲率为 0，或者最大曲率为 0、最小曲率为 $-\frac{1}{R}$。不论哪种情况，都有一方为 0，所以最大曲率和最小曲率的积为 0，即 $K=\pm\frac{1}{R}\times 0=0$。”

“咦，圆柱侧面的高斯曲率也是 $K=0$ 啊。”

“在曲面上，方向不同，弯曲的程度就可能会不一样。在计算高斯曲率时会取最大曲率和最小曲率的乘积，就是将不同方向的曲率变化都考虑进去了。”

“原来如此。如果是我，可能会取最大曲率和最小曲率的平均吧。”

“高斯也提过平均曲率的概念，使用的就是最大曲率和最小曲率的平均值。”

“这样啊。曲率的定义方式真多。”

“在球面几何中 $K > 0$，在欧几里得几何中 $K = 0$。”米尔嘉的声音突然变小，“在球面几何中，$K = \frac{1}{R^2}$ 为正并不奇怪；在欧几里得几何中，当 R 为 ∞ 时，也会出现 $K = \frac{1}{R^2}$ 的情况。那么，在双曲几何中，情况又如何呢？”

“在双曲几何中，$K < 0$。$K = \frac{1}{R^2}$ 不可能为负……咦？”

“如果只考虑 $K = \frac{1}{R^2}$，那么 $K < 0$ 表示 R 是虚数单位 i 的实数倍。比如说，如果 $K = -1$，则 $R = \pm\mathrm{i}$。”

“半径为虚数单位 i 的球面几何？”

“从算式上看是这样的。”米尔嘉愉快地说下去，“我们可以把欧几里得几何看成半径无限大的球面几何，将双曲几何看成半径为虚数的球面几何。思考高斯曲率的变化真是件有趣的事。”

“高斯真厉害啊……”

“还有更有趣的事呢。研究非欧几何的德国数学家朗伯曾主张非欧几何的‘平面’与半径为虚数单位 i 的球面有相似之处。这也可以说是一个预言性的发现。”

8.4.5　绝妙定理

米尔嘉站了起来，在我的周围来回走动，难掩兴奋之情地继续说着。

“刚才，我们计算了圆柱侧面的高斯曲率。”

◎ ◎ ◎

刚才，我们计算了圆柱侧面的高斯曲率。它的高斯曲率为 $K=0$，和平面的高斯曲率相等。其实这有着很重要的意义。

高斯把他对曲面的研究写成了一本关于曲面论的论文[①]。在这篇论文中，他定义了可以表现出曲面各点弯曲情况的高斯曲率，并证明了

只要曲面没有伸缩，高斯曲率便不会改变

这个定理。

假设一张纸上画有一个三角形，就算把这张纸卷成圆筒状，三角形的面积也不会改变。不管是把纸卷成圆筒状，还是折成波浪状，只要纸张没有延展或收缩，三角形的面积就不会改变，高斯曲率也不会改变。

不变量十分重要。只要没有伸缩曲面，那么曲面上任意点的高斯曲率就不会改变。球面上任意一点的高斯曲率皆等于 $\frac{1}{R^2}$，而平面上任意一点的高斯曲率皆等于 0。也就是说，在没有伸缩的情况下，我们不可能将球面展开在平面上。只要知道曲面的高斯曲率不是 0，便可判断出该曲面无法展开在平面上。

还有更神奇的事。

在曲面上，由长度和角度得到的量称为**内蕴量**；由曲面镶嵌于空间中的方式所决定的量称为**外蕴量**。虽然高斯曲率 K 是通过外蕴量来定义的，但高斯的计算最终证明了它其实是内蕴量。高斯曲率是第一个被发现的内蕴量。

想象我们把三维空间中的一个平面卷成圆筒状，它看起来就像一个和原来的平面完全不同的曲面。事实上，我们也可以说平面和圆筒状的

①《曲面的一般化研究》(*Disquisitiones generales circa superficies curvas*)，1827年。

曲面以不同方式镶嵌在三维空间中。然而，不管三维空间中的平面如何弯曲，面上各点的高斯曲率都不会改变。高斯曲率这个数值，与曲面如何镶嵌在空间中无关，它仅表现了曲面本身的弯曲情况。

我们也可以换个方式描述。在二维空间中的生物，如果调查了所处空间“内部”的长度和角度，便可计算出高斯曲率是多少，没有必要考虑所处空间“外部”的空间是什么样子。

高斯曲率明明是由外蕴性的量定义出来的，却可表现出内蕴性的量是多少。这实在太绝妙了。因此，高斯就把这个定理称作**绝妙定理**。

8.4.6　齐性和各向同性

高斯曲率所拥有的内蕴性，在几何学上有着重要意义。数学家黎曼将曲面上的高斯曲率一般化，使其适用于 n 维空间。

还有许多东西可以一般化。

在球面几何、欧几里得几何、双曲几何中，高斯曲率 K 为常数。若高斯曲率 K 为常数，则可称该空间拥有**齐性**。高斯曲率不会随着空间内位置的变化而发生改变。

我们可以设齐性条件不成立，以此进行一般化。这表示高斯曲率 K 会随着空间中点 p 位置的变化而发生改变。此时高斯曲率就会变成 $K(p)$ 这样的函数。

于是，我们之前想到的求 $\triangle ABC$ 面积的公式，就不是单纯的乘积，而是积分了。法国数学家博内将公式扩展后，得到了**高斯—博内定理**。

$$\alpha+\beta+\gamma-\pi = KS_{\triangle ABC} \qquad \text{当高斯曲率为常数 } K \text{ 时}$$
$$\alpha+\beta+\gamma-\pi = \iint_{S_{\triangle ABC}} K(p)\mathrm{d}S \qquad \text{当高斯曲率为函数 } K(p) \text{ 时}$$

高斯曲率是函数 $K(p)$，表示我们只要知道曲面中的位置，就能知道高斯曲率是多少。因为弯曲程度不会随着方向的变化而改变是前提，所以这里还有进一步一般化的余地。这样的性质称为**各向同性**。从数学层面考虑某个点 p 的弯曲程度时，不会将其想成高斯曲率这种实数，而是会将其想成**曲率张量**。可惜，更深一层的东西我就不清楚了，还得再加把劲啊。

◎ ◎ ◎

“还得再加把劲啊。”米尔嘉双颊泛红地看着我。

放学铃声响起。

8.4.7 回礼

“我要回去了。”米尔嘉迅速收拾好桌子上的书和验算纸。

“我也要离开了。”

此时的加库拉只剩下我们两个人了。

“说起来，你的词汇量又增加了吗？”她调皮地说道。

“词汇量？”

“差劲、事不关己、冷漠、自命清高，还有呢？”

“之前的事，我向你道歉。”我有些不好意思地说，“米尔嘉，对不起。我不该因为自己考试时的粗心大意而迁怒到你身上。”

“那道题，是只拿到了一部分分数吗？”

“是啊，最后忘了把角度代入 θ，只错了这一个地方。现在最重要的是加强我的弱势科目。古文的分数实在太糟糕了，在合格判定模拟考之前必须补上去才行。”

“这样啊……”

“嗯……我说了很过分的话，真的对不起。”

“没什么过不过分的。”她回答，“我觉得是很有趣的观点。这是给你的回礼。把手伸出来。”

我照她说的伸出了手。回礼？

米尔嘉从她的包中拿出一个小袋子放到我的手上。

“巧克力？”这大概能证明她原谅我了吧。

“闻闻看，味道很香。”

她往前踏了一步，打开了我手上的袋子。可可的香味扑鼻而来。

她把脸靠得更近了。

“……”

“……”

我凝视着米尔嘉。

米尔嘉也凝视着我。

沉默。

“平安夜有什么计划吗？”米尔嘉说。

“计划……是指？”我回答。高考生没有平安夜这回事。

“公开研讨会。去年的主题是费马大定理吧。”

“没时间了，马上就是合格判定模拟考了……”

“就几个小时也不行吗？”

“我还没拿到第一志愿的 A 判定。”

“拿到不就行了。”米尔嘉打了一个响指，“还得再加把劲啊。”

由高斯发现的、可用来表示曲面“弯曲方式”的高斯曲率，

首次证明了曲面的内蕴性（1827年）。

……换句话说，就算不存在“外面的世界”，

我们也可以确定自己身处的宇宙是何种“弯曲方式”。

——砂田利一《曲面的几何》

第9章
灵感与毅力

我抵达库唐塞时，
想到处走一走，于是坐上了公共马车。
踏上台阶的那一瞬间，
我突然想到，用来定义富克斯函数的变换方式，
和非欧几何的变换方式一模一样。
明明在这之前，我完全没有思考过任何能让自己产生这种想法的内容。
——亨利·庞加莱《科学与方法》

9.1 三角函数训练

9.1.1 灵感与毅力

许多人觉得数学是需要灵感的学问。在数学读物中，常出现某人灵光一闪想出什么东西的故事。在惊人且充满了戏剧性的故事展开中，天才灵光一闪想出的东西推动了整个世界的发展——仿佛这就概括了数学的全部。确实，要是没有数学家突发灵感的瞬间，数学也不会发展至今。

然而，数学家不也是经历了长年累月的枯燥计算后，才会有灵光一闪的瞬间吗？而且在灵感出现后，为了确认这个灵感是否正确，他们还要进行公式化、扩展和一般化等操作。之后的路仍无穷无尽，不是吗？

遇到计算量大的题目时，我总会在脑海里想到这些事。移项、展开、

微分、积分、代入……如果不一步一个脚印地推导算式，就没办法得到正确答案。尽管把天才的灵感和应试相提并论好像不太合适。

有些问题当然可以靠灵感迅速解决。比如画一条辅助线就可以证明出来的题目，或者看穿算式的结构后就能迅速得到答案的题目。

不过，大部分题目不是这样的。即便知道解题方法，如果没有小心翼翼地计算下去，也不会得到正确答案。靠灵感来"秒杀"题目很有快感，这一点没错，但不能总是想靠着灵感来解题。解题者必须拥有与题目纠缠下去的毅力。

灵感和毅力，二者缺一不可。

还得再加把劲啊——米尔嘉这么说。不用她说，我也会努力。对正在准备考试的我来说，这就是我的工作。

就像运动员不会放松训练一样，我也不会放松练习计算。基本功是必须的，这一点很重要。我常在脑中做的三角函数训练就属于这类练习。举例来说——

9.1.2　单位圆

三角函数是和圆相关的函数。$\cos\theta$ 与 $\sin\theta$ 可以用单位圆来定义。单位圆指的是坐标平面上以原点 O 为中心、半径为 1 的圆。设单位圆圆周上某点的坐标为 (x, y)，连接该点和原点的线段与 x 正轴的夹角为 θ，则 $\cos\theta$ 和 $\sin\theta$ 的定义如下。

$$\begin{cases} \cos\theta = x \\ \sin\theta = y \end{cases}$$

也就是说，$\cos\theta$ 是该点的 x 坐标，$\sin\theta$ 是该点的 y 坐标。单位圆的方程为 $x^2 + y^2 = 1^2$，故下式成立。

$$\cos^2\theta + \sin^2\theta = 1^2$$

这是基础中的基础。

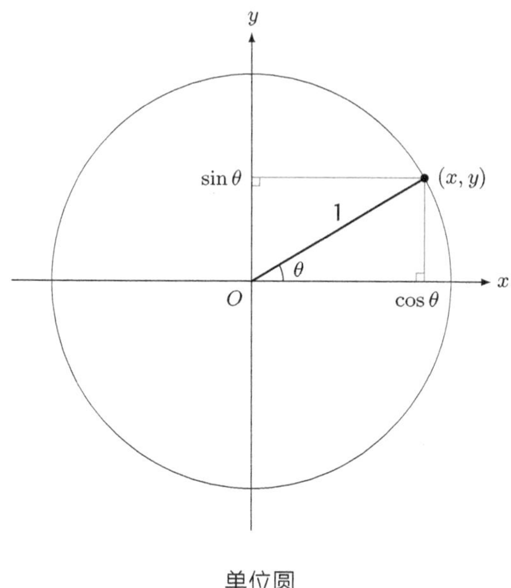

单位圆

θ 加减 2π 后，点的坐标仍不变，故下式成立。

$$\begin{cases} \cos\theta = \cos(\theta + 2\pi) = \cos(\theta - 2\pi) \\ \sin\theta = \sin(\theta + 2\pi) = \sin(\theta - 2\pi) \end{cases}$$

设 n 为整数，式子可转变成一般化的形式。

$$\begin{cases} \cos\theta = \cos(\theta + 2n\pi) \\ \sin\theta = \sin(\theta + 2n\pi) \end{cases}$$

思考 x 坐标或 y 坐标为 0 时的 θ，可得到下式。

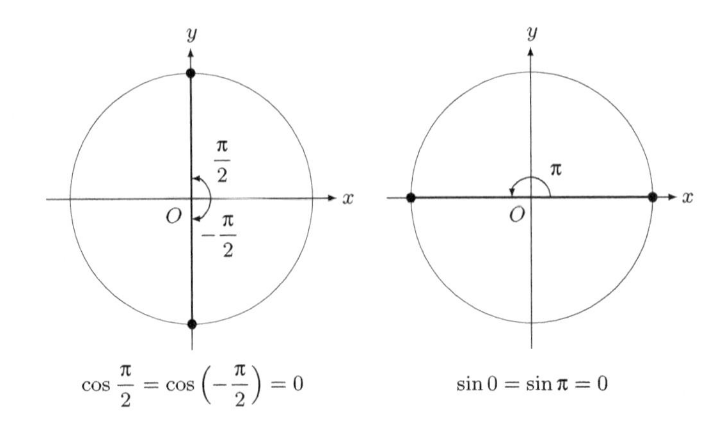

$\cos\frac{\pi}{2}=\cos\left(-\frac{\pi}{2}\right)=0$ $\sin 0=\sin\pi=0$

设 n 为整数，式子可一般化为如下形式。

$$\begin{cases}\cos\left(n\pi+\dfrac{\pi}{2}\right)=0 & \pi\text{ 的整数倍 }+\frac{\pi}{2}\\ \sin n\pi=0 & \pi\text{ 的整数倍}\end{cases}$$

想一下单位圆的样子就可以知道

$$\sin(\pi\text{的整数倍})=0$$

成立。当θ为π的整数倍时，该点必定在x轴上。换句话说，代表y坐标的$\sin\theta$必定是0。

分别考虑点的 x 坐标与 y 坐标可取的数值，我们可以知道 $\cos\theta$ 和 $\sin\theta$ 的范围皆为 $-1\sim1$。

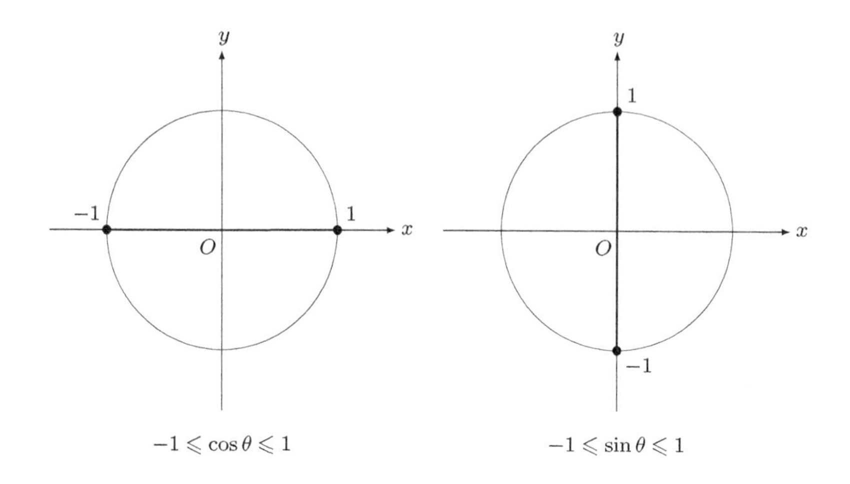

$-1 \leqslant \cos\theta \leqslant 1$　　$-1 \leqslant \sin\theta \leqslant 1$

思考等号成立的条件。思考 x 坐标为 1 或 -1 时的 θ，可得

$$\begin{cases} \cos 0 = 1 \\ \cos \pi = -1 \end{cases}$$

一般化之后可得以下式子。

$$\begin{cases} \cos(2n\pi + 0) = 1 & \pi \text{ 的偶数倍} \\ \cos(2n\pi + \pi) = -1 & \pi \text{ 的奇数倍} \end{cases}$$

也就是说，式子会变成下面这样。

$$\begin{cases} \cos(\pi \text{ 的偶数倍}) = 1 \\ \cos(\pi \text{ 的奇数倍}) = -1 \end{cases}$$

两个式子结合后可写成如下形式。

$$\cos(\pi \text{的} n \text{倍}) = (-1)^n$$

同样，考虑 y 坐标为 1 或 -1 时的 θ，可得

$$
\begin{cases}
\sin \dfrac{\pi}{2} = 1 \\
\sin\left(-\dfrac{\pi}{2}\right) = -1
\end{cases}
$$

一般化之后可得以下式子。

$$
\begin{cases}
\sin\left(2n\pi + \dfrac{\pi}{2}\right) = 1 \\
\sin\left(2n\pi - \dfrac{\pi}{2}\right) = -1
\end{cases}
$$

9.1.3　正弦曲线

$x = \cos\theta$ 和 $y = \sin\theta$ 画成图形后如下所示。

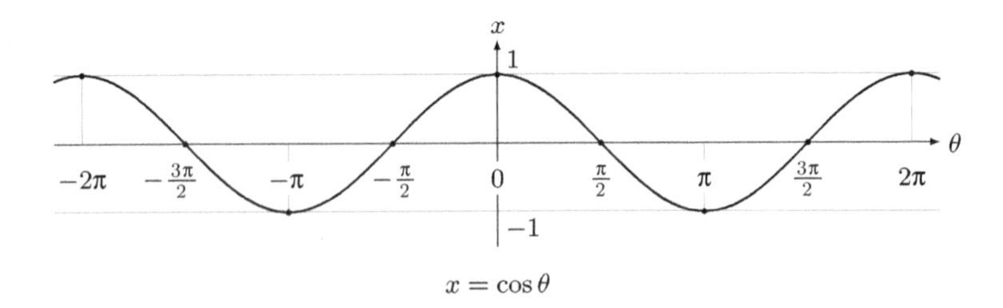

$x = \cos\theta$

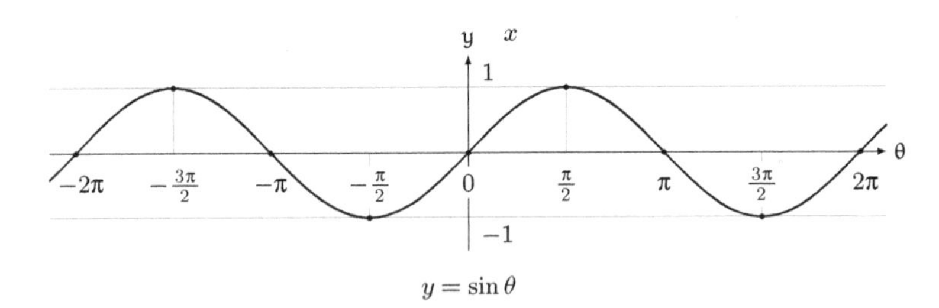

$y = \sin\theta$

若想让 $\cos\theta$ 的图形转化为 $\sin\theta$ 的图形，只要将其横向移动 $\frac{\pi}{2}$ 就可以了。不过这里是加 $\frac{\pi}{2}$ 还是减 $\frac{\pi}{2}$ 很容易弄错，所以我们要特别注意。

$$\begin{cases} \cos\left(\theta - \dfrac{\pi}{2}\right) = \sin\theta \\ \sin\left(\theta + \dfrac{\pi}{2}\right) = \cos\theta \end{cases}$$

考虑对称性，我们还可以得到以下关系式。

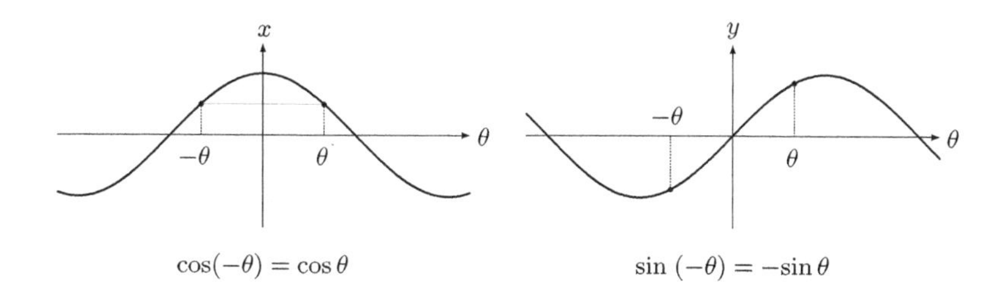

$\cos(-\theta) = \cos\theta$　　　　$\sin(-\theta) = -\sin\theta$

也就是说，$\cos\theta$ 是偶函数，$\sin\theta$ 是奇函数。

9.1.4 从旋转矩阵到两角和公式

以原点为中心，将点 (x, y) 逆时针旋转 θ 后可得到点 (u, v)。此时，u、v 分别为

$$\begin{cases} u = x\cos\theta - y\sin\theta \\ v = x\sin\theta + y\cos\theta \end{cases}$$

用旋转矩阵表示就是如下形式。

$$\begin{pmatrix} u \\ v \end{pmatrix} = \begin{pmatrix} \cos\theta & -\sin\theta \\ \sin\theta & \cos\theta \end{pmatrix} \begin{pmatrix} x \\ y \end{pmatrix}$$

我们可以把旋转 $(\alpha + \beta)$ 想成先旋转 α 再旋转 β。这可以用旋转矩阵的积来表示。

$$
\begin{aligned}
&\begin{pmatrix}\cos(\alpha+\beta) & -\sin(\alpha+\beta)\\ \sin(\alpha+\beta) & \cos(\alpha+\beta)\end{pmatrix}\\
&=\begin{pmatrix}\cos\beta & -\sin\beta\\ \sin\beta & \cos\beta\end{pmatrix}\begin{pmatrix}\cos\alpha & -\sin\alpha\\ \sin\alpha & \cos\alpha\end{pmatrix}\\
&=\begin{pmatrix}\cos\beta\cos\alpha-\sin\beta\sin\alpha & -\cos\beta\sin\alpha-\sin\beta\cos\alpha\\ \sin\beta\cos\alpha+\cos\beta\sin\alpha & -\sin\beta\sin\alpha+\cos\beta\cos\alpha\end{pmatrix}\\
&=\begin{pmatrix}\cos\alpha\cos\beta-\sin\alpha\sin\beta & -(\sin\alpha\cos\beta+\cos\alpha\sin\beta)\\ \sin\alpha\cos\beta+\cos\alpha\sin\beta & \cos\alpha\cos\beta-\sin\alpha\sin\beta\end{pmatrix}
\end{aligned}
$$

比较矩阵内的元素后可以得到**两角和公式**。

$$
\begin{cases}
\cos(\alpha+\beta) = \cos\alpha\cos\beta-\sin\alpha\sin\beta\\
\sin(\alpha+\beta) = \sin\alpha\cos\beta+\cos\alpha\sin\beta
\end{cases}
$$

9.1.5　从两角和公式到积化和差公式

在记两角和公式时，只要记住加法形式的公式就可以了。

$$
\begin{cases}
\cos(\alpha+\beta) = \cos\alpha\cos\beta-\sin\alpha\sin\beta\\
\sin(\alpha+\beta) = \sin\alpha\cos\beta+\cos\alpha\sin\beta
\end{cases}
$$

这是因为$\alpha-\beta$可以看成$\alpha+(-\beta)$。这里若利用$\cos(-\beta)=\cos\beta$和$\sin(-\beta)=-\sin\beta$来转换，就可以得到以下式子。

$$
\begin{cases}
\cos(\alpha-\beta) = \cos\alpha\cos(-\beta)-\sin\alpha\sin(-\beta)\\
\qquad\qquad\quad = \cos\alpha\cos\beta+\sin\alpha\sin\beta\\
\sin(\alpha-\beta) = \sin\alpha\cos(-\beta)+\cos\alpha\sin(-\beta)\\
\qquad\qquad\quad = \sin\alpha\cos\beta-\cos\alpha\sin\beta
\end{cases}
$$

令$\theta=\alpha=\beta$，我们就可以通过两角和公式推导出**倍角公式**。

$$\begin{cases} \cos 2\theta = \cos^2\theta - \sin^2\theta \\ \sin 2\theta = 2\sin\theta\cos\theta \end{cases}$$

利用 $\cos^2\theta + \sin^2\theta = 1$，可将 $\cos 2\theta$ 改写成如下形式。

$$\begin{cases} \cos 2\theta = 1 - 2\sin^2\theta & \text{利用了 } \cos^2\theta = 1 - \sin^2\theta \\ \cos 2\theta = 2\cos^2\theta - 1 & \text{利用了 } \sin^2\theta = 1 - \cos^2\theta \end{cases}$$

若将 $\sin^2\theta$ 或 $\cos^2\theta$ 移到等号左边，就能写出将平方转换为倍角的公式。

$$\begin{cases} \sin^2\theta = \dfrac{1}{2}(1 - \cos 2\theta) \\ \cos^2\theta = \dfrac{1}{2}(1 + \cos 2\theta) \end{cases}$$

下面的式子称为**半角公式**。

$$\begin{cases} \sin^2\dfrac{\theta}{2} = \dfrac{1}{2}(1 - \cos\theta) \\ \cos^2\dfrac{\theta}{2} = \dfrac{1}{2}(1 + \cos\theta) \end{cases}$$

刚才推导出来的两角和公式如下所示。

$$\begin{cases} \cos(\alpha + \beta) = \cos\alpha\cos\beta - \sin\alpha\sin\beta & \cdots ① \\ \sin(\alpha + \beta) = \sin\alpha\cos\beta + \cos\alpha\sin\beta & \cdots ② \\ \cos(\alpha - \beta) = \cos\alpha\cos\beta + \sin\alpha\sin\beta & \cdots ③ \\ \sin(\alpha - \beta) = \sin\alpha\cos\beta - \cos\alpha\sin\beta & \cdots ④ \end{cases}$$

由此可推导出**积化和差公式**。

$$
\begin{cases}
\cos\alpha\cos\beta = \dfrac{1}{2}\Big(\cos(\alpha+\beta)+\cos(\alpha-\beta)\Big) & \text{通过 } \dfrac{1}{2}(\text{①}+\text{③}) \text{ 推导出来} \\
\sin\alpha\sin\beta = -\dfrac{1}{2}\Big(\cos(\alpha+\beta)-\cos(\alpha-\beta)\Big) & \text{通过 } -\dfrac{1}{2}(\text{①}-\text{③}) \text{ 推导出来} \\
\sin\alpha\cos\beta = \dfrac{1}{2}\Big(\sin(\alpha+\beta)+\sin(\alpha-\beta)\Big) & \text{通过 } \dfrac{1}{2}(\text{②}+\text{④}) \text{ 推导出来} \\
\cos\alpha\sin\beta = \dfrac{1}{2}\Big(\sin(\alpha+\beta)-\sin(\alpha-\beta)\Big) & \text{通过 } \dfrac{1}{2}(\text{②}-\text{④}) \text{ 推导出来}
\end{cases}
$$

背诵公式很重要。不过，要是没用到公式就没有意义了。在三角函数训练中，推导公式也是一种练习。如果能自己推导出公式，那么考试时即便想不起来公式，也不会紧张了。

9.1.6　妈妈

“喂，你在听我说话吗？”

吃完饭后，一边洗碗一边在脑中做三角函数训练的我，听到妈妈的话后回过神来。

“听着呢。妈妈，你的身体好一点了吗？”

“我刚才说的可不是这个。”妈妈一边擦盘子，一边戳我的腰，“不过谢谢，我已经完全好了。”

“这样啊，那就好。爸爸今天也会很晚回来吗？”

我提起爸爸，试着转移话题。

“他好像会一直忙到年末。你的工作还顺利吗？”

“还可以吧。你问话的方式和米尔嘉一模一样。”

“是吗？”妈妈愉快地说着，“你交到了很棒的朋友呢。”

“为什么突然这么说？”

“就是想到你爸爸了。”妈妈一边说着，一边设置电饭锅，准备明天早上要吃的饭，“他就是突然把工作辞了。”

“把工作辞了？”我吓了一跳，反问妈妈，“发生什么事了？”

“啊，你误会了，我说的是以前的事。我们刚结婚的时候，你爸爸在公司里没什么朋友，每天都工作到很晚，而且每天都在烦恼。有一天，他突然就辞职了，赋闲在家。这个你不知道吧？”

“不知道。”

我从来没有想过父母新婚时期的生活。

“那段时间你爸爸没什么可干的，就跑去钓鱼了。”

“去钓鱼？”

“每天一大早就跑去钓鱼场，晚上才回家。我每天都帮他把茶灌到水壶里，给他做饭团吃，还会和他一起去。他专注钓鱼，我就坐在他的旁边发呆。从冬天快结束到樱花树长出花苞，再到樱花绽放，然后凋谢，那段时间我们一直过着这样的生活。”

“这样啊……”

“钓鱼这件事不管是开始还是结束都很突然。我帮你爸爸把钓饵挂上勾子的时候划破了手指。你看，就是左手这里，现在还有疤呢。当时流了不少血，还把衣服弄脏了。第二天，你爸爸就开始找工作了。”

“没想到还发生过这些事，我以前都不知道。”

“你不知道的事还多着呢。”

妈妈意味深长地笑着。

我以前总以为爸妈一直都是现在的样子，当然这并不正确。在我还没出生时，他们还有着不为我所知的一面。

辞掉工作开始钓鱼的爸爸，在樱花绽放的季节每天做饭团、陪在爸爸身边的妈妈。我有点想像不出这个画面。

“陪伴很重要吗？”我突然问道。

“陪伴当然很重要。”妈妈立刻回答，“不过，最重要的不是距离。”

“不是距离？”

“是啊。剩下的事就交给我吧，你快去洗个澡，明天还有模拟考呢。”

9.2 合格判定模拟考

9.2.1 不要紧张

考试当天。

我早早去了一趟厕所，然后做了一些伸展运动，最后将文具、准考证、不带闹铃功能的表放在桌上。我尽量做好一切准备，让自己在考试过程中能把注意力集中在解题上。

这是最后的模拟考，至少是高中毕业前最后的一次模拟考了。在正式考试之前，这是我最后一次像这样来到会场和其他考生一起参加考试，也是我最后一次置身于这种让人不习惯的沉默中了。

为了配合考试，这段时间我都在调整自己的生物钟，昨天晚上也是在预定的时间就寝，今天早上在预定的时间起床。为了缓解紧张，我需要保持平常心。当然，在碰到难题时，解题的热情也不可或缺。不过最需要的还是平常心。

我在这次模拟考中绝对要拿到 A，因为这就是我现在的工作。至今我所做的努力，都会成为支撑我的力量。来吧，成为支撑我的力量吧！

考试铃声响起。所有人一齐打开考卷。

毕业前的最后一次模拟考开始了。

9.2.2 不要被骗

问题 9-1（三角函数的积分）

设 m 与 n 为正整数。试求以下定积分。

$$\int_{-\pi}^{\pi} \sin mx \sin nx \, \mathrm{d}x$$

一看到算式的形式(形状)，就要建立解题的思路。这个式子中有两个关于 x 的函数 —— $\sin mx$ 和 $\sin nx$。这两个函数是乘积形式。乘积形式的积分很难处理，所以我试着把它转换成和差形式。

化乘积为和差。验证三角函数训练成果的时机到了。

$$\sin\alpha\sin\beta = -\frac{1}{2}\Big(\cos(\alpha+\beta)-\cos(\alpha-\beta)\Big) \qquad \text{积化和差公式}$$

将 $\alpha = mx$ 和 $\beta = nx$ 代入这个积化和差公式，便可得到和差形式。

$$\begin{aligned}\sin mx\sin nx &= -\frac{1}{2}\Big(\cos(mx+nx)-\cos(mx-nx)\Big) && \text{由积化和差公式得出}\\ &= -\frac{1}{2}\Big(\cos(m+n)x-\cos(m-n)x\Big) && \text{提出 } x\end{aligned}$$

转换成和差形式之后，就可以开始积分了。

$$\begin{aligned}\int_{-\pi}^{\pi}\sin mx\sin nx\,\mathrm{d}x &= -\frac{1}{2}\int_{-\pi}^{\pi}\Big(\cos(m+n)x-\cos(m-n)x\Big)\mathrm{d}x\\ &= \underbrace{-\frac{1}{2}\int_{-\pi}^{\pi}\cos(m+n)x\,\mathrm{d}x}_{①}+\underbrace{\frac{1}{2}\int_{-\pi}^{\pi}\cos(m-n)x\,\mathrm{d}x}_{②}\end{aligned}$$

接着，只要求出①和②这两个定积分就可以了。

①很简单。因为积分后的函数 $\sin(m+n)x$ 在 $x=\pm\pi$ 的时候会等于 0。

$$\begin{aligned}\int_{-\pi}^{\pi}\cos(m+n)x\,\mathrm{d}x &= \frac{1}{m+n}\sin(m+n)x\Big|_{-\pi}^{\pi} && \text{计算积分}\\ &= 0 && \text{通过 } \sin(\pi\text{ 的整数倍})=0 \text{ 推导出来}\end{aligned}$$

②也用同样的方法处理…… 哎呀，我太着急了，差点出错。②在积分后会出现 $m-n$，所以我还得把它分成 $m-n\neq 0$ 和 $m-n=0$ 这两种情况，以防除数为 0。要是在这种地方被扣分就太可惜了。保持平常心。

当 $m-n \neq 0$ 时，②与①相同。

$$\begin{aligned}\int_{-\pi}^{\pi}\cos(m-n)x\,\mathrm{d}x &= \frac{1}{m-n}\sin(m-n)x\Big|_{-\pi}^{\pi} && \text{计算积分}\\ &= 0 && \text{通过 }\sin(\pi\text{ 的整数倍})=0\text{ 推导出来}\end{aligned}$$

当 $m-n=0$ 时，②会出现 $\cos 0x$。显然，它等于1，因为 $\cos 0 = 1$。

$$\begin{aligned}\int_{-\pi}^{\pi}\cos(m-n)x\,\mathrm{d}x &= \int_{-\pi}^{\pi}\cos 0x\,\mathrm{d}x && \text{因为 } m-n=0\\ &= \int_{-\pi}^{\pi}1\,\mathrm{d}x && \text{因为 } \cos 0x=\cos 0=1\\ &= x\Big|_{-\pi}^{\pi} && \text{计算积分}\\ &= \pi-(-\pi)\\ &= 2\pi\end{aligned}$$

接着就是仔细地做加法运算。

$$\int_{-\pi}^{\pi}\sin mx\sin nx\,\mathrm{d}x = -\frac{1}{2}\underbrace{\int_{-\pi}^{\pi}\cos(m+n)x\,\mathrm{d}x}_{①}+\frac{1}{2}\underbrace{\int_{-\pi}^{\pi}\cos(m-n)x\,\mathrm{d}x}_{②}$$

不管 m 和 n 是多少，①都为0，而②在 $m-n\neq 0$ 时为0、在 $m-n=0$ 时为 2π。所以，乘以系数 $\frac{1}{2}$ 后，得出

$$\int_{-\pi}^{\pi}\sin mx\sin nx\,\mathrm{d}x = \begin{cases}0 & \text{当 } m-n\neq 0 \text{ 时}\\ \pi & \text{当 } m-n=0 \text{ 时}\end{cases}$$

这就是答案。

解答 9-1(三角函数的积分)

当 m 与 n 都为正整数时，下式成立。

$$\int_{-\pi}^{\pi} \sin mx \sin nx \, dx = \begin{cases} 0 & \text{当 } m-n \neq 0 \text{ 时} \\ \pi & \text{当 } m-n=0 \text{ 时} \end{cases}$$

没问题，我没有紧张。保持平常心，继续前进吧。

下一题。

9.2.3 需要灵感还是毅力

问题 9-2(有参数的定积分)

思考一个内含实数参数 a、b 的定积分

$$I(a,b) = \int_{-\pi}^{\pi} (a + b\cos x - x^2)^2 \, dx$$

试求 $I(a,b)$ 的最小值，以及此时 a 和 b 的值。

步骤大概如下。

步骤 1 展开 $(a + b\cos x - x^2)^2$，并将其转换成和差形式

步骤 2 计算定积分 $I(a,b)$

步骤 3 求 $I(a,b)$ 的最小值

步骤 1 只是单纯展开式子。步骤 2 的结果应该是一个 a 和 b 的二次式。算出结果后，应该可以马上进入步骤 3 进行配方。中间没有任何阻碍，所以不需要什么灵感。不过，展开式子时会出现很多项，计算起来比较麻烦，这时候毅力就比较重要了。那么，我是先做其他题，还是先解这道题呢？

我犹豫了，不过3秒后就做出了决定——没问题，我现在很冷静，保持平常心、小心前进就能解出答案，那就继续前进吧！

首先是步骤1，展开 $(a+b\cos x-x^2)^2$，并将其转换成和差形式。

$$\begin{aligned}I(a,b)&=\int_{-\pi}^{\pi}\left(a+b\cos x-x^2\right)^2\mathrm{d}x\\&=\int_{-\pi}^{\pi}(\underbrace{a^2}_{①}+\underbrace{b^2\cos^2 x}_{②}+\underbrace{x^4}_{③}+\underbrace{2ab\cos x}_{④}-\underbrace{2bx^2\cos x}_{⑤}-\underbrace{2ax^2}_{⑥})\mathrm{d}x\end{aligned}$$

接着是步骤2，计算定积分 $I(a,b)$。分别计算从①到⑥的每一项的积分就可以了。

①是常数 a^2 的积分，计算起来并不难。

$$\begin{aligned}\int_{-\pi}^{\pi}a^2\,\mathrm{d}x&=a^2x\Big|_{-\pi}^{\pi}\qquad\text{计算积分}\\&=a^2(\pi-(-\pi))\\&=2\pi a^2\quad\cdots ①'\end{aligned}$$

对于②，要先把平方处理掉。利用 $\cos^2 x=\frac{1}{2}(1+\cos 2x)$ 的关系式，就可以将平方转换成倍角。

$$\begin{aligned}
\int_{-\pi}^{\pi} b^2 \cos^2 x \,\mathrm{d}x &= b^2 \int_{-\pi}^{\pi} \cos^2 x \,\mathrm{d}x \\
&= b^2 \int_{-\pi}^{\pi} \frac{1}{2}(1+\cos 2x)\mathrm{d}x && \text{将平方转换成倍角} \\
&= \frac{b^2}{2} \int_{-\pi}^{\pi} (1+\cos 2x)\mathrm{d}x \\
&= \frac{b^2}{2} \left(x + \frac{1}{2}\sin 2x \right) \Bigg|_{-\pi}^{\pi} && \text{计算积分} \\
&= \frac{b^2}{2}(\pi - (-\pi)) && \text{因为} \sin(\pi \text{ 的整数倍}) = 0 \\
&= \pi b^2 \quad \cdots ②'
\end{aligned}$$

③是 x^4 的积分，计算起来也不困难。

$$\begin{aligned}
\int_{-\pi}^{\pi} x^4 \,\mathrm{d}x &= \frac{1}{5} x^5 \Bigg|_{-\pi}^{\pi} && \text{计算积分} \\
&= \frac{1}{5}\left(\pi^5 - (-\pi)^5\right) \\
&= \frac{2\pi^5}{5} \quad \cdots ③'
\end{aligned}$$

④是 $\cos x$ 的积分，也很简单。

$$\begin{aligned}
\int_{-\pi}^{\pi} 2ab \cos x \,\mathrm{d}x &= 2ab \sin x \Bigg|_{-\pi}^{\pi} && \text{计算积分} \\
&= 2ab(0-0) && \text{因为} \sin(\pi \text{ 的整数倍}) = 0 \\
&= 0 \quad \cdots ④'
\end{aligned}$$

看到⑤时，我僵住了。$x^2 \cos x$ 的积分……嗯，只要用分部积分法就可以了。先把系数 $2b$ 放在一边，计算 $x^2 \cos x$ 的积分。

$$
\begin{aligned}
\int_{-\pi}^{\pi} x^2 \cos x \, dx &= \int_{-\pi}^{\pi} x^2 (\sin x)' dx && \text{因为} \cos x = (\sin x)' \\
&= x^2 \sin x \Big|_{-\pi}^{\pi} - \int_{-\pi}^{\pi} \left(x^2\right)' \sin x \, dx && \text{分部积分} \\
&= (0-0) - \int_{-\pi}^{\pi} \left(x^2\right)' \sin x \, dx && \text{因为} \sin(\pi \text{ 的整数倍}) = 0 \\
&= -\int_{-\pi}^{\pi} 2x \sin x \, dx && \text{因为} \left(x^2\right)' = 2x \\
&= -2 \int_{-\pi}^{\pi} x \sin x \, dx && \text{剩下} \textstyle\int_{-\pi}^{\pi} x \sin x \, dx
\end{aligned}
$$

为了计算$\displaystyle\int_{-\pi}^{\pi} x \sin x \, dx$，还需要进行一次分部积分。

$$
\begin{aligned}
&\textstyle\int_{-\pi}^{\pi} x \sin x \, dx \\
&= \int_{-\pi}^{\pi} x(-\cos x)' dx && \text{因为} \sin x = (-\cos x)' \\
&= x(-\cos x)\Big|_{-\pi}^{\pi} - \int_{-\pi}^{\pi} (x)'(-\cos x) dx && \text{分部积分} \\
&= 2\pi + \int_{-\pi}^{\pi} \cos x \, dx && \text{因为} -\cos\pi = -\cos(-\pi) = 1 \\
&= 2\pi + \sin x \Big|_{-\pi}^{\pi} && \text{计算积分} \\
&= 2\pi && \text{因为} \sin(\pi \text{ 的整数倍}) = 0
\end{aligned}
$$

接着整理一下$x^2 \cos x$。

$$
\begin{aligned}
\int_{-\pi}^{\pi} x^2 \cos x \, dx &= -2 \int_{-\pi}^{\pi} x \sin x \, dx \\
&= -2 \cdot 2\pi \\
&= -4\pi
\end{aligned}
$$

别忘了，要把刚才放到一边的系数$2b$乘回来。

$$
\begin{aligned}
2b\int_{-\pi}^{\pi} x^2\cos x\,\mathrm{d}x &= 2b\cdot(-4\pi) \\
&= -8\pi b \qquad \cdots ⑤'
\end{aligned}
$$

⑥是 x^2 的积分，这个马上就能解出来。

$$
\begin{aligned}
2a\int_{-\pi}^{\pi} x^2\mathrm{d}x &= \frac{2a}{3}x^3\Big|_{-\pi}^{\pi} \\
&= \frac{2a}{3}\left(\pi^3-(-\pi)^3\right) \\
&= \frac{4\pi^3}{3}a \qquad \cdots ⑥'
\end{aligned}
$$

把每一项加起来，可得

$$
\begin{aligned}
I(a,b) &= \int_{-\pi}^{\pi}(\underbrace{a^2}_{①}+\underbrace{b^2\cos^2 x}_{②}+\underbrace{x^4}_{③}+\underbrace{2ab\cos x}_{④}-\underbrace{2bx^2\cos x}_{⑤}-\underbrace{2ax^2}_{⑥})\mathrm{d}x \\
&= \underbrace{2\pi a^2}_{①'}+\underbrace{\pi b^2}_{②'}+\underbrace{\frac{2\pi^5}{5}}_{③'}+\underbrace{0}_{④'}-\underbrace{(-8\pi b)}_{⑤'}-\underbrace{\frac{4\pi^3}{3}a}_{⑥'} \\
&= 2\pi a^2-\frac{4\pi^3}{3}a+\pi b^2+8\pi b+\frac{2\pi^5}{5}
\end{aligned}
$$

接着将式子整理成与a相关的项目和与b相关的项目。

$$
=2\pi\Bigg(\underbrace{a^2-\frac{2\pi^2}{3}a}_{Ⓐ}\Bigg)+\pi(\underbrace{b^2+8b}_{Ⓑ})+\frac{2\pi^5}{5}
$$

进入步骤 3，求 $I(a,b)$ 的最小值。为此，需要将 a 与 b 各自配方。

$$
\begin{aligned}
\text{Ⓐ} &= a^2 - \frac{2\pi^2}{3}a \\
&= \left(a - \frac{\pi^2}{3}\right)^2 - \left(\frac{\pi^2}{3}\right)^2 && \text{配方} \\
&= \left(a - \frac{\pi^2}{3}\right)^2 - \frac{\pi^4}{9}
\end{aligned}
$$

$$
\begin{aligned}
\text{Ⓑ} &= b^2 + 8b \\
&= (b+4)^2 - 4^2 && \text{配方} \\
&= (b+4)^2 - 16
\end{aligned}
$$

故 $I(a,b)$ 可以表示为以下形式。

$$
\begin{aligned}
I(a,b) &= 2\pi \times \text{Ⓐ} + \pi \times \text{Ⓑ} + \frac{2\pi^5}{5} \\
&= 2\pi\left\{\left(a - \frac{\pi^2}{3}\right)^2 - \frac{\pi^4}{9}\right\} + \pi\left\{(b+4)^2 - 16\right\} + \frac{2\pi^5}{5} \\
&= 2\pi\left(a - \frac{\pi^2}{3}\right)^2 - \frac{2\pi^5}{9} + \pi(b+4)^2 - 16\pi + \frac{2\pi^5}{5} \\
&= 2\pi\left(a - \frac{\pi^2}{3}\right)^2 + \pi(b+4)^2 - \frac{2\pi^5}{9} + \frac{2\pi^5}{5} - 16\pi \\
&= 2\pi\underbrace{\left(a - \frac{\pi^2}{3}\right)^2} + \pi\underbrace{(b+4)^2} + \frac{8\pi^5}{45} - 16\pi
\end{aligned}
$$

画波浪线的部分都大于等于 0，所以当它们都等于 0 时，$I(a,b)$ 会是最小值。换句话说，当 $a = \frac{\pi^2}{3}, b = -4$ 时，$I(a,b)$ 有最小值，最小值为

$$
\frac{8\pi^5}{45} - 16\pi
$$

这就是答案！

解答 9-2（有参数的定积分）

当$a=\frac{\pi^2}{3}, b=-4$时，定积分 $I(a,b)$ 有最小值 $\frac{8\pi^5}{45}-16\pi$。

看来也不需要多大毅力就能解出答案。

好，下一个问题。

9.3　看穿算式的形式

9.3.1　概率密度函数的研究

模拟考结束的第二天。

我感觉考得不错。不只是数学，连上次做得很差的古文应该也能得不少分数。下课后，我一边想着这些事，一边来到图书室。

“啊，学长！好久不见！”泰朵拉开心地和我打招呼。为什么她的笑容每次都能沁入人心呢？

“泰朵拉，你的脸上总是挂着笑容呢。”我在她的旁边坐下。

“啊，是吗？大概是因为我很开心吧。”她说这些话时，笑得更开心了。

“每天都能那么高兴，真好。对了，你今天在研究些什么呢？”

“这个，你看看。正态分布的概率密度函数。”

她拿起一张卡片给我看。

正态分布的概率密度函数

平均值为 μ、标准差为 σ 的正态分布的概率密度函数 $f(x)$ 为

$$f(x)=\frac{1}{\sqrt{2\pi\sigma^2}}\exp\left(-\frac{(x-\mu)^2}{2\sigma^2}\right)$$

“啊，你这是在研究统计学啊。”

“也不是，我和村木老师说我想看看符号很多、看起来很难的算式，他就给了我这张卡片。”

“为什么想要看这样的算式呢？”

“我每次看到符号很多的算式就会眼花撩乱，所以想试着克服这个障碍，多看一些，看一看自己能不能习惯……”

“算式看起来很难时，要静下心来看穿算式的形式，这很重要。”我回想起昨天模拟考的情形，“因为看穿算式的形式后，就可以找到各种线索。比如说，就算不知道概率密度函数是什么，也可以从算式的形式观察出函数 $f(x)$ 的某些特性。首先要注意的是，$f(x)$ 的 x 出现在等号右边的什么地方。”

“这里！”泰朵拉指出了位置。

$$f(x)=\frac{1}{\sqrt{2\pi\sigma^2}}\exp\left(-\frac{(\ x\ -\mu)^2}{2\sigma^2}\right)$$

“没错。确认 x 出现的位置，不要被其他符号迷惑，这一点很重要。这么做的目的是知道不同的数值代入到 x 中时会对 $f(x)$ 造成什么样的影响。”

“好的，这点没问题，我也想到了。比如说，$f(x)$ 里面包含了 $x-\mu$ 这个式子。当 $x=\mu$ 时，这个部分就等于 0。”

$$f(x)=\frac{1}{\sqrt{2\pi\sigma^2}}\exp\left(-\frac{(\ x-\mu\ )^2}{2\sigma^2}\right)$$

“是啊。另外——”

“等一下，先让我说完。接着把范围扩大一些，可以看到

$$f(x)=\frac{1}{\sqrt{2\pi\sigma^2}}\exp\left(-\frac{(x-\mu)^2}{2\sigma^2}\right)$$

当 x 是任意实数时，这个部分会大于等于 0，因为它是实数的平方。”

“……”我静静地听泰朵拉说。

“也就是说，exp 的里面，也就是指数部分必定会小于等于 0。”

$$f(x) = \frac{1}{\sqrt{2\pi\sigma^2}} \exp\left(-\frac{(x-\mu)^2}{2\sigma^2} \right)$$

“是啊，这就是对称性。”

“对称性……”

“嗯。因为这里写的是 $(x-\mu)^2$ 的形式，所以 $y = f(x)$ 的图形必定会以 $x = \mu$ 为对称轴左右对称。”

“啊，就是这样。学长，可以听我继续说下去吗？”

“好的，抱歉抱歉。”

“指数部分可以变形成下面这样。

$$-\frac{(x-\mu)^2}{2\sigma^2} = -\left(\frac{x-\mu}{\sqrt{2\sigma^2}}\right)^2$$

我们做如下定义

$$\begin{cases} \heartsuit = \dfrac{x-\mu}{\sqrt{2\sigma^2}} \\ \clubsuit = \dfrac{1}{\sqrt{2\pi\sigma^2}} \end{cases}$$

这样一来，就可以将整个 $f(x)$ 改写成下面这样。

$$f(x) = \clubsuit \exp(-\heartsuit^2)$$

也就是下面这个算式。

$$f(x) = \clubsuit \mathrm{e}^{-\heartsuit^2}$$

到这里，我就能松口气了。因为符号变少了，这种算式的形式让我觉得很亲切。”

“原来如此。这个想法很好。它可以让人联想到函数趋近于某个极限。当 $x \to \pm\infty$ 时，$-\heartsuit^2 \to -\infty$，故 $\mathrm{e}^{-\heartsuit^2} \to 0$。而且，不论 x 是什么样的实数，都有 $\mathrm{e}^{-\heartsuit^2} > 0$，所以 $y = f(x)$ 的图会以 x 轴为渐近线。事实上，正态分布的概率密度函数图形，就是以 $x = \mu$ 为对称轴，以 x 轴为渐近线的 ——”

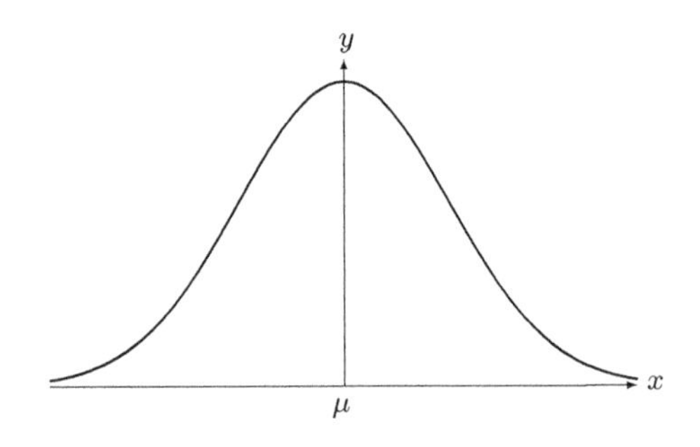

正态分布的概率密度函数 $y = f(x)$ 的图形

“学长，不要讲这么快。”

“抱歉。我在思考图形大概是什么样子，所以不小心讲多了。增减情况、是否对称、有没有渐近线，还有 ——”

“总而言之，当我们用 ♡ 和 ♣ 重新定义某些部分，整理过算式后，就可以让算式的形式变得更加清晰，虽然加入新的符号后会让算式变得更简单这件事有点奇怪。”

“这大概是因为，你用自己的方式定义了符号。这些东西不是别人教给你的，而是你自己看穿了算式，才能重新定义符号的意义。引入新的符号就是你发现算式脉络的证据。”

“原来如此…… 确实是这样呢！”

“因为泰朵拉很喜欢发现新的东西嘛。”

“没有学长讲得那么厉害啦。不过，我还是不知道刚才定义为 ♣ 的

$$\frac{1}{\sqrt{2\pi\sigma^2}}$$

是什么意思。分母 $\sqrt{2\pi\sigma^2}$ 是什么？”

“啊，这个是 $f(x)$ 成为概率密度函数的原因。因为概率密度函数是一个从所有实数映射到所有非负实数的函数，从 $-\infty$ 到 ∞ 的积分要等于 1 才行。”

“从 $-\infty$ 到 ∞ 的积分要等于 1？为什么会有这个规定呢？”

“嗯，定义就是这么规定的，不过一般来说，在概率密度函数中，概率变量 x 在 $\alpha \leqslant x \leqslant \beta$ 的范围内的概率 $\Pr(\alpha \leqslant x \leqslant \beta)$ 可以写成下面这样。

$$\Pr(\alpha \leqslant x \leqslant \beta) = \int_{\alpha}^{\beta} f(x)\mathrm{d}x$$

在描绘概率密度函数的图形时，$\alpha \leqslant x \leqslant \beta$ 的区域面积就是概率。”

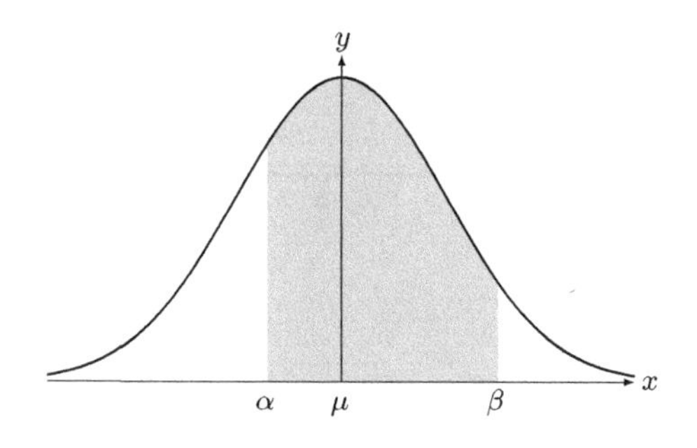

概率密度函数图形的面积，可表示为 $\Pr(\alpha \leqslant x \leqslant \beta)$

“这样啊……”

“所以说，概率密度函数 $f(x)$ 从 $-\infty$ 到 ∞ 的积分就是 1。x 为任意实数值的概率为 1。也就是说，在正态分布中，下式成立。

$$\frac{1}{\sqrt{2\pi\sigma^2}}\int_{-\infty}^{\infty}\exp\left(-\frac{(x-\mu)^2}{2\sigma^2}\right)\mathrm{d}x=1$$

因此，你有疑问的这个值 $\sqrt{2\pi\sigma^2}$，就是能使函数 $f(x)$ 转变为概率密度函数的值。”

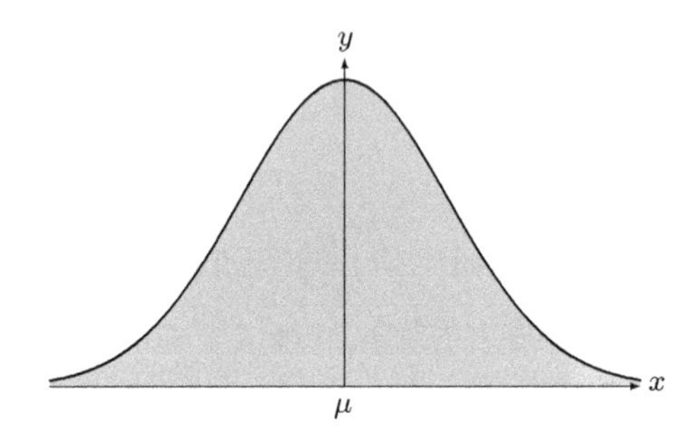

使概率密度函数从 $-\infty$ 到 ∞ 的积分为 1

“嗯…… 这表示，如果把这个定积分设为 ♠，

$$\frac{1}{\sqrt{2\pi\sigma^2}}\underbrace{\int_{-\infty}^{\infty}\exp\left(-\frac{(x-\mu)^2}{2\sigma^2}\right)\mathrm{d}x}_{\spadesuit}=1$$

此时 ♠ 的值就是

$$\sqrt{2\pi\sigma^2}$$

对吧？”

泰朵拉在笔记本新的一页上，写下一个大大的算式。

$$\int_{-\infty}^{\infty}\exp\left(-\frac{(x-\mu)^2}{2\sigma^2}\right)\mathrm{d}x=\sqrt{2\pi\sigma^2}\qquad\cdots♪$$

“没错。”我说，“而且，对于任意的 μ 和任意的 $\sigma \neq 0$，这里的♪应该都成立。如果 $f(x)$ 是一个概率密度函数，定积分就必须等于这个值。”

“你拿到 A 了吗？„

突然从背后冒出的声音吓了我一跳。

当然，那是米尔嘉的声音。

9.3.2 拉普拉斯积分的研究

“刚考完，还不知道是什么等级。”我和米尔嘉说。她是在问我昨天模拟考的情况。

“这样啊。”

米尔嘉坐在我和泰朵拉对面的位子上。

“不过感觉答得还不错。”我说，“有一道题还出现了有参数的定积分，我冷静下来后，就顺利解出答案了。”

“说到有参数的定积分，拉普拉斯积分是一个很有名的例子。比如，这是一个拥有实数参数 a 的定积分。”

拉普拉斯积分

设 a 为实数，则以下式子成立。

$$\int_0^{\infty} \mathrm{e}^{-x^2} \cos 2ax \, \mathrm{d}x = \frac{\sqrt{\pi}}{2} \mathrm{e}^{-a^2}$$

“要用分部积分法来算吗？”我说。

“可以用分部积分法来算。不过，要先对 a 微分才能算出来。”米尔嘉说。

◎ ◎ ◎

可以用分部积分法来算。不过，要先对 a 微分才能算出来。

首先，设这个部分的定积分为 $I(a)$。

$$I(a) = \int_0^{\infty} \mathrm{e}^{-x^2} \cos 2ax \, \mathrm{d}x \qquad \cdots \bigstar$$

然后，将 $I(a)$ 对 a 微分。

$$\begin{aligned}
\frac{\mathrm{d}}{\mathrm{d}a} I(a) &= \frac{\mathrm{d}}{\mathrm{d}a} \left(\int_0^{\infty} \mathrm{e}^{-x^2} \cos 2ax \, \mathrm{d}x \right) && \text{对 } a \text{ 微分} \\
&= \int_0^{\infty} \frac{\partial}{\partial a} \left(\mathrm{e}^{-x^2} \cos 2ax \right) \mathrm{d}x && \text{交换微分与积分} \\
&= \int_0^{\infty} \mathrm{e}^{-x^2} \frac{\partial}{\partial a} (\cos 2ax) \mathrm{d}x && \text{因为是对 } a \text{ 微分，所以 } \mathrm{e}^{-x^2} \text{ 应视为常数} \\
&= \int_0^{\infty} \mathrm{e}^{-x^2} (-2x \sin 2ax) \mathrm{d}x && \text{将 } \cos 2ax \text{ 对 } a \text{ 微分}
\end{aligned}$$

交换微分与积分这个步骤，原本需要进行推导证明，不过这里我们先跳过。另外，之所以会用偏微分符号 $\frac{\partial}{\partial a}$，是因为函数中的可微分对象有 a 和 x 这两个变量。

应用分部积分法可以计算出 $I(a)$ 是多少。

$$\begin{aligned}
\frac{\mathrm{d}}{\mathrm{d}a} I(a) &= \int_0^{\infty} \mathrm{e}^{-x^2} (-2x \sin 2ax) \, \mathrm{d}x && \text{根据上式} \\
&= \int_0^{\infty} \left(-2x\mathrm{e}^{-x^2} \right) \sin 2ax \, \mathrm{d}x \\
&= \int_0^{\infty} \left(\mathrm{e}^{-x^2} \right)' \sin 2ax \, \mathrm{d}x && \text{因为 } -2x\mathrm{e}^{-x^2} = \left(\mathrm{e}^{-x^2} \right)' \\
&= \mathrm{e}^{-x^2} \sin 2ax \Big|_0^{\infty} - \int_0^{\infty} \mathrm{e}^{-x^2} (\sin 2ax)' \mathrm{d}x && \text{分部积分} \\
&= \mathrm{e}^{-x^2} \sin 2ax \Big|_0^{\infty} - 2a \int_0^{\infty} \mathrm{e}^{-x^2} \cos 2ax \, \mathrm{d}x && \text{因为 } (\sin 2ax)' = 2a \cos 2ax \\
&= -2a \underbrace{\int_0^{\infty} \mathrm{e}^{-x^2} \cos 2ax \, \mathrm{d}x}_{I(a)} \\
&= -2aI(a)
\end{aligned}$$

因此，对 a 微分，对 x 进行分部积分后，可得到以下算式。

$$\frac{\mathrm{d}}{\mathrm{d}a}I(a) = -2aI(a)$$

若将 $I(a)$ 视为 a 的函数，那么上式就可以看成 $I(a)$ 的**微分方程**。接着，我们来解这个微分方程。假设

$$y = I(a)$$

则可将微分方程改写成以下形式。

$$\frac{\mathrm{d}y}{\mathrm{d}a} = -2ay$$

假设 $y>0$，试着代换积分。

$$\begin{aligned}
\frac{\mathrm{d}y}{\mathrm{d}a} &= -2ay \\
\frac{1}{y}\frac{\mathrm{d}y}{\mathrm{d}a} &= -2a \\
\int \frac{1}{y}\frac{\mathrm{d}y}{\mathrm{d}a}\,\mathrm{d}a &= \int -2a\,\mathrm{d}a && \text{对 } a \text{ 积分} \\
\int \frac{1}{y}\,\mathrm{d}y &= -2\int a\,\mathrm{d}a && \text{代换积分} \\
\ln y &= -a^2 + C_1 && C_1 \text{ 为常数} \\
y &= \mathrm{e}^{-a^2+C_1} \\
&= \mathrm{e}^{-a^2}\mathrm{e}^{C_1} \\
&= C\mathrm{e}^{-a^2} && \text{设 } C = \mathrm{e}^{C_1}
\end{aligned}$$

因为 $y = I(a)$，所以我们可以得到下面的算式。

$$I(a) = C\mathrm{e}^{-a^2}$$

泰朵拉，怎么才能知道常数 C 是多少？

◎ ◎ ◎

“泰朵拉，怎么才能知道常数 C 是多少？”

“令 $a=0$ 吗？这样一来，可以得到 $C=I(0)$。”

$$\begin{aligned} I(a) &= Ce^{-a^2} && \text{根据前式} \\ I(0) &= Ce^{-0^2} && \text{令 } a=0 \\ &= C \end{aligned}$$

“没错。所以，我们想求的 $I(a)$ 就可以变成下面这种形式。”

$$I(a)=I(0)e^{-a^2}$$

米尔嘉不再说明，而是来回看着我和泰朵拉。

“等一下。”我说，“不是还可以写得更具体吗？因为 $I(a)$ 原本就是一个定积分。”

$$\begin{aligned} I(a) &= \int_0^{\infty} e^{-x^2}\cos 2ax\,dx && \text{根据第 318 页的} \bigstar \\ I(0) &= \int_0^{\infty} e^{-x^2}\,dx && \text{因为当 } a=0 \text{ 时，} \cos 2ax = 1 \end{aligned}$$

也就是说，$I(0)$ 的值是——”

“等一下。”米尔嘉说，“$I(0)$ 的值是多少由泰朵拉来回答。”

“我来回答吗？是要我计算

$$I(0)=\int_0^{\infty} e^{-x^2}dx$$

这个积分吗？”

“……”

“……”

我和米尔嘉看着泰朵拉。

泰朵拉睁大眼睛盯着这个式子，点了点头，将笔记本翻到某一页，指着一条刚才写过的算式。

“就是这个算式，$I(0)$ 可以通过这个算式算出来。

$$\int_{-\infty}^{\infty} \exp\left(-\frac{(x-\mu)^2}{2\sigma^2}\right) \mathrm{d}x = \sqrt{2\pi\sigma^2} \qquad \text{第316页的♪}$$

这个算式在 $\mu = 0$ 和 $\sigma = \frac{1}{\sqrt{2}}$ 的时候也成立。这时 $2\sigma^2 = 1$，对吧？所以下式成立。

$$\int_{-\infty}^{\infty} \exp(-x^2)\mathrm{d}x = \sqrt{\pi} \qquad \text{令 } \mu = 0, \sigma = \tfrac{1}{\sqrt{2}}$$

也就是说，这个算式成立。

$$\int_{-\infty}^{\infty} \mathrm{e}^{-x^2}\mathrm{d}x = \sqrt{\pi}$$

上式是从 $-\infty$ 到 ∞ 的积分。考虑到对称性，我们可以知道从 0 到 ∞ 的积分是上式的一半。也就是说

$$\int_{0}^{\infty} \mathrm{e}^{-x^2}\mathrm{d}x = \frac{\sqrt{\pi}}{2}$$

这样没错吧？”

$$I(0) = \int_{0}^{\infty} \mathrm{e}^{-x^2}\mathrm{d}x = \frac{\sqrt{\pi}}{2}$$

“没错。”米尔嘉说，“接着，我们可以通过 $I(0)$ 求出 $I(a)$。这就是拉普拉斯积分。”

$$I(a) = \int_{0}^{\infty} \mathrm{e}^{-x^2}\cos 2ax\,\mathrm{d}x = I(0)\mathrm{e}^{-a^2} = \frac{\sqrt{\pi}}{2}\mathrm{e}^{-a^2}$$

拉普拉斯积分（再次列出）

设 a 为实数，则下式成立。

$$\int_0^{\infty} e^{-x^2} \cos 2ax \, dx = \frac{\sqrt{\pi}}{2} e^{-a^2}$$

“中间出现的算式称为高斯积分。”

高斯积分

$$\int_{-\infty}^{\infty} e^{-x^2} dx = \sqrt{\pi}$$

“我们刚才在已知 $f(x)$ 是正态分布的概率密度函数的前提下，求出了高斯积分的值。不过，一般来说应该反过来才对 —— 先用其他方法求出高斯积分的值，再利用这个值来证明 $f(x)$ 是一个概率密度函数。”

“拉普拉斯积分、高斯积分 …… 积分的种类真多。”

“不管是拉普拉斯、高斯，还是欧拉老师，都做出了很大的贡献。在数学的各个领域中都有他们的名字。”

“这就是历史，对吗？”泰朵拉用感慨的语气说，“由许多数学家积累出来的历史 ……”

9.4　傅里叶展开式

9.4.1　灵感

“昨天的考试也出现了含参数的定积分题目。”我说，“虽然需要一点毅力解出来，不过没有像刚才讲的拉普拉斯积分那么难。”

“毅力？什么样的毅力？”泰朵拉问。

“在冗长的计算中保证计算不出错的毅力，和平常解题时需要的灵感不同。题目中的定积分是这样的。

$$I(a,b)=\int_{-\pi}^{\pi}\left(a+b\cos x-x^2\right)^2\mathrm{d}x$$

a 和 b 是实数参数，求 $I(a,b)$ 的最小值，以及此时 a 和 b 的值。”

“嗯……”米尔嘉看到我写出来的式子后眼睛一亮。

“学长居然可以迅速写出题目，难道学长把所有题目都背下来了吗？”

“毕竟昨天刚考过，我大概还记得一些。因为考试时我很认真地在解这道题，所以留下了深刻的印象。对了泰朵拉，如果是你，你会怎么计算这里的 $I(a,b)$ 呢？”

“我想想看……我大概会先展开 $(a+b\cos x-x^2)^2$，然后耐着性子一项项积分。”

“我也是这样解题的。展开之后，$I(a,b)$ 会变成 a 和 b 的二次式，接着只要再分别为其配方就可以了。我记得 a 的值应该是……”

正当我努力回想的时候，米尔嘉突然说出答案。

“$a=\frac{\pi^2}{3}$ 吧？”

“你说什么？”

“我是说，当 $a=\frac{\pi^2}{3}$ 时，$I(a,b)$ 有最小值。”

“啊？”我不由自主地发出了怪声。

“b 用心算就有些难了……”米尔嘉把食指放在嘴唇上说。

“心算？”

我着实吓了一大跳。米尔嘉的计算能力确实很优秀，可是刚才她连笔都没动。很难想象她居然可以用心算把这个式子展开，求出每一项定积分，再把它们配方。

“米尔嘉学姐，你是用心算算出答案的吗？”泰朵拉似乎也吃了一惊。

“我只是抓到了一个重点而已。我想，出题者应该是考虑到了 x^2 的傅里叶展开式。”

“傅里叶展开式？”我和泰朵拉异口同声地说。

9.4.2 傅里叶展开式

“在讲傅里叶展开式之前，我想问一下。泰朵拉，你知道什么是泰勒展开式吧？”

“当然，我永远都不会忘。”泰朵拉回答，“就是将 $\sin x$ 之类的函数，用 x 的幂级数来表示，对吧？”

$\sin x$ 的泰勒展开式（麦克劳林展开式）

$$\sin x = +\frac{x}{1!} - \frac{x^3}{3!} + \frac{x^5}{5!} - \frac{x^7}{7!} + \cdots$$

“一般情况下，$f(x)$ 的泰勒展开式会写成

$$f(x) = \sum_{k=0}^{\infty} \frac{f^{(k)}(a)}{k!}(x-a)^k$$

若式子中的 $a=0$，泰勒展开式便也可称为麦克劳林展开式。刚才泰朵拉写的就是函数 $\sin x$ 的麦克劳林展开式。”

$f(x)$ 的麦克劳林展开式（令泰勒展开式中的 $a=0$）

$$\begin{aligned}
f(x) &= \frac{f(0)}{0!}x^0 + \frac{f'(0)}{1!}x^1 + \frac{f''(0)}{2!}x^2 + \cdots + \frac{f^{(k)}(0)}{k!}x^k + \cdots \\
&= \sum_{k=0}^{\infty} \frac{f^{(k)}(0)}{k!}x^k \\
&= \sum_{k=0}^{\infty} c_k x^k \qquad \text{其中 } c_k = \frac{f^{(k)}(0)}{k!}
\end{aligned}$$

“是的。$f^{(k)}(0)$ 指的是将 $f(x)$ 微分 k 次后，代入 $x=0$ 所得到的值，对吧？”泰朵拉说。

“没错，泰勒展开式就是将 $f(x)$ 表示成 x 的幂级数。与此相对，傅里叶展开式则是将 $f(x)$ 表示成三角函数的级数。”

$f(x)$ 的傅里叶展开式

$$\begin{aligned} f(x) &= (a_0 \cos 0x + b_0 \sin 0x) \\ &\quad + (a_1 \cos 1x + b_1 \sin 1x) \\ &\quad\quad + (a_2 \cos 2x + b_2 \sin 2x) \\ &\quad\quad\quad + \cdots + (a_k \cos kx + b_k \sin kx) + \cdots \\ &= \sum_{k=0}^{\infty} (a_k \cos kx + b_k \sin kx) \end{aligned}$$

我试着比较了一下泰勒展开和傅里叶展开的式子。

$$f(x) = \sum_{k=0}^{\infty} c_k \, x^k \qquad f(x) \text{ 的泰勒展开式（麦克劳林展开式）}$$

$$f(x) = \sum_{k=0}^{\infty} \Big(a_k \cos kx + b_k \sin kx \Big) \qquad f(x) \text{ 的傅里叶展开式}$$

原来如此。没错，泰勒展开式是用 x 的乘幂展开，傅里叶展开式则是用三角函数展开。

“傅里叶展开式中有好多符号…… 光看就觉得头昏脑胀。”

“泰朵拉？”我悄悄叫了她一声。

“啊，对了！要是害怕符号的话就糟了！具体来说，傅里叶展开式中的 a_k 和 b_k 分别是什么样的数呢？”

“泰朵拉，你觉得是什么样的数呢？”米尔嘉轻声问着。

“嗯…… 我想想看。”泰朵拉坦率地回答，“泰勒展开式中的 c_k 可以通过 $f(x)$ 计算出来。我猜，傅里叶展开式中的 a_k 和 b_k，应该也可以由 $f(x)$ 计算出来吧？”

“正是如此。”米尔嘉说，“不过，这里我们就不是用微分计算了，而是用积分计算。傅里叶展开式中出现的 a_k 和 b_k 是将 $f(x)$ 积分后得到的数，又叫**傅里叶系数**。”

傅里叶系数与傅里叶展开式

设 $f(x)$ 为可以傅里叶展开的函数。

按以下方式定义数列 $\langle a_n \rangle$ 和 $\langle b_n \rangle$（傅里叶系数）。

$$\begin{cases} a_0 = \dfrac{1}{2\pi}\displaystyle\int_{-\pi}^{\pi} f(x)\,\mathrm{d}x \\ b_0 = 0 \\ a_n = \dfrac{1}{\pi}\displaystyle\int_{-\pi}^{\pi} f(x)\cos nx\,\mathrm{d}x \\ b_n = \dfrac{1}{\pi}\displaystyle\int_{-\pi}^{\pi} f(x)\sin nx\,\mathrm{d}x \quad (n = 1, 2, 3, \cdots) \end{cases}$$

则以下等式成立（傅里叶展开式）。

$$f(x) = \sum_{k=0}^{\infty}(a_k \cos kx + b_k \sin kx)$$

“泰勒展开式使用的是微分，傅里叶展开式使用的是积分吗？”我说。

“求傅里叶系数时，可以用 $f(x)$ 乘上 $\cos nx$ 和 $\sin nx$，再从 $-\pi$ 积分到 π。”米尔嘉说，“比如，设 n 为正整数，思考乘以 $\sin nx$ 的情况。

$$f(x) = \sum_{k=0}^{\infty}(a_k \cos kx + b_k \sin kx)$$

将等号两边分别乘上 $\sin nx$ 再积分，可得到下式。

$$\int_{-\pi}^{\pi} f(x)\sin nx \ \mathrm{d}x = \int_{-\pi}^{\pi} \left(\sum_{k=0}^{\infty} \Big(a_k \cos kx \ \sin nx \ + b_k \sin kx \ \sin nx \ \Big) \right) \mathrm{d}x$$

接着将积分与无穷级数交换。严格来说，这种交换需要符合一定条件。

$$= \sum_{k=0}^{\infty} \left(\int_{-\pi}^{\pi} \ (a_k \cos kx \sin nx + b_k \sin kx \sin nx)\,\mathrm{d}x \right)$$

将积分分为Ⓒⓢ和ⓈⓈ两个部分，分别计算这两个部分的值。

$$= \sum_{k=0}^{\infty} (a_k \underbrace{\int_{-\pi}^{\pi} \ \cos kx \sin nx \ \ \mathrm{d}x}_{\text{ⒸⓈ}} + b_k \underbrace{\int_{-\pi}^{\pi} \ \sin kx \sin nx \ \ \mathrm{d}x)}_{\text{ⓈⓈ}}$$

若k为非负整数，ⒸⓈ的各项积分结果皆为0，这一点很有趣。只有在$k = n$时，ⓈⓈ的积分结果为π，$k \neq n$时积分结果皆为0。

$$= b_n \int_{-\pi}^{\pi} \ \sin nx \sin nx \ \ \mathrm{d}x$$

$$= b_n \pi$$

也就是说，除了$\sin nx \sin nx$的积分，其他项都会消失。”

“我记得模拟考中也出现了这种积分……”我说(第305页)。

“至此，已经可以计算出b_n是多少。

$$b_n = \frac{1}{\pi} \int_{-\pi}^{\pi} f(x) \sin nx \,\mathrm{d}x \qquad (n = 1, 2, 3, \cdots)$$

同样，也可计算出a_n是多少。

$$a_n = \frac{1}{\pi} \int_{-\pi}^{\pi} f(x) \cos nx \,\mathrm{d}x \qquad (n = 1, 2, 3, \cdots)$$

虽然讲得有点快，但这样一来，我们就可以计算出n为正整数时的a_n、b_n了。”

“a_0要特别处理吗？”泰朵拉问道。

“没错。计算 a_0 时，会出现 $\cos 0x \cos 0x$ 的积分，也就是 1 的积分。”

$$
\begin{aligned}
\int_{-\pi}^{\pi} f(x)\,\mathrm{d}x &= \int_{-\pi}^{\pi} f(x)\cos 0x\,\mathrm{d}x \\
&= a_0 \underbrace{\int_{-\pi}^{\pi} \cos 0x \cos 0x \;\mathrm{d}x} \qquad \text{只留下 } k=0 \text{ 的项} \\
&= a_0 \int_{-\pi}^{\pi} 1\,\mathrm{d}x \\
&= a_0 x \Big|_{-\pi}^{\pi} \\
&= a_0(\pi - (-\pi)) \\
&= a_0 \cdot 2\pi \\
a_0 &= \frac{1}{2\pi}\int_{-\pi}^{\pi} f(x)\,\mathrm{d}x
\end{aligned}
$$

“要是 a_0 和 b_0 可以统一格式就好了……”泰朵拉说。

“如果想统一傅里叶系数的格式，只要在傅里叶展开式中特别处理 $n=0$ 时的情形就好。”

傅里叶系数与傅里叶展开式(另一种表示方式)

傅里叶系数

$$
\begin{cases}
a'_n = \dfrac{1}{\pi}\int_{-\pi}^{\pi} f(x)\cos nx\,\mathrm{d}x \\
b'_n = \dfrac{1}{\pi}\int_{-\pi}^{\pi} f(x)\sin nx\,\mathrm{d}x \qquad (n = 0, 1, 2, \cdots)
\end{cases}
$$

傅里叶展开式

$$
f(x) = \frac{a'_0}{2} + \sum_{k=1}^{\infty}(a'_k \cos kx + b'_k \sin kx)
$$

9.4.3 超越毅力

“米尔嘉，我知道傅里叶展开式会用到三角函数了，可是我还是不知道模拟考的那道题和傅里叶展开式有什么关系。”

“题目中的定积分 $I(a,b)$ 可以写成下面这种形式。

$$I(a,b)=\int_{-\pi}^{\pi}\left(a+b\cos x-x^2\right)^2\,\mathrm{d}x$$

将式子中的 a 看成 $a\cos 0x$，再把 a 和 b 分别改写成 a_0 和 a_1，可以得到

$$I(a_0,a_1)=\int_{-\pi}^{\pi}\left(a_0\cos 0x+a_1\cos 1x\ -x^2\right)^2\,\mathrm{d}x$$

另外，x^2 这个函数是偶函数，所以将函数 x^2 进行傅里叶展开时，只会留下偶函数 $\cos kx$。具体来说，函数 x^2 的傅里叶展开式应为

$$x^2=\ a_0\cos 0x+a_1\cos 1x\ +a_2\cos 2x+\cdots$$

这样的形式。和上面式子的前两项一模一样。”

“是呢……”我说。

“这是怎么回事呢？”泰朵拉好奇地问。

“定积分 $I(a_0,a_1)$ 想求的究竟是什么？”米尔嘉继续说明下去，“$I(a_0,a_1)$ 想求的是

$a_0\cos 0x+a_1\cos 1x$ 与 x^2 的差的平方

这个函数的定积分……

这是一种衡量误差的方法。因为题目问的是当 a_0 和 a_1 为多少时，定积分 $I(a_0,a_1)$ 会有最小值，所以我们要把关注点放在傅里叶系数的 a_0 和 a_1 上。”

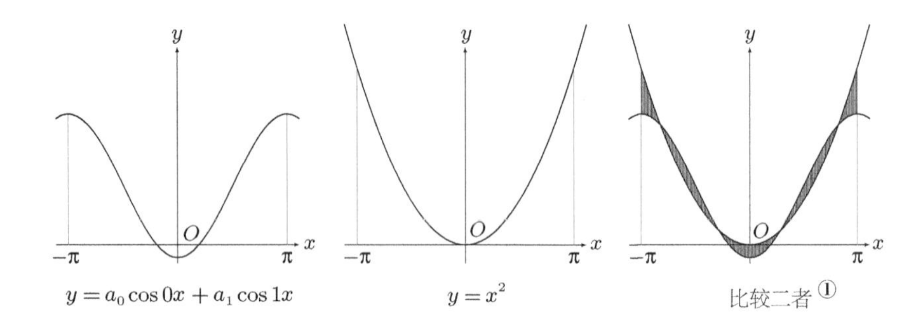

$y = a_0 \cos 0x + a_1 \cos 1x$　　$y = x^2$　　比较二者①

又出现了。米尔嘉的灵感到底是从何而来的呢？

“米尔嘉学姐……”泰朵拉说，“我还是不太懂。你的意思是，x^2 的傅里叶展开式的前两项很接近 x^2 的实际数值，是吗？可是我觉得在考试的时候不太可能注意到这一点。至少我发现不了。”

“当然，我也不认为这是出题者的目的。问题 9-2 只是积分的计算练习而已，我们不需要注意到它和傅里叶展开式的关系。不过，如果可以看穿算式的形式，解题时就会轻松许多。”

“等一下，米尔嘉。刚才你说你是用心算算出 $a = \frac{\pi^3}{3}$ 的。也就是说，你用心算算出了傅里叶系数 a_0 的积分吗？”

$$a_0 = \frac{1}{2\pi} \int_{-\pi}^{\pi} f(x) \cos 0x \, \mathrm{d}x$$

“在知道 $f(x) = x^2$，$\cos 0x = 1$ 的情况下，心算不难吧？”

$$a_0 = \frac{1}{2\pi} \int_{-\pi}^{\pi} x^2 \mathrm{d}x$$

“确实。x^2 的定积分，心算不难……”

① 不过，题目要的是平方后的积分结果，而图中面积并非题目要的误差。

$$
\begin{aligned}
a_0 &= \frac{1}{2\pi}\int_{-\pi}^{\pi} x^2\,\mathrm{d}x \\
&= \frac{1}{2\pi}\cdot\frac{1}{3}x^3\Big|_{-\pi}^{\pi} \\
&= \frac{1}{6\pi}\left(\pi^3-(-\pi)^3\right) \\
&= \frac{\pi^2}{3}
\end{aligned}
$$

9.4.4 超越灵感

“我想问一个很基本的问题。”泰朵拉说，“是不是每一个算式都有很多种意思呢？”

“的确如此。一个算式可以有很多种意思。算式可以表现出写算式的人的目的，也可以表现出其他的事情。有时候，某些算式中的意义连写下它的人都没注意到，却被几百年后的人发现了其中的奥秘。”

“啊，这属于预言性的发现吧。”

“规定只能用一种方法解读算式是一件很愚蠢的事。只要不是刻意去穿凿附会，也没有理由拒绝那些用逻辑推导出来的东西。”

“原来如此。对了，x^2 这个函数已经是很简单的形式了吧。特地用三角函数表示它，有什么意义吗？我明白之所以用泰勒展开式来表示函数，是因为可以用 x^k 这种很简单的项来描述 $\sin x$ 这种看起来有些难的函数，可是……”

“比如说，我们可以通过 x^2 的傅里叶展开式推导出让泰朵拉惊讶到站起来说不出话来的事实。”能言善道的才女用手推了一下眼镜。

“米尔嘉学姐，我才不会这么夸张。最近我已经没有那么毛毛躁躁了。”

泰朵拉急忙挥手否认。

米尔嘉拿起手边的验算纸，进行了一些计算后抬起头来。

“那就来试试看吧。”米尔嘉说。

到底会发生什么事呢？

◎　◎　◎

那就来试试看吧。

对 x^2 进行傅里叶展开后，得到如下结果。

$$\begin{aligned}x^2 &= \frac{\pi^2}{3} + 4\left(\frac{-\cos 1x}{1^2} + \frac{+\cos 2x}{2^2} + \frac{-\cos 3x}{3^2} + \cdots + \frac{(-1)^k \cos kx}{k^2} + \cdots\right)\\ &= \frac{\pi^2}{3} + 4\sum_{k=1}^{\infty} \frac{(-1)^k \cos kx}{k^2}\end{aligned}$$

这里令 $x = \pi$，注意 $\cos k\pi = (-1)^k$。

$$\begin{aligned}x^2 &= \frac{\pi^2}{3} + 4\sum_{k=1}^{\infty} \frac{(-1)^k \cos kx}{k^2} && \text{通过上式得出}\\ \pi^2 &= \frac{\pi^2}{3} + 4\sum_{k=1}^{\infty} \frac{(-1)^k (-1)^k}{k^2} && \text{令 } x = \pi\\ &= \frac{\pi^2}{3} + 4\sum_{k=1}^{\infty} \frac{(-1)^{2k}}{k^2}\\ &= \frac{\pi^2}{3} + 4\sum_{k=1}^{\infty} \frac{1}{k^2} && \text{因为 } (-1)^{2k} = 1\end{aligned}$$

由此可推导出下式。

$$\sum_{k=1}^{\infty} \frac{1}{k^2} = \frac{1}{4}\left(\pi^2 - \frac{\pi^2}{3}\right) = \frac{\pi^2}{6}$$

泰朵拉，这是什么？

$$\sum_{k=1}^{\infty} \frac{1}{k^2} = \frac{\pi^2}{6}$$

◎　◎　◎

“泰朵拉，这是什么？”

“！”

泰朵拉突然站了起来，仿佛发出了无声的呐喊。

“巴塞尔问题！”我回答道。

“没错，巴塞尔问题。这个十八世纪初的超级难题在欧拉老师解出来之前，没有一个人能回答出来。对函数 x^2 进行傅里叶展开后，便可得到巴塞尔问题的答案。即

$$\sum_{k=1}^{\infty} \frac{1}{k^2} = \frac{\pi^2}{6}$$

这也称为 $\zeta(2)$。”

$$\zeta(2) = \frac{\pi^2}{6}$$

“……”

泰朵拉仍然站着不动，大大的眼睛盯着式子。

“会让人不由自主地站起来，对吧？”米尔嘉说。

“居然可以通过 x^2 的傅里叶展开式算出 $\zeta(2)$ 的值……”

想不到欧拉计算出来的 $\zeta(2)$ 居然可以用这种方法得到。真是想不到。

x 的乘幂、三角函数、微分、积分…… 数学的各个概念之间存在着各种奇妙的关联。

灵感和毅力。

不管是靠灵感解题，还是靠毅力解题都很厉害。但，这也只是数学的一小部分而已。

数学的世界超越了灵感和毅力，比人类想象的更加宽广、更加丰富、更加深奥。这才是数学，不是吗？

一个重大的发现可以解决一道重大的题目，

但是在解答任何一道题目的过程中都会有点滴的发现。

——G. 波利亚[1]

① 引自《怎样解题：数学思维的新方法》，涂泓、冯承天译，上海科技教育出版社2018年出版。——编者注

第10章
庞加莱猜想

因此，若照着哈密顿的研究计划执行，

便可证明三维流形的几何化猜想。

——格里戈里·佩雷尔曼

10.1 公开研讨会

10.1.1 课程结束之后

十二月，我们参加了附近的大学每年都会举办的公开研讨会。公开研讨会是大学老师面向公众开设的讲座。今年研讨会的主题是庞加莱猜想，去年的主题是费马大定理[①]。不知不觉已经过去了一年。

一个多小时的讲座结束后，我们和其他听众一起陆陆续续走出讲堂。

“我没怎么听懂喵……”尤里边说边伸了个懒腰，呼出的白雾渐渐散开。

“是啊。视频很有趣，但总有种似懂非懂的感觉。—— 哇，好冷啊。”泰朵拉说完，拿起护唇膏开始涂嘴巴。

“我们去吃午餐吧。”背着红色背包的理纱说。

①《数学女孩2：费马大定理》中的内容。

“好！要吃什么呢？”尤里说。

“吃什么呢？”米尔嘉回应。

我们五人穿过安静的大学校园，朝着食堂前进。

10.1.2 午餐时间

“去年的主题是费马大定理吧？”我一边吃杂烩饭一边说。

“是啊。”尤里一边吃培根鸡蛋意大利面一边回答，“费马大定理起码问题很简单，可是庞加莱猜想我连问题都看不懂。”

“去年的演讲中出现了很多很难的数学公式，我真的看不太懂。”泰朵拉一边吃着蛋包饭一边说，“和去年相比，这次几乎没有出现数学公式。不过，没有数学公式并不代表内容比较简单。虽然播放的影片中提到了宇宙和火箭，但是影片中的宇宙和我们生活的宇宙是一样的吗？还提到热和温度之类的物理学话题……它们和前面提到的数学又有什么关系呢？我越想越不懂。”

“类比？”吃着三明治的理纱只说了这几个字。

“还有。”尤里突然插话进来，“研讨会上提到了好多人名，我都听烦了。名为佩雷尔曼的人，证明了名为庞加莱的人想出的问题，我还以为只会谈到这两个人。”

我们聊得热火朝天，只有米尔嘉一言不发。她慢慢吃完巧克力蛋糕之后，轻轻闭上眼睛。这就像一个信号般，让我们的对话戛然而止。

沉默。

终于，米尔嘉沉稳而清晰地说出一句话。

“什么是形状呢？”

瞬间，我们所在的地方仿佛变成了教室。

10.2 庞加莱

10.2.1 形状

什么是形状呢?

这个问题并不好回答。“形状”在我们的周围随处可见，以至于被问到“什么是形状”是，我们也不知道该怎么回答。

这就好像我们在被问到“什么是数”的时候会感到困惑一样。这时，我们或许也只能说出 1、2、3 这样具体的数字。但是，这并不是完美的答案。

具体的数字很重要，但我们很难用具体的数字进行深度思考。在代数学中，我们要思考的是群、环和体，还要思考元素之间的运算，定义出不证自明的公理，并进一步思考由此可以说明些什么。

我们一一拆解凝聚于“数”这个词上的许多性质，然后将它们重新组装起来。接着，再透过这些研究，明白什么是数。这样，我们就能超越自己所熟知的数，获得某些东西。

什么是形状呢？长度、大小、角度、方向、内外、面积、体积、全等、相似、弯曲、扭曲、相接、重合、相离、相连、切割……有相当多的概念支撑着“形状”这个词。

我们一一拆解凝聚于“形状”这个词上的许多性质，然后将它们重新组装起来。接着，再透过这些研究，明白什么是形状。这样，我们就能超越自己所熟知的形状，获得某些东西。

◎ ◎ ◎

“超越我们所熟知的形状，获得某些东西。”米尔嘉说。

“研究形状……是指几何学吗?”泰朵拉说。

“没错。”米尔嘉回答，“在今天的公开研讨会上提到的拓扑学，就是几何学的一个领域。拓扑学也可以说是在研究形状。”

“米尔嘉大人，数学不是唯一的吗？”尤里说，“要怎么把形状的各种性质一一拆解开来研究呢？”

“数学的范围很广。”米尔嘉看向尤里，“数学家关心的点也多种多样。若从不同角度探讨形状，关注的性质就会不一样。若将拓扑的概念引入集合，定义拓扑空间是什么，就能讨论集合的连续性与连通性。在拓扑空间的基础上定义流形，就能讨论维度，如果再定义微分流形，还能讨论微分和切空间。若在此基础上思考黎曼度量、定义黎曼流形，就能讨论距离、角度和曲率等性质。虽然几何学的研究对象十分多样，但每个对象都代表着形状的某种意义。有时候，我们也会只关注某些性质而忽略其他性质。”

“还是那个‘装作不知道的游戏’，对吧？”泰朵拉说。

“就像柯尼斯堡七桥问题吗？”尤里说，“虽然可以移动桥，但不能改变连接方式。”

“就像尤里说的那样。”米尔嘉立刻回答，并露出了温和的笑容，“柯尼斯堡七桥问题是图论的起点，被视为拓扑学的起源，也是欧拉老师的研究内容。在这个问题中，相同的连接方式是等价的。换句话说，只要不改变连接方式，怎么变形都可以。这就是图同构的概念。在拓扑空间中，我们会关注在同胚映射时即使变形也不会改变的量，即拓扑不变量。”

“因为不变的东西有命名的价值。”我说。

“确定等价的定义之后，就可以给所有的形状分类了。博物学研究由此开始。”米尔嘉说。

“就像给蝴蝶分类一样。”泰朵拉说。

“就像给甲虫分类一样。”我说。

“就像给宝石分类一样。”尤里说。

“就像给齿轮分类一样。”理纱说。

“研究形状的时候，需要将所有‘形状’放入样本盒内，为其取名，进行分类。分类是研究的第一步。”米尔嘉继续说着，“十九世纪时，人们完成了二维闭曲面的分类。二维闭曲面可以按照定向和亏格数分类，也就是根据有无内外之分以及洞的个数来分类。当然，这里凝聚了众多数学家的心血。另外，我们还可以按照二维闭流形拥有三种几何结构中的哪一种，来对其进行分类。”

米尔嘉停了一下，环顾我们每个人的表情，继续说下去。

“庞加莱猜想是与三维流形分类有关的基本问题。它是一个很基本、很自然的问题，但并不是一个简单的问题。事实上，庞加莱猜想在这一百年间困扰着不少数学家。”

10.2.2 庞加莱猜想

“话说回来，米尔嘉大人，庞加莱猜想究竟是什么呢？”尤里说。

“公开研讨会发放的资料介绍了庞加莱猜想的概况。”泰朵拉一边说着，一边在她大大的粉色背包中不停地翻找什么，“那个资料很重要……咦，我把它放到哪里去了？”

理纱把手册放在桌上。

“啊，谢谢！上面写了庞加莱猜想是数学家亨利·庞加莱在他的论文中提到的问题。这个对拓扑学有重大意义的论文写于 1904 年，也就是 20 世纪初。具体来说，庞加莱猜想是这样的。”

庞加莱猜想

设 M 为三维闭流形。

若 M 的基本群与单位群同构，则 M 与三维球面同胚。

“可是…… 这称不上具体吧？”尤里说。

“没错。”泰朵拉说，“不过有几个用语我大概知道意思。我们可以把三维闭流形想象成一个局部看起来与三维欧几里得空间相同的‘有限却无尽头的’空间。基本群则是一种以自环为基础构建出来的群。”

“三维球面比较难想象出来。”我试着补充泰朵拉的说明，“想象两个实心的地球仪，然后把它们的表面重合在一起，这样就形成了三维球面 —— 有限却无尽头。”

“嗯……”尤里思考着。

“弄懂每个用语固然重要，不过我们还是先来看看庞加莱猜想在逻辑上的结构吧。”米尔嘉说，“如果改用这个方式来说明庞加莱猜想，应该会更好理解。”

庞加莱猜想（换个方式说明）

设与三维闭流形 M 相关的条件 $P(M)$ 和 $Q(M)$ 为

$P(M) = M$ 的基本群与单位群同构

$Q(M) = M$ 与三维球面同胚

此时，对三维闭流形 M 而言，以下逻辑式成立。

$$P(M) \Longrightarrow Q(M)$$

“没错。”泰朵拉说，“而且，因为基本群是拓扑不变量，所以这个逻辑式反过来也必定成立。”

“是的。由于三维球面的基本群与单位群同构，而且基本群为拓扑不变量，所以上述逻辑式反过来也成立。”米尔嘉说。

基本群为拓扑不变量

三维球面的基本群与单位群同构，而且基本群为拓扑不变量，所以以下逻辑式成立。

$$P(M) \Longleftarrow Q(M)$$

“果然…… 对我来说还是太难了！”尤里大叫出声。

“尤里，只看逻辑结构的话，其实一点都不难。”米尔嘉说，“我们刚才提到的就是这两条逻辑。

- $P(M) \Longrightarrow Q(M)$（庞加莱猜想的主张）
- $P(M) \Longleftarrow Q(M)$（已知成立的主张）

那么，如果证明了庞加莱猜想正确，又代表什么呢？”

“代表 $P(M)$ 和 $Q(M)$ 相同吗？”

“没错。如果证明了庞加莱猜想正确，我们就可以知道 $P(M)$ 和 $Q(M)$ 这两个条件等价。换句话说，若能证明庞加莱猜想正确，则

$$P(M) \Longleftrightarrow Q(M)$$

$$M \text{ 的基本群与单位群同构} \Longleftrightarrow M \text{ 与三维球面同胚}$$

这里能明白吗？”

“这我知道，可那又怎样呢？”尤里一脸疑惑地问。

“是这样的。”我忍不住插话道，“庞加莱猜想让我们知道了基本群这个工具的强大之处，因为如果庞加莱猜想成立，那么当我们想了解 M 是否与三维球面同胚时，只要知道 M 的基本群是什么就可以了。”

“也就是讨论基本群是不是一个强力的武器，对吧？”泰朵拉双手紧握，说道。

“想要整理拓扑学的庞加莱为了妥善分类各种流形，想到了拓扑群这个工具。”米尔嘉说，“庞加莱可以通过拓扑群给二维闭流形妥善分类，却无法通过拓扑群为三维闭流形妥善分类，因为他发现了正十二面体空间这个反例。”

我们静静听着米尔嘉说的话。

“随后，庞加莱想到了基本群这个工具。基本群能否用来妥善分类各种三维闭流形呢？这是一个大问题。庞加莱在论文中提到的问题就是，能不能用基本群来判定‘三维闭流形是否与三维球面同胚’。”

“分类和判定不一样吗？”尤里问。

“不一样。一方面，对 M 和 N 而言，若‘M 和 N 的基本群同构’与‘M 和 N 同胚’这两个叙述等价，则我们可用基本群对三维闭流形进行分类；另一方面，若‘M 的基本群与单位群同构’与‘M 和三维球面同胚’这两个叙述等价，则我们可利用基本群判定 M 与三维球面同胚。尤里，这样懂了吗？”

“感觉分类比较难。”尤里说。

“没错。如果可以用基本群分类，就表示我们可以用基本群来判定 M 是否与三维球面同胚。事实上，数学家已经证明了基本群不能用来给三维闭流形分类。庞加莱去世后，数学家发现了透镜空间这个反例。”

说到这里，米尔嘉深吸了一口气，然后又接着说下去。

“我们不可能用基本群为三维闭流形分类，不过我们至少可以用基本群来判定一个三维闭流形是否与三维球面同胚。这，就是庞加莱猜想。”

“可是我还是不知道什么是基本群喵。”尤里说。

我开始向尤里说明什么是基本群。

“基本群就是以自环为基础构建出来的群。将两个可互相变形成彼此的自环视为等价的存在，再将自环的连接操作视为群的运算方式，这就是基本群。基本群为单位群的三维流形，指的就是在该流形内，不管是什么样的自环，都可以在连续变形后塌缩成一个点。假设有一枚火箭拉着一条绳子在一个空间内飞行，火箭绕了一圈后回到出发点，使绳子形成一个自环。接着，我们试着拉回绳子，使自环缩小，看看能不能在不卡到的情况下将绳子顺利收回成一个点。$P(M)$ 表示不管火箭怎么在流形 M 中飞行，我们都可以将绳子收回成一个点。庞加莱猜想若成立，就表示如果绳子一定能收回成一个点，则 M 与三维球面同胚，如果绳子在被收回的途中可能会卡住，则 M 与三维球面不同胚。”

“嗯…… 好像有点懂了。”尤里说，“所以佩雷尔曼证明了基本群可以当作判定工具吗？”

“没错。不过，佩雷尔曼还证明了其他的东西。”米尔嘉说，“他证明了瑟斯顿的**几何化猜想**。这是包含庞加莱猜想在内的较为一般化的论述。佩雷尔曼证明了瑟斯顿的几何化猜想，并由此证明了庞加莱猜想。”

“瑟斯顿……”泰朵拉说。

“又出现新的名字了……”尤里说。

10.2.3 瑟斯顿的几何化猜想

“瑟斯顿的几何化猜想比庞加莱猜想论述的范围更广。”

瑟斯顿的几何化猜想

所有的三维闭流形，皆可以标准方法分解成数个片段，每个片段皆属于八种几何结构之一。

“给定一个三维闭流形 M。庞加莱猜想主张基本群可以用来判定 M 是否与三维球面同胚。”米尔嘉缓缓说道，“瑟斯顿几何化猜想的内容则是如何给三维闭流形分类——它主张不管是什么样的三维闭流形，都可以用标准方法将其分解成八种基本几何结构中的一种。”

“其实就是质因数分解。”泰朵拉大声说道。

“为什么这么说？”尤里问。

“所有整数都可以被质因数分解，所以我猜瑟斯顿几何化猜想主张的内容可能也与此相似。”

“某种程度上确实和质因数分解很像。”米尔嘉说，“将三维闭流形视为多个较简单的流形的连通和，再将其一一分解。这里的连通和，指的是分别从两个流形中切出球形切口，再将这两个切口的边界粘起来的操作。有一套标准的分解方法可以将一个复杂的三维闭流形分解成数个片段，这些片段皆属于八种几何结构中的一种。这就是瑟斯顿的几何化猜想。就像所有正整数皆可由不同的质数组合唯一决定一样，几何化猜想认为，所有三维闭流形皆可由八种几何结构的不同组合唯一决定。如果瑟斯顿的几何化猜想得证，就证明了庞加莱猜想也正确。”

“什么是几何结构呢？”泰朵拉问。

“在某个空间内，全等是什么意思呢？用群的形式来说明全等的意义，就是所谓的全等变换群。同时考虑空间与全等变换群的情况，就是所谓的几何结构。克莱因在‘埃尔朗根纲领’①中提出几何学就是借由变换群来研究不变性，进而衍出几何结构的概念。在很多时候，我们要小心使用‘几何’这个词。”米尔嘉说，“举例来说，20 世纪初期，人们就已经知道二维闭流形可以按照球面几何、欧几里得几何和双曲几何这三种几何结构进行划分。在球面几何的情况下，二维闭流形定义为全等变换群 $SO(3)$；在欧几里得几何的情况下，二维闭流形定义为欧几里得全等变换群；在双曲几何的情况下，二维闭流形定义为双曲变换群 $SL_2(\mathbb{R})$。我们也可以把这些想成使用群来给几何学分类。瑟斯顿的几何化猜想可以说就是三维闭流形的版本，不过它是把流形分解成片段。”

---

① 德国数学家菲利克斯·克莱因于1872年发表的一个深具影响的研究纲领，题目为《关于现代几何学研究的比较考察》。——编者注

“就像分解时钟那样。”理纱淡淡地说。

10.2.4 哈密顿的里奇流方程

“就是这个意思。”我说，“庞加莱猜想认为，我们可以用基本群来判定三维闭流形与三维球面是否同胚。瑟斯顿的几何化猜想则认为，所有三维闭流形皆可分解为多个片段，每个片段皆属于八种几何结构之一。佩雷尔曼证明了瑟斯顿的几何化猜想，这也证明了庞加莱猜想。是这样吧？”

“没错。不过，在说佩雷尔曼之前，还得先提哈密顿的研究才行。”米尔嘉说。

“又是新的名字……”尤里说。

“手册上是这样说的。”泰朵拉说，“为了挑战瑟斯顿的几何化猜想，数学家哈密顿引入了里奇流方程，并取得了一定成果。哈密顿证明了在里奇曲率为正的条件下，庞加莱猜想正确。然而，由于里奇流方程中有些未解决的问题，所以之后的二十年，哈密顿一直无法证明里奇曲率不为正时庞加莱猜想是否正确。最终，解决了这个问题、拼上最后一片拼图的，就是佩雷尔曼。佩雷尔曼用一个崭新的方法证明了瑟斯顿的几何化猜想。”

“好复杂啊。”尤里回答。

“等一下，让我把前面的内容整理一下。”泰朵拉一边说，一边拿起笔记本开始记录，“整理好了，就是这样吧。”

- 庞加莱提出了庞加莱猜想。不过，庞加莱自己证明不出来
- 瑟斯顿提出了包括庞加莱猜想在内的瑟斯顿几何化猜想。不过，瑟斯顿自己也证明不出来
- 哈密顿使用里奇流方程证明了需要满足一定条件的庞加莱猜想。但是，如果拿掉这个条件，哈密顿就证明不出来了

- **佩雷尔曼利用哈密顿的里奇流方程证明出了瑟斯顿几何化猜想，同时证明出了无须满足任何条件的庞加莱猜想**

“原来如此。”尤里说。

“就像接力赛一样。”泰朵拉说，“自己想到的问题不一定由自己解决。自己解决不了的问题，就只能交给其他人解决了。数学家就是这样彼此合作的，把接力棒不断传下去。”

“同感。”理纱说。

“不过，他们并不是自己把接力棒交出去的。他们应该还是想自己解决问题的吧……”尤里小声说。

“泰朵拉整理的内容大致正确。”米尔嘉认真地说，“不过，把庞加莱猜想的证明只归功于这四个人就太过简化了。确实，三维的庞加莱猜想曾在很长一段时间内没有被证明出来，但在这段时间内，许多数学家证明出了高维的庞加莱猜想。瑟斯顿的几何化猜想也是如此。许多数学家详细研究了这八种几何结构，并确认了在许多情况下，瑟斯顿的几何化猜想会成立。当然，瑟斯顿自己也进行了相关研究，并不是把问题丢给其他数学家后就袖手旁观。”

“好复杂啊。”尤里说。

“不能把历史简单化。”米尔嘉说，“虽然人们总是想把历史简单化。”

10.3　数学家们

10.3.1　年表

“理纱，列好年表了吗？”米尔嘉说。

“列好了。”理纱把计算机屏幕转向我们。

我们凑上前去，仔细看着屏幕。

公历	事件
公元前300年左右	欧几里得编写《几何原本》
1736年	欧拉发表柯尼斯堡七桥问题的相关论文
18世纪	萨凯里、朗伯、勒让得、鲍耶的父亲、达朗贝尔等数学家尝试证明平行公理，皆失败
1807年	傅里叶提出与热传导方程有关的傅里叶展开式
1813年	高斯可能发现了非欧几何，但他没有发表
1822年	傅里叶出版《热的解析理论》
1824年	鲍耶发现非欧几何
1829年	罗巴切夫斯基发表与非欧几何有关的论文
1830年左右	伽罗瓦的群论诞生
1832年	鲍耶发表他关于非欧几何的研究成果
1854年	黎曼在就任演讲中描述流形
1858年	利斯廷和默比乌斯各自发现默比乌斯带
1861年	利斯廷发表与默比乌斯带有关的论文
1865年	默比乌斯发表与默比乌斯带有关的论文
19世纪60年代	默比乌斯以亏格分类二维闭流形
1872年	克莱因于就任演讲中提出“埃尔朗根纲领”
1895年	庞加莱发表与拓扑学有关的系列论文中的第一篇《位置分析》
19世纪	克莱因、庞加莱和贝尔特拉米构建非欧几何的模型
1904年	庞加莱写下《位置分析》的第五篇补充论文 （正十二面体空间与庞加莱猜想）
1907年	庞加莱、克莱因和克贝将二维闭流形分成三种几何结构（欧几里得几何、球面几何和双曲几何）
1961年	斯梅尔发表论文，证明了五维及五维以上空间中的庞加莱猜想
1966年	斯梅尔获得菲尔兹奖
1980年	瑟斯顿提出几何化猜想
1980年	哈密顿引入里奇流方程
1980年	哈密顿证明了里奇曲率为正时的庞加莱猜想
1982年	弗里德曼证明了四维空间中的庞加莱猜想
1982年	瑟斯顿写下几何化猜想的论文
1982年	瑟斯顿获得菲尔兹奖
20世纪90年代	哈密顿将里奇流方程应用于二维流形
2000年	克雷数学研究所提出包含庞加莱猜想在内的千禧年大奖难题
2002年	佩雷尔曼发表论文，提出通过哈密顿计划证明几何化猜想的方案
2003年	佩雷尔曼发表两篇论文补充证明细节
2006年	国际数学家大会（ICM）确认佩雷尔曼的证明正确
2006年	佩雷尔曼拒绝领取菲尔兹奖
2007年	摩根与田刚出版研究佩雷尔曼之证明的专著
2010年	克雷数学研究所宣布证明了庞加莱猜想的佩雷尔曼荣获千禧年大奖
2010年	佩雷尔曼拒绝领取千禧年大奖

“当然，这也只是一小部分历史而已。”米尔嘉说，“许多挑战了庞加莱猜想，但没能证明出来的人并没有列在这张表中。”

“这里写着斯梅尔证明了五维及五维以上空间中的庞加莱猜想。”泰朵拉说，“这表示庞加莱猜想也可以分成很多种吗？”

“庞加莱猜想论述的对象是三维闭流形，不过这里的三维可以推广为 n 维，转换为一般化的形式。这时，基本群也要一起一般化。”

“斯梅尔证明了五维及五维以上空间中的庞加莱猜想，之后弗里德曼证明了四维空间中的庞加莱猜想。低维空间中的情况反而较晚被证明出来，这一点让我觉得有些不可思议。”

“在那之后的很长一段时间里，三维空间中的庞加莱猜想也没人能证明出来，或许是因为这有什么特别之处吧。”米尔嘉说，“无论如何，最后留下来的只有三维空间中的庞加莱猜想。就结果而言，庞加莱最初提出的问题反而留到了最后。”

“就像终极大魔王从一开始就登场了。”泰朵拉说。

10.3.2 菲尔兹奖

“从年表来看，感觉 20 世纪 80 年代发生了很大的变化。”我说，“瑟斯顿提出了几何化猜想，哈密顿也引入了里奇流方程。”

“菲尔兹奖是什么？”尤里问，“好像出现了很多次。”

“菲尔兹奖可以说是数学界的诺贝尔奖。”泰朵拉说，“它是数学界最有名的奖。”

“菲尔兹奖只颁给不超过四十岁的人。不过，证明了费马大定理的怀尔斯虽然超过四十岁，却也获得了一个特别奖。”我说。

“咦，这里写了佩雷尔曼拒绝领取菲尔兹奖？”尤里指着年表说，“因为他超过四十岁了吗？”

“不是的，这里写的是‘拒绝领取’。佩雷尔曼虽然获得了菲尔兹奖，但他没有接受这个奖。”

“啊，为什么不领奖呢？”

“2006 年，佩雷尔曼荣获菲尔兹奖，但他拒绝领奖。”米尔嘉说，“没有人知道确切的原因。有人说是因为佩雷尔曼认为哈密顿并没有得到相应的荣誉，也有人说佩雷尔曼不喜欢参与和数学没有直接关系的事情。”

“这是菲尔兹奖的官方网站。”理纱说着，把网页打开给我们看。

我们找到 2006 年菲尔兹奖得主的那一栏。上面列出了获得该年度菲尔兹奖的四人的姓名，姓名按字母顺序排列。

2006

Andrei OKOUNKOV
Grigori PERELMAN*
Terence TAO
Wendelin WERNER
*Grigori PERELMAN declined to accept the Fields Medal.

“注释里写着‘Grigori PERELMAN declined to accept the Fields Medal.’。”泰朵拉说，“decline 是拒绝的意思，这段注释的意思是格里戈里·佩雷尔曼拒绝领取菲尔兹奖。”

佩雷尔曼拒绝领取的菲尔兹奖奖牌①
（奖牌上刻的是阿基米德的侧脸）

10.3.3　千禧年大奖难题

“哥哥，年表上面写的千禧年大奖难题是什么呢？”尤里问。

“克雷数学研究所在2000年列出了七个未解决的数学难题，若能解决这些问题，就可以获得奖金。”我说，“庞加莱猜想就是七个问题中的一个。不过，佩雷尔曼没有领取这个奖。”

“奖金有多少呢？”

“一百万美元。克雷数学研究所为这七个问题准备了总额为七百万美元的奖金。”

“解出一个问题就有一百万美元，评审员责任重大啊。”

“要满足一定的要求才能获得奖金。”我一边看着理纱拿出来的手册一边说，“首先，千禧年大奖难题的解题过程需要刊载在可供同行评审的论文期刊上。其次，要给两年的时间让数学家充分判断解题过程是否正确。最后，克雷数学研究所会征求专家的意见，决定是否给解题者颁奖。”

“就算这样也有一百万美元的奖金啊！”

---

① 这张照片由柏林ZIB研究所的斯特凡·察霍（Stefan Zachow）博士提供。

“数学家与数学奖项之间的关系很奇妙。”米尔嘉说，“人们喜欢对完成重要工作的人给予奖赏，针对数学问题设置的奖项不在少数，高额的奖金也能吸引许多人的注意。但是，数学家不是为了获奖而研究，也不是为了奖金而研究，他们是因为数学很有魅力才去研究数学的。对数学家来说，数学本身才是最重要的。”

“那、那个……”泰朵拉发出声音，“我并不是要反对‘数学本身才是最重要的’这种说法，只是我觉得人与数学之间的关系并没有那么简单。就算有人想单独研究，数学难题也不是一个人就能研究透的……从刚才的年表中就可以感觉到这一点。我觉得数学家要跨越时空彼此合作，才能解出一道难题。”

“嗯？”

“如果说佩雷尔曼真的是因为哈密顿没有得到相应的荣誉而拒绝领奖，我觉得这表示他很重视其他数学家的研究成果。”

“当然。”

“这代表佩雷尔曼对其他人的研究抱有敬意，也显示出他很重视数学这门学问。解决问题后撰写论文，也是为了给未来的研究者提供参考。所谓数学能超越时空，正是因为有着众多数学家的合作才能得以实现。”

“就像泰朵拉说的那样。”米尔嘉说，“佩雷尔曼的论文中也仔细记录了前人的研究，并以星号标注。每个人对数学的贡献各有不同，重要的是，数学的世界能否因此而变得更加丰富。就像费马大定理催生出许多数学家一样，就像柯尼斯堡七桥问题成为拓扑学的开端一样，我们其实很难预测哪个问题能让数学的世界变得更加丰富。数学就像一张很大的壁毯。”

“壁毯？”尤里问。

“英文是 tapestry，指挂在墙壁上的巨大纺织品。”泰朵拉说。

“数学就像一张很大的壁毯。”米尔嘉又重复了一次，“有些人只留下几根线条，有些人只留下一些图案，但要做出一张完整的壁毯，需要所有人合作才行。要根据自己的能力和关注的领域来做出贡献。”

“不过，如果每个数学家都有自己的研究目标，数学领域不就会越分越细了吗？”泰朵拉问。

“可以这么说，但每个领域的研究也会因此而越来越完整，在面对重要问题时，人们也会准备得越来越充分。”米尔嘉说。

“代数拓扑几何学就是用代数的方法来研究拓扑几何学，对吧？”我说。

“庞加莱猜想就是在代数学与几何学的合作下证明出来的。”

“只说对一半。”米尔嘉伸出右手，做出像是切开什么的动作，“确实，致力于解决庞加莱猜想的许多数学家推进了各个数学领域的研究。不管是代数拓扑几何学，还是微分拓扑几何学。不过，经过许多数学家的挑战，最后用来证明庞加莱猜想的工具，却是源自于物理学的方法。”

米尔嘉站了起来，她的长发自然地散开。

我们仰望着她。

“数学家在不同的世界间架起了桥梁。没有人规定某个领域中的问题就一定要用那个领域的方法来解决。相反，使用其他领域的工具来解决数学领域的问题，才能让数学领域变得更为广大。”

“能用的武器都要试着用一下，对吧？”泰朵拉说。

“说得真好！”尤里说。

10.4　哈密顿

10.4.1　里奇流方程式

我们一直在大学的食堂里聊天，饮品早已凉掉。不过，米尔嘉仍继续说着。

“为瑟斯顿几何化猜想和庞加莱猜想的证明拼上最后一块拼图的人确实是佩雷尔曼。不过，在说佩雷尔曼之前，我们不得不提哈密顿的贡献。这是因为，发现决定性工具的人就是哈密顿。这个由哈密顿发现、研究，并由佩雷尔曼在证明庞加莱猜想时使用的工具，叫作**里奇流方程**。”

说完，米尔嘉低头喝了一口咖啡。像是为了填补这一瞬间的空白，泰朵拉提出了问题。

“研讨会上也讲到了这个里奇流方程。它是源自于物理学的工具吗？我实在是没听懂。当然，里奇流方程本身就很难理解了，不过我更不懂的是，为什么数学的证明中会用到物理学呢？我一直以为数学理论不会受到物理定律的支配，所以不太能接受用物理定律来证明数学理论这一点。”

米尔嘉很自然地接过泰朵拉的话，开始回答。

“这并不是用物理定律来证明数学理论，只是哈密顿的里奇流方程与物理学中研究热传导时发现的傅里叶的热传导方程有相似的形式而已。它们的微分方程形式相似，解出来的函数形式也很相似，但这并不代表它们是用物理定律来证明数学理论的。”

“傅里叶的热传导方程。”泰朵拉复读了一遍。

“又是一个新的名字……”尤里说。

10.4.2 傅里叶的热传导方程

“物理学中特别关注物理量。”米尔嘉用沉稳的语气说，“物理量包括时间、位置、速度、加速度、压力和温度等。比如，思考物体内部某个位置 x 在时间 t 的温度 u，这就是一个物理学问题。我们常用微分方程来表示物理定律。”

我们默默地点了点头。

“在傅里叶的热传导方程中，我们将物体的温度视为位置与时间的函数，然后用微分方程来表示这个函数。想象一下，给定初始温度分布后，随着时间的流逝，温度也会发生改变，对吧？”

“就像温热的咖啡会逐渐变冷？”泰朵拉问。

“就像牛顿冷却定律？”我问。

“牛顿冷却定律只考虑了时间。”米尔嘉回答，“傅里叶的热传导方程还考虑到了位置。”

“就像杯子已经冷掉，但里面的咖啡还是温热的一样吗？”尤里问。

“啊，是热传导实验！”我说，“加热金属棒的一端，研究热的传导速度。不同材质的金属棒，传导热的速度不一样。”

“差不多就是这样。”米尔嘉点了点头。

“那我就懂了！”泰朵拉大声说道，“不管是牛顿运动方程还是胡克定律，都是用微分方程来表示位置的。与之类似的傅里叶热传导方程，则是用微分方程来表示温度的，对吧？”

10.4.3　颠覆性的想法

泰朵拉突然兴奋起来，但没过多久又沉下脸。

“那个……我理解得比较慢，还有一些疑问。我明白傅里叶的热传导方程是和温度有关的微分方程。可是，与它类似的里奇流方程，就不是和温度有关的微分方程了吧？因为数学领域中并没有温度这个东西啊。”

“在里奇流方程中，与热传导方程中的温度相对应的是黎曼度量。”米尔嘉回答，“黎曼度量由黎曼提出，是流形中决定距离与曲率的度量。”

“又是一个新的名字……”尤里说。

“呜——”泰朵拉双手抱头，“这也太奇怪了。温度会随着时间的变化而变化，这是这个世界的物理定律，但是随着时间的流逝，黎曼度量竟然也会发生改变，这实在令人难以想象。数学上的量居然会随着时间发生改变，这不是很奇怪吗？这就像是数学世界被物理世界支配了一样！”

我被泰朵拉的话深深打动。她的疑惑是合乎逻辑的。虽然她不知道什么是里奇流方程，也不知道什么是黎曼度量，但她正在努力保持理解的一致性。把温度转换成黎曼度量后，黎曼度量这种数学上的量也会随着时间改变吗？她提出的这个问题很重要。—— 真是的，这个活力少女究竟是何方神圣。

“泰朵拉问了一个很好的问题。”米尔嘉的眼睛为之一亮，“这是一个颠覆性的想法。热传导方程是与温度有关的微分方程，通过计算我们可以知道温度的变化，但里奇流方程并非如此。解里奇流方程的目的是使黎曼度量产生变化。也就是说，我们的目的并不是发现变化，而是使其发生变化。”

“还是不懂。”泰朵拉说，“因为时间 ——”

“归根结底，里奇流方程中类似于时间 t 的参数并不是物理意义上的时间，只是单纯的参数而已。不过为了方便说明，人们有时会将 t 比作时间，并使用‘古代解’‘初始条件’这类带有时间属性的词语。但事实上，这里并没有用现实中的时间概念来证明数学理论。”

“原来如此。”泰朵拉轻轻点了点头。

“里奇流方程可计算出随着参数 t 而改变的黎曼度量，黎曼度量可决定曲率。当黎曼度量发生改变时，曲率也会跟着改变。当曲率发生改变时，流形就会跟着变形。里奇流方程的作用是适当调整黎曼度量、适当改变曲率以及适当变形流形。”

“适当是什么意思呢？”泰朵拉立刻问。

“所谓适当，指的是适当调整参数，以使方程能够用来证明瑟斯顿几何化猜想。改变黎曼度量的方法有无数种。哈密顿用里奇流方程来表示改变的方向。受参数 t 的影响、满足里奇流方程的黎曼度量就称为里奇流。哈密顿期望能借由里奇流得到流形曲率均匀的结果，就像随着时间的流逝，物体温度分布会趋向均匀那样。当曲率均匀时，流形在数学上就比较好处理了，毕竟曲率均匀的流形在20世纪中期就已经分好类了。”

“听到这里的时间不是真正的时间，我就放心多了。”泰朵拉点了点头，“话说，之前讲到自环的时候，也有提到要改变t这个参数。虽然那时的t不是指时间，但我们也可以把它看成时间，对吧？”

“自环的t和里奇流的t没有关系，不过，它们都扮演着参数的角色。”米尔嘉说，“总而言之，哈密顿发现了里奇流方程，仔细研究后，提议将它用来证明瑟斯顿几何化猜想。这个研究方针就叫作哈密顿计划。”

10.4.4　哈密顿计划

哈密顿计划

利用里奇流方程改变黎曼度量，使三维闭流形变形，以解决瑟斯顿几何化猜想。

变形时所产生的奇点，可用名为**手术**的方法将其摘除。

“哈密顿借由里奇流方程，使用参数t改变黎曼度量，是为了操作三维闭流形的曲率。曲率有很多种。黎曼所引入的曲率张量包含了相当多关于黎曼流形的信息，如扭曲方式等。这些信息既敏感又复杂，难以处理。哈密顿将曲率张量R_{ijkl}简化，以里奇曲率R_{ij}取而代之。在里奇流方程的解中，随着时间的流逝，里奇曲率会逐渐均匀化，最后会完全均匀。然而，此时会出现曲率无限大的**奇点**，这是一大麻烦。于是，哈密顿又提出了**里奇流手术**。具体来说，就是在奇点即将形成时，暂时停止时间，将奇点通过手术切除后，再让时间开始流动。”

“时间是指刚才说的参数t吗？”泰朵拉说。

“没错，它们的对应关系是这样的。”米尔嘉开始写字。

物理学的世界		**数学的世界**
热传导方程	←----→	里奇流方程
热传导体	←----→	三维闭流形
位置 x	←----→	位置 x
时间 t	←----→	参数 t
温度	←----→	黎曼度量(刚才计算的里奇曲率)
温度的均匀化	←----→	里奇曲率的均匀化

“这究竟是在做什么呢？使曲率均匀化和瑟斯顿几何化猜想的证明有什么关系呢？”我问。

“哈密顿期望的是，不管三维闭流形原本的黎曼度量是什么，都可以借由里奇流变形，得到曲率均匀的三维闭流形。在给无数的三维闭流形分类整理时，这种方法会很高效。”

“可是，米尔嘉大人，这样真的解得出来吗？”尤里说，“手……还要做手术？”

“哈密顿以此为基础进行研究，证明了许多理论。首先，他证明了若给定黎曼度量，则存在里奇流的初始值。其次，他证明了在里奇曲率皆为正的条件下，庞加莱猜想成立。另外，若加上无奇点、截面曲率均匀、有界等条件，便能证明瑟斯顿的几何化猜想。”

“加上条件的话……”泰朵拉喃喃自语。

“没错。哈密顿证明了带条件的庞加莱猜想和瑟斯顿几何化猜想。为了去除哈密顿计划的障碍——奇点，哈密顿建构出了可以动手术的里奇流方程。只要在有限次数的手术中摘除所有奇点，并证明拿掉所有奇点后，奇点以外的截面曲率将变得均匀且有界就可以了。不过，如果出现了一种名为‘雪茄’的奇点，就不能用上述方法处理了。这也成为了哈密顿计划的一大阻碍。于是，二十年的岁月就在克服这一阻碍的过程中过去了。”

“二十年！”尤里感慨道。

“摘除了雪茄型奇点的，就是佩雷尔曼，对吧？”我说。

“佩雷尔曼证明了里奇流不会产生雪茄型奇点。”

“不会产生？”

“没错。哈密顿也预测了里奇流不会产生雪茄型奇点，但佩雷尔曼用非局部塌缩定理证明了这一点。不过，这并不代表问题已经完全解决。佩雷尔曼又证明了传播型非局部塌缩定理和标准邻域定理等定理，实现了哈密顿计划，证明了瑟斯顿几何化猜想。佩雷尔曼先后发表了三篇与里奇流方程有关的论文。这些论文证明了瑟斯顿几何化猜想，证明了庞加莱猜想，使人们更加重视里奇流方程。”

“佩雷尔曼拼上了最后一片拼图……”泰朵拉说。

“可以这么说。”米尔嘉降低了音量，“不过，这片拼图究竟有多大，只有专家才能准确描述。证明了瑟斯顿几何化猜想的，究竟是佩雷尔曼，还是哈密顿和佩雷尔曼？这是个复杂的问题。要是没有哈密顿的里奇流方程，佩雷尔曼就没有解开这个问题的线索；要是没有佩雷尔曼引入的方法及定理，这个问题就无法解开。证明一个很大的定理时，找到了可行的解题路径但没有走完全程的人，与拼上了最后一片拼图的人，究竟谁的贡献比较大？这实在难以比较。不过，数学领域一般只会留下拼上最后一片拼图的那个人的名字，不管他本人愿不愿意。”

“论文是指这个吗？”理纱轻咳了一声，指着计算机屏幕说。

米尔嘉看过后点了点头。

“下面我们来看看佩雷尔曼的论文吧。”

10.5 佩雷尔曼

10.5.1 佩雷尔曼的论文

我们再一次凑上前去，阅读计算机屏幕上的文字。

- Grisha Perelman, The entropy formula for the Ricci flow and its geometric applications
- Grisha Perelman, Ricci flow with surgery on three-manifolds
- Grisha Perelman, Finite extinction time for the solutions to the Ricci flow on certain three-manifolds

“格里沙·佩雷尔曼。”米尔嘉说，“他是俄罗斯人。”

“原来他的名字叫格里沙啊。”泰朵拉说。

“他的本名是格里戈里·佩雷尔曼。”米尔嘉说，“格里沙是他的昵称。”

“原来论文是用英语写的啊……”尤里说。

“是啊。”我说，“不是日语。”

“我不是那个意思！”尤里生气地说，“因为佩雷尔曼是俄罗斯人，所以我还以为论文是用俄语写的！”

“在现代，论文都是用英语写的。”米尔嘉说，“为了让全世界的人都能阅读，论文会使用目前国际上较为通用的语言来写。”

“论文就像是写给后人的书信。”泰朵拉点了点头。

“佩雷尔曼在论文批注中写了一些致谢词，说感谢许多研究机构给了他研究机会。我们来看看这个部分吧。”

I was partially supported by personal savings accumulated during my visits to the Courant Institute in the Fall of 1992, to the SUNY at Stony Brook in the Spring of 1993, and to the UC at Berkeley as a Miller Fellow in 1993-95. I'd like to thank everyone who worked to make those opportunities available to me.

"'我以访问学者的身份在 1992 年秋天去了柯朗研究所，在 1993 年春天去了纽约州立大学石溪分校。在 1993 年至 1995 年，我以米勒研究员的身份待在了加州大学柏克利分校。我在这些地方积累的个人储蓄为我的研究提供了部分支持。在此，我要感谢那些愿意给我机会的人'。接着就是正文了，正文的开头是这样的 ——"

The Ricci flow equation, introduced by Richard Hamilton [H 1], is the evolution equation $\frac{\mathrm{d}}{\mathrm{d}t}g_{ij}(t) = -2R_{ij}$ for a riemannian metric $g_{ij}(t)$.

"'理查德·哈密顿所引入的里奇流方程，就是黎曼度量 $g_{ij}(t)$ 的发展方程 $\frac{\mathrm{d}}{\mathrm{d}t}g_{ij}(t) = -2R_{ij}$' ①。"

"米尔嘉大人好厉害！"

"尤里，我只是把简单的叙述句翻译出来而已。我现在还没有阅读这篇论文的能力，只是能看懂一些段落，比如这部分。"

Thus, the implementation of Hamilton program would imply the geometrization conjecture for closed three-manifolds.

In this paper we carry out some details of Hamilton program.

"'因此，若照着哈密顿的研究计划执行，便可证明三维流形的几何化猜想。在这篇论文中，我们将一步步实现哈密顿计划'。这段文字说明佩雷尔曼的方案是借助哈密顿计划来证明瑟斯顿几何化猜想。"

"我们？"泰朵拉说。

---

① 佩雷尔曼这里写的 $\frac{\mathrm{d}}{\mathrm{d}t}$ 看起来很像常微分方程，但里奇曲率 R_{ij} 也包含了位置的偏微分，所以这里的 $\frac{\mathrm{d}}{\mathrm{d}t}$ 实际上是偏微分方程。

“这是一种名为 author’s we 的论文写作风格。”米尔嘉说，“即使论文是一个人写出来的，也会用 we 自称。”

“明明是格里沙一个人写的，人称还用复数形式，真是有趣。”泰朵拉说。

“写论文的人是格里沙，但读的人就不只他一个了。author’s we 的意思是 the author and the reader，表示阅读这篇论文的读者和作者佩雷尔曼一起执行哈密顿计划。”

“原来如此。”泰朵拉说，“确实，读者不是只有作者一个人，而且读者可以站在作者的视角理解问题。”

“也可以说是作者邀请读者来参加这个讨论的。”米尔嘉说。

“implementation？”理纱向米尔嘉丢出一个问句。

“哈密顿计划指出了一条证明瑟斯顿几何化猜想的路径，但只有这样是不够的，还要有实际的证明过程才行，所以这里才会用 implementation 这个词。”

“没想到小理纱居然带了佩雷尔曼的论文呢。”我说。

“我是搜索出来的。”理纱回答，“马上就找到了。”

“佩雷尔曼将他的证明写成了论文。”米尔嘉说，“网上有一个名为 arXiv 的开放式论文网站。佩雷尔曼向这个网站投了稿，所以只要从 arXiv 上将 PDF 文档下载下来，任何人都可以随时阅读，就像我们现在这样。”

“但我读不懂……”

“只要加强英语阅读能力，就能看懂这些段落的字面意思了。如果再拥有足以理解这些数学理论的能力，就能看懂佩雷尔曼的主张了。他只在 arXiv 上投了稿，没有在同行评审期刊上投稿。”

“等一下，这样不就违反千禧年大奖的要求了吗？”尤里说，“千禧年大奖不是规定必须在可供同行评审的论文期刊上投稿吗？”

“这一点倒不是问题。千禧年大奖的要求中有一个附注说明，说如果有刊物可以等同于同行评审期刊，那么也没什么问题。摩根与田刚出版的那本专著就可等同于同行评审期刊。而且说到底，不管是菲尔兹奖还是千禧年大奖，佩雷尔曼都拒绝领取了。”

“哦，是这样啊。”

“佩雷尔曼向 arXiv 投稿，对数学界来说或许是件好事，因为全世界的数学研究者都可以随时随地读到这篇论文，而且论文中还用到了许多鲜有人用的新方法。佩雷尔曼重新整理里奇流方程这套工具，拓宽了数学的世界。数学研究者们透过论文了解到里奇流方程的新样貌后，又可以进一步拓宽数学的世界。”

“佩雷尔曼把论文发表到 arXiv 上后，他的这项工作就告一段落了……”泰朵拉说。

10.5.2 再前进一步

“现在，我们已经知道佩雷尔曼将论文投稿到 arXiv，解决了瑟斯顿几何化猜想与庞加莱猜想，但——”

米尔嘉用淡淡的语调说着，我们则认真倾听。

“但我们了解得还不够多。至少，在数学这个领域内，我们还要再前进一步……大家应该都会有这种想法吧？”米尔嘉说。

“有啊。”泰朵拉说。

“确实。”我说。

“要是没那么难就好了。”尤里。

“……”理纱保持沉默。

“话虽如此，但里奇流方程毕竟是涉及曲率张量的偏微分方程，如果从这个地方开始讨论，想必会很困难，因为连我自己都还没有完全理解。那么，接下来我们该怎么办呢？”

“我有个提议！”泰朵拉举起了她的手，“我想了解更多物理学上的方法，想必这个过程中也会遇到物理学中的‘生动的语言’吧？”

“那我们就从这里开始吧。”米尔嘉马上回答。

“我想再买一杯饮料。”尤里说，“我又口渴了。”

“我需要很多纸。”米尔嘉说。

“我去小卖部买吧。”我说。

“我有。”

理纱从红色背包中拿出了一沓白纸。

10.6 傅里叶

10.6.1 傅里叶的时代

“哥哥，傅里叶也有拿到菲尔兹奖吗？”尤里一边喝着哈密瓜汁一边问我。

“傅里叶生活的年代还没有菲尔兹奖。”我回答。

“约瑟夫·傅里叶，法国数学家、物理学家，生于1768年，卒于1830年。”理纱打开计算机，轻咳了几声后说道，“约翰·菲尔兹，加拿大数学家，生于1863年，卒于1932年。菲尔兹奖设立于1936年。”

“原来傅里叶是18世纪末到19世纪初的人啊。”泰朵拉说，“法国……法国大革命的时代？”

“傅里叶出生在一个贫穷人家，八岁时就成了孤儿。”米尔嘉说，“他的一生经历了数不清的苦难，却也堪称波澜壮阔——他先是成为一名数学教授，后又和拿破仑一起远征埃及，担任地方长官，在乱世中发挥了自己的才能。想必是一位才华横溢的人吧。据说，他还差点被送上了断头台。”

“断头台?!”尤里叫出声。

“1811 年，法国科学院征集与热传导相关的论文。傅里叶将他过去的研究写成论文后投稿，最终获奖。”

今天是冬季里晴朗悠闲的一天。

我边喝温热的茶，边想着傅里叶的故事。八岁就成了孤儿的他，对于家庭有什么想法呢？他又是用什么样的心情在研究数学呢？我完全无法想象。

10.6.2　热传导方程

“热传导方程处理的是温度。”米尔嘉说。

“如果是牛顿冷却定律，我们已经解过了。”我说。

“牛顿冷却定律会将温度 u 表示成时间 t 的函数 $u(t)$。傅里叶的热传导方程则将温度 u 表示成位置 x 和时间 t 的函数 $u(x,t)$。我们试着比较一下二者的差异。”米尔嘉说，“首先，这是牛顿冷却定律。假设室温为 0℃。”

牛顿冷却定律

温度的变化速度与温差成正比。

$$\frac{\mathrm{d}}{\mathrm{d}t}u(t) = Ku(t) \qquad K\text{为常数}$$

“这里的 $u(t)$ 指的是时间为 t 时物体的温度，所以这个微分方程描述的是，在室温为 0℃的房间内放置一物体时，物体的温度变化。”

“原来如此。”

“傅里叶热传导方程是这个。”

傅里叶热传导方程

设温度 $u(x,t)$ 满足以下偏微分方程。

$$\frac{\partial}{\partial t}u(x,t)=K\frac{\partial^2}{\partial x^2}u(x,t)\qquad K\text{为常数}$$

这个式子就叫**热传导方程**(一维的情形)。

“若要问热传导方程是什么，简单来说，就是用来描述热传导的**偏微分方程**，也可说是将热传导这个物理现象以偏微分方程的形式**模型化**的结果。”米尔嘉说，“接下来，我们把傅里叶的热传导方程当成类似于里奇流方程的东西，好好研究一下吧。具体来说，就是研究 $u(x,t)$ 这个函数。首先来设定舞台。”

◎ ◎ ◎

首先来设定舞台。

假设有一条无限长的直线状金属线，已知其在时间 $t=0$ 时的温度分布，这就是初始条件。所谓的已知温度分布，指的是金属线在任意位置 x 的温度皆已知。若时间 t 改变，金属线的温度也会跟着改变。也就是说，温度 u 是位置 x 和时间 t 这两个变量的函数，可表示成 $u(x,t)$。

当时间 $t=0$ 时，不同的位置 x 之间可能会产生温差。也就是说，金属线可能某处较热、某处较冷。不过，随着时间 t 的增大，温差会越来越小，所以我们可以预测到最后整条金属线的温度会趋于一致。现在，我们就从函数 $u(x,t)$ 的角度来研究这个过程。

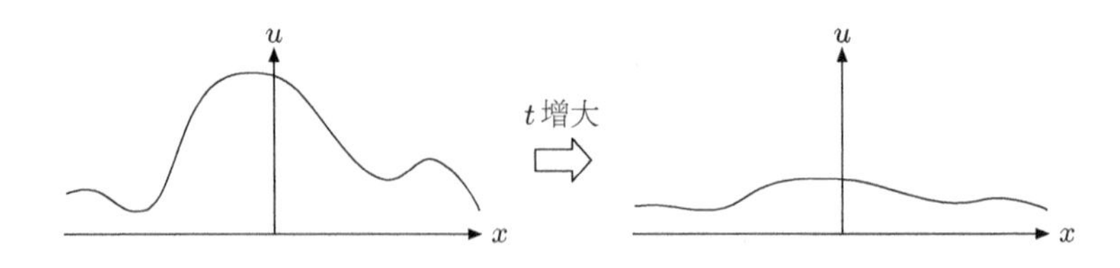

当t增大时，金属线温度分布的变化

热传导方程又叫热方程。除了热以外，该方程也可用来计算香味的扩散过程。为了便于计算，这里我们可将比例常数定为 $K=1$。

$$\frac{\partial}{\partial t}u(x,t)=\frac{\partial^2}{\partial x^2}u(x,t) \qquad K=1\text{时的热传导方程}$$

解热传导方程就是求满足这个方程的函数 $u(x,t)$。

等号左边的 $\frac{\partial}{\partial t}u(x,t)$ 表示 $u(x,t)$ 对 t 偏微分后得到的函数。

等号右边的 $\frac{\partial^2}{\partial x^2}u(x,t)$ 表示 $u(x,t)$ 对 x 偏微分两次后得到的函数。

“请、请等一下…… 这里说的偏微分是什么意思呢？”泰朵拉慌张地打断了米尔嘉的说明。

“函数 $u(x,t)$ 是双变量函数。将 x 视为常数，让 $u(x,t)$ 对 t 微分，这个过程就是让 $u(x,t)$ 对 t 偏微分，写成 $\frac{\partial}{\partial t}u(x,t)$。另外，若将 t 视为常数，让 $u(x,t)$ 对 x 微分，这个过程就是让 $u(x,t)$ 对 x 偏微分，写成 $\frac{\partial}{\partial x}u(x,t)$，若再对 x 偏微分一次，则写成 $\frac{\partial^2}{\partial x^2}u(x,t)$。”米尔嘉说。

“其实就是这样。”我说，“假设有一个双变量函数

$$u(x,t)=x^3+t^2+1$$

那么它的偏微分就是这样的。”

$$
\begin{aligned}
u(x,t) &= x^3+t^2+1 && \text{某双变量函数} \\
\frac{\partial}{\partial t}u(x,t) &= 2t && \text{将 } u(x,t) \text{ 对 } t \text{ 偏微分} \\
\frac{\partial}{\partial x}u(x,t) &= 3x^2 && \text{将 } u(x,t) \text{ 对 } x \text{ 偏微分} \\
\frac{\partial^2}{\partial x^2}u(x,t) &= 6x && \text{将 } u(x,t) \text{ 对 } x \text{ 偏微分两次}
\end{aligned}
$$

“没错。”米尔嘉点了点头，“对 t 偏微分的时候，要将 x 视为常数。对 x 偏微分的时候，要将 t 视为常数。有时候会将作为常数的变量以下标的方式写出来。比如说，热传导方程可以写成下面这样。

$$
\left(\frac{\partial}{\partial t}u(x,t)\right)_x = \left(\frac{\partial^2}{\partial x^2}u(x,t)\right)_t
$$

或者省略 (x,t)，将热传导方程写成下面这样。

$$
\frac{\partial u}{\partial t} = \frac{\partial^2 u}{\partial x^2}
$$

微分方程的写法有很多种。”

“这样啊，那我就懂了。不好意思，把你的话打断了。”泰朵拉说。

“我完全听不懂！”尤里说。

“微分方程还是有点难吧。”

“有些概念其实没那么难。”米尔嘉说，“我们从正负数的角度来看吧。如果等号左边的 $\frac{\partial u}{\partial t}$ 是正数，就代表位置 x 的温度会随着时间 t 的增大而逐渐上升。如果等号右边的 $\frac{\partial^2 u}{\partial x^2}$ 为正数，就表示某个位置 x 的温度比左右两边的平均温度还要低。我们可以把这些理解成热的性质。偏微分方程就是用较为严谨的方式来说明这种性质。我们再来看一次热传导方程。

$$
\frac{\partial}{\partial t}u(x,t) = \frac{\partial^2}{\partial x^2}u(x,t)
$$

接着，我们会用分离变量法求解，然后用重叠积分求出热传导方程。”

10.6.3 分离变量法

这里要使用分离变量法。具体来说，就是将有 x 和 t 两个变量的双变量函数 $u(x,t)$，表示成只有 x 一个变量的函数 $f(x)$，和只有 t 一个变量的函数 $g(t)$ 的乘积。

$$u(x,t) = f(x)g(t)$$

将热传导方程中的 $u(x,t)$ 置换成 $f(x)g(t)$。

$$\begin{aligned} \frac{\partial}{\partial t}u(x,t) &= \frac{\partial^2}{\partial x^2}u(x,t) && \text{热传导方程} \\ \frac{\partial}{\partial t}f(x)g(t) &= \frac{\partial^2}{\partial x^2}f(x)g(t) && \text{将 } u(x,t) \text{ 置换成 } f(x)g(t) \end{aligned}$$

计算等号左边。由于 x 是常数，所以 $f(x)$ 也可被看作常数。

$$\begin{aligned} \frac{\partial}{\partial t}f(x)g(t) &= f(x)\cdot\frac{\partial}{\partial t}g(t) && f(x) \text{ 为常数} \\ &= f(x)\cdot\frac{\mathrm{d}}{\mathrm{d}t}g(t) && g \text{ 为单变量函数，所以可常微分} \\ &= f(x)g'(t) \end{aligned}$$

计算等号右边。由于 t 是常数，所以 $g(t)$ 可被看作常数。

$$\begin{aligned} \frac{\partial^2}{\partial x^2}f(x)g(t) &= g(t)\cdot\frac{\partial^2}{\partial x^2}f(x) && g(t) \text{ 为常数} \\ &= g(t)\cdot\frac{\mathrm{d}^2}{\mathrm{d}x^2}f(x) && f \text{ 为单变量函数，所以可常微分} \\ &= f''(x)g(t) \end{aligned}$$

综上，热传导方程会变成下面这样。

$$f(x)g'(t) = f''(x)g(t)$$

假设 $u \neq 0$，也就是 $f(x) \neq 0$ 且 $g(t) \neq 0$。我们将 u 分成由 x 决定的部分和由 t 决定的部分，将等号两边同时除以 $f(x)g(t)$，便可得到以下式子。

$$\underbrace{\frac{g'(t)}{g(t)}}_{\text{仅由 } t \text{ 决定}} = \underbrace{\frac{f''(x)}{f(x)}}_{\text{仅由 } x \text{ 决定}}$$

仔细观察这个等式。

等号左边仅由 t 决定。也就是说，不管 x 如何变动，只要 t 没有变动，等号左边就是常数。

等号右边仅由 x 决定。也就是说，不管 t 如何变动，只要 x 没有变动，等号右边就是常数。

所以说，在这个等式中，不管 x 和 t 如何变动，等号两边的值都不会改变。这是使用分离变量法最让人高兴的一刻。

令这个值等于 $-\omega^2$。

$$\frac{g'(t)}{g(t)} = \frac{f''(x)}{f(x)} = -\omega^2$$

于是，我们可以得到两个常微分方程。

$$\begin{cases} f''(x) & = -\omega^2 f(x) \\ g'(t) & = -\omega^2 g(t) \end{cases}$$

通过分离变量法，我们可以**将一个双变量偏微分方程分成两个单变量常微分方程**。这两个常微分方程看起来都比较好处理：f 可以用三角函数写出一般解；g 可以用指数函数写出一般解。

$$\begin{cases} f(x) = A\cos\omega x + B\sin\omega x \\ g(t) \ = C\mathrm{e}^{-\omega^2 t} \end{cases}$$

因此，我们可借由 $u(x,t) = f(x)g(t)$ 得到热传导方程的解。

$$\begin{aligned} u(x,t) &= f(x)g(t) \\ &= (A\cos\omega x + B\sin\omega x)\cdot C\mathrm{e}^{-\omega^2 t} \\ &= \mathrm{e}^{-\omega^2 t}(AC\cos\omega x + BC\sin\omega x) \\ &= \mathrm{e}^{-\omega^2 t}(a\cos\omega x + b\sin\omega x) \qquad \text{令 } a = AC\text{，} b = BC \end{aligned}$$

这就是热传导方程的解。这里，我们就先把它写成 $u_\omega(x,t)$ 吧。

$$u_\omega(x,t) = \mathrm{e}^{-\omega^2 t}(a\cos\omega x + b\sin\omega x)$$

10.6.4　重叠积分

这个解中有 a、b、ω 等参数。

$$u_\omega(x,t) = \mathrm{e}^{-\omega^2 t}(a\cos\omega x + b\sin\omega x)$$

考虑到当 ω 不同时的 a、b，我们将 a、b 改用 $a(\omega)$ 和 $b(\omega)$ 这种函数形式表示。

$$u_\omega(x,t) = \mathrm{e}^{-\omega^2 t}(a(\omega)\cos\omega x + b(\omega)\sin\omega x) \qquad \cdots ①$$

由于 ω 可以是 0 以上的任意实数，所以将所有 ω 可以导出的解重叠积分后，就会得到微分方程的解。将方程对 ω 积分，如此一来，我们便可写出微分方程的初始条件。

$$
\begin{aligned}
u(x,t) &= \int_0^{\infty} u_\omega(x,t)\ \mathrm{d}\omega && \text{重叠积分} \\
&= \int_0^{\infty} \mathrm{e}^{-\omega^2 t}(a(\omega)\cos\omega x + b(\omega)\sin\omega x)\ \mathrm{d}\omega && \text{通过①得出}
\end{aligned}
$$

特别是当 $t=0$ 时，$\mathrm{e}^{-\omega^2 t} = \mathrm{e}^{-\omega^2 \cdot 0} = 1$。注意到这点后，就可以将 $t=0$ 时的温度分布，也就是初始条件用下面的式子表示。

$$
u(x,0) = \int_0^{\infty} (a(\omega)\cos\omega x + b(\omega)\sin\omega x)\mathrm{d}\omega \qquad \text{初始条件}
$$

这个式子就是 $u(x,0)$ 的傅里叶积分。

10.6.5　傅里叶积分

傅里叶积分是傅里叶展开式的延续，具体来说就是将傅里叶展开式的和改用积分的形式来表示。

$$
\begin{aligned}
f(x) &= \sum_{k=0}^{\infty} (a_k \cos kx + b_k \sin kx) && f(x)\ \text{的傅里叶展开式} \\
u(x,0) &= \int_0^{\infty} (a(\omega)\cos\omega x + b(\omega)\sin\omega x)\mathrm{d}\omega && u(x,0)\ \text{的傅里叶积分}
\end{aligned}
$$

在傅里叶展开式中，当函数 $f(x)$ 已知时，傅里叶系数 (a_n, b_n) 是用积分求出来的。

$$
\begin{cases}
a_0 = \dfrac{1}{2\pi}\displaystyle\int_{-\pi}^{\pi} f(x)\,\mathrm{d}x \\
b_0 = 0 \\
a_n = \dfrac{1}{\pi}\displaystyle\int_{-\pi}^{\pi} f(x)\cos nx\,\mathrm{d}x \\
b_n = \dfrac{1}{\pi}\displaystyle\int_{-\pi}^{\pi} f(x)\sin nx\,\mathrm{d}x
\end{cases}
$$

同样，我们也可以用傅里叶积分来表示 $a(\omega)$ 和 $b(\omega)$。由于符号 x 已经用过了，所以这里我们改用 y 作为积分变量。

$$\begin{cases} a(\omega) = \dfrac{1}{\pi}\displaystyle\int_{-\infty}^{\infty} u(y,0)\cos\omega y\,\mathrm{d}y \\ b(\omega) = \dfrac{1}{\pi}\displaystyle\int_{-\infty}^{\infty} u(y,0)\sin\omega y\,\mathrm{d}y \end{cases}$$

用傅里叶积分可以计算出满足初始条件的解 $u(x,t)$。

$$\begin{aligned} &u(x,t) \\ &= \int_0^{\infty} \mathrm{e}^{-\omega^2 t}(\ a(\omega)\ \cos\omega x +\ b(\omega)\ \sin\omega x)\,\mathrm{d}\omega \\ &= \int_0^{\infty} \mathrm{e}^{-\omega^2 t}\left(\frac{1}{\pi}\int_{-\infty}^{\infty} u(y,0)\cos\omega y\,\mathrm{d}y\ \cos\omega x + \frac{1}{\pi}\int_{-\infty}^{\infty} u(y,0)\sin\omega y\,\mathrm{d}y\ \sin\omega x\right)\mathrm{d}\omega \\ &= \frac{1}{\pi}\int_0^{\infty} \mathrm{e}^{-\omega^2 t}\int_{-\infty}^{\infty} u(y,0)(\cos\omega y\cos\omega x + \sin\omega y\sin\omega x)\,\mathrm{d}y\,\mathrm{d}\omega \\ &= \frac{1}{\pi}\int_0^{\infty} \mathrm{e}^{-\omega^2 t}\int_{-\infty}^{\infty} u(y,0)\cos\omega(x-y)\,\mathrm{d}y\,\mathrm{d}\omega \end{aligned}$$

通过两角和公式及 $\cos\omega(y-x) = \cos\omega(x-y)$ 得出

调换积分顺序。这个步骤原本需要经过严谨的推导证明，这里我们暂且跳过。

$$u(x,t) = \frac{1}{\pi}\int_{-\infty}^{\infty} u(y,0)\int_0^{\infty} \mathrm{e}^{-\omega^2 t}\cos\omega(x-y)\,\mathrm{d}\omega\,\mathrm{d}y$$

那么，接下来该怎么做呢？

◎ ◎ ◎

“那么，接下来该怎么做呢？”米尔嘉停下笔。

$$u(x,t) = \frac{1}{\pi}\int_{-\infty}^{\infty} u(y,0)\int_0^{\infty} \mathrm{e}^{-\omega^2 t}\cos\omega(x-y)\,\mathrm{d}\omega\,\mathrm{d}y \qquad \cdots\heartsuit$$

“不知道喵。”尤里似乎很早就跟不上了。

“傅里叶展开式是离散的，傅里叶积分是连续的 —— 我想深入了解这方面的话题。”我说，“不过，接下来应该要简化这个双重积分了吧？”

“感觉它们像朋友一样……”泰朵拉说。

“朋友？”尤里说。

“这个和之前讲到的一个式子的形式不是很像吗？不过我忘记那个式子叫什么名字了。”

“式子的形式——我知道了，是拉普拉斯积分吗？”我说。

“对对，就是这个！”

拉普拉斯积分

设 a 为实数，则以下式子成立。

$$\int_0^\infty \mathrm{e}^{-x^2}\cos 2ax\,\mathrm{d}x = \frac{\sqrt{\pi}}{2}\mathrm{e}^{-a^2}$$

“那么，接着我们就用拉普拉斯积分做下去吧。”米尔嘉把话接过去。

◎ ◎ ◎

接着我们就用拉普拉斯积分继续做下去吧。

$$u(x,t) = \frac{1}{\pi}\int_{-\infty}^\infty u(y,0)\int_0^\infty \mathrm{e}^{-\omega^2 t}\cos\omega(x-y)\,\mathrm{d}\omega\ \ \mathrm{d}y$$

用 v 表示拉普拉斯积分的变量，和我们题目中的式子放在一起，这样就可以看出二者之间的对应关系了。

$$\int_0^\infty \mathrm{e}^{-\omega^2 t}\quad \cos\omega(x-y)\quad \mathrm{d}\omega \quad = \quad ? \qquad \text{想求的积分（积分变量为 }\omega\text{）}$$

$$\int_0^\infty \mathrm{e}^{-v^2}\quad \cos 2av\quad \mathrm{d}v \quad = \quad \tfrac{\sqrt{\pi}}{2}\mathrm{e}^{-a^2} \qquad \text{拉普拉斯积分（积分变量为 }v\text{）}$$

令 $\omega = \frac{v}{\sqrt{t}}$，$x-y=2a\sqrt{t}$，为变量加上对应关系，就可以看出原

式与拉普拉斯积分相互对应。

$$
\begin{aligned}
\int_0^{\infty} \mathrm{e}^{-\omega^2 t} \cos\omega(x-y)\,\mathrm{d}\omega &= \int_0^{\infty} \mathrm{e}^{-(\sqrt{t}\omega)^2} \cos\left(\frac{v}{\sqrt{t}}\cdot 2a\sqrt{t}\right)\mathrm{d}\omega \\
&= \int_0^{\infty} \mathrm{e}^{-v^2} \cos 2av \frac{\mathrm{d}\omega}{\mathrm{d}v}\,\mathrm{d}v \\
&= \frac{1}{\sqrt{t}} \int_0^{\infty} \mathrm{e}^{-v^2} \cos 2av\,\mathrm{d}v \qquad \text{因为} \tfrac{\mathrm{d}\omega}{\mathrm{d}v} = \tfrac{1}{\sqrt{t}} \\
&= \frac{1}{\sqrt{t}} \frac{\sqrt{\pi}}{2} \mathrm{e}^{-a^2} \qquad \text{通过拉普拉斯积分得出} \\
&= \frac{1}{\sqrt{t}} \frac{\sqrt{\pi}}{2} \exp\left(-\frac{(x-y)^2}{4t}\right) \\
&= \frac{\sqrt{\pi}}{2\sqrt{t}} \exp\left(-\frac{(x-y)^2}{4t}\right) \qquad \cdots\cdots\clubsuit
\end{aligned}
$$

利用这个结果，可导出以下式子。

$$
\begin{aligned}
u(x,t) &= \frac{1}{\pi}\int_{-\infty}^{\infty} u(y,0)\ \textstyle\int_0^{\infty} \mathrm{e}^{-\omega^2 t}\cos\omega(x-y)\,\mathrm{d}\omega\ \ \mathrm{d}y \qquad \text{参考第 372 页的} \heartsuit \\
&= \frac{1}{\pi}\int_{-\infty}^{\infty} u(y,0)\ \tfrac{\sqrt{\pi}}{2\sqrt{t}} \exp\left(-\tfrac{(x-y)^2}{4t}\right)\ \mathrm{d}y \qquad \text{参考} \clubsuit \\
&= \int_{-\infty}^{\infty} u(y,0)\ \tfrac{1}{2\sqrt{\pi t}} \exp\left(-\tfrac{(x-y)^2}{4t}\right)\ \mathrm{d}y \\
&= \int_{-\infty}^{\infty} u(y,0) w(x,y,t)\,\mathrm{d}y
\end{aligned}
$$

最后得到的式子 $w(x,y,t)$ 如下所示。

$$
w(x,y,t) = \frac{1}{2\sqrt{\pi t}} \exp\left(-\frac{(x-y)^2}{4t}\right)
$$

到这里，我们可以将目前求出来的解 $u(x,t)$ 整理成下面这样。

$$
\begin{cases}
u(x,t) &= \displaystyle\int_{-\infty}^{\infty} u(y,0) w(x,y,t)\,\mathrm{d}y \\
w(x,y,t) &= \displaystyle\frac{1}{2\sqrt{\pi t}} \exp\left(-\frac{(x-y)^2}{4t}\right)
\end{cases}
$$

10.6.6 观察类似的式子

再仔细观察一下我们解出来的热传导方程的解 $u(x,t)$。

$$u(x,t)=\int_{-\infty}^{\infty}u(y,0)w(x,y,t)\,\mathrm{d}y$$

$u(y,0)$ 代表位置 y 的初始温度。

$$u(x,t)=\int_{-\infty}^{\infty}\underbrace{u(y,0)}_{\text{位置 }y\text{ 的初始温度}}w(x,y,t)\,\mathrm{d}y$$

位置 y 的初始温度 $u(y,0)$ 乘以 $w(x,y,t)$ 这个层层叠加的因子后会使 y 移动，计算整条金属线的积分。也就是说，叠加函数 $w(x,y,t)$ 控制了温度分布的变化。

位置 x 在时间 t 时的温度与整条金属线的初始温度有关。只是，每个位置的叠加因子会变得不一样。观察叠加的函数 $w(x,y,t)$，可以看到

$$\exp\left(-\frac{(x-y)^2}{4t}\right)$$

这个部分，由此可知，位置 y 离位置 x 越远，对 x 的温度影响就越小。由此也可看出，当 $t\to\infty$ 时，$w(x,y,t)\to 0$。不管初始温度分布 $u(x,0)$ 是什么样子，最后都会被均匀化，成为均匀的温度分布。

如果将初始温度分布用狄拉克 δ 函数表示为 $u(x,0)=\delta(x)$，就能将热源表示为一个点。给定这些条件后，便可实际计算出 $u(x,t)$。

$$\begin{aligned}
u(x,t)&=\int_{-\infty}^{\infty}u(y,0)w(x,y,t)\,\mathrm{d}y\\
&=\int_{-\infty}^{\infty}\delta(y)w(x,y,t)\,\mathrm{d}y\\
&=\frac{1}{2\sqrt{\pi t}}\int_{-\infty}^{\infty}\delta(y)\exp\left(-\frac{(x-y)^2}{4t}\right)\mathrm{d}y\\
&=\frac{1}{2\sqrt{\pi t}}\exp\left(-\frac{x^2}{4t}\right)
\end{aligned}$$

持续改变这个 $u(x,t)$ 的 t 值，就可以画出温度分布的变化。

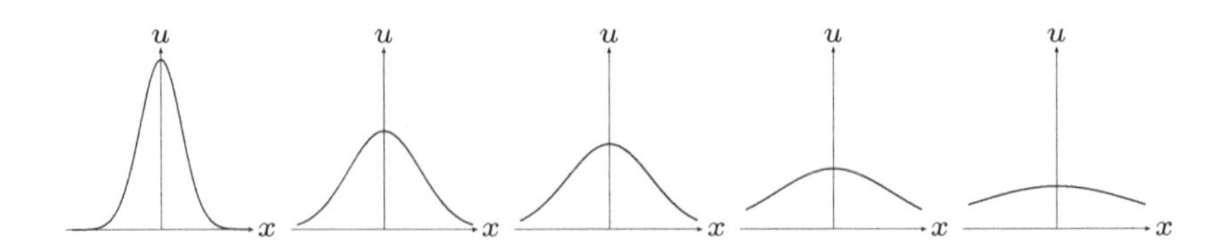

刚才我们什么也没说明，就直接用了狄拉克 δ 函数。其实，这个 $\delta(y)$ 并不是一般意义上的函数，而是一个与函数 $f(y)$ 相乘，再对 y 取 $-\infty$ 到 ∞ 的积分后，就可以得出 $f(0)$ 的值的超函数。

$$\int_{-\infty}^{\infty} \delta(y)\, \underline{f(y)}\, \mathrm{d}y = \underline{f(0)} \qquad \text{狄拉克}\,\delta\,\text{函数}$$

10.6.7　回到里奇流方程

“至此，我们看过了在哈密顿的里奇流方程的基础上大幅简化的傅里叶热传导方程。”米尔嘉说，“我们从初始的温度分布函数 $u(x,0)$ 开始，思考在时间增加为 t 的过程中，如何控制连续函数的连续变形。也可以说，我们借由这个热传导方程，对不规则的分布进行了均匀化处理。这和哈密顿为证明庞加莱猜想而提出的里奇流方程在原理上有相似之处。不管初始的温度分布如何，最后温度分布都会变成均匀的，就像不管三维闭流形的黎曼度量如何，最后里奇曲率都会趋于均匀一样。”

米尔嘉放慢了语速。

“在金属线的例子中，温度分布最后会趋于均匀，但三维闭流形的里奇曲率就不一定会趋于均匀了，因为可能会出现原本的方程无法处理的奇点，而哈密顿则借由手术方式摘除了这些奇点。虽然说我们刚才讨论的热传导方程与里奇流方程类似，但二者还是有很大差别的。金属线只有一维，只涉及温度这个实数变量，不会出现黎曼度量、曲率张量、里奇曲率和奇点等。遗憾的是，以我们的数学能力，目前还没办法继续深入研究下去，只能用几个类似的东西来类比。”

“是啊，目前是这样的。”泰朵拉点了点头，“不过以后我们可以一起抓住阿里阿德涅之线[①]，朝着无限的未来，一起前进！infinity！”

“不好意思，我们要关门了。”

工作人员的声音，让我们回过神来。

整个食堂只剩我们五个人了。

桌上散布着写满算式的纸。

似曾相识的感觉。

“差不多该离开了。”我说。

10.7 我们

10.7.1 从过去到未来

离开食堂的我们，在大学校园内漫步。黄昏已近，我们仍慢慢走着。

走在前方的米尔嘉转过头来问我。

“对了，考得怎么样？”

“有惊无险，我拿到 A 判定了，所以今天才能过来呀。米尔嘉，非要现在提起这个事吗？”

“哎呀，总之过了就好。”

黑色长发的才女耸了耸肩，对我吐了吐舌头。

“啊——！马上就要高考了——！”

思绪已经被拉回现实的我，突然冲动地大叫出声。

“马上就要期末考试了！”泰朵拉跟着说道。

① 源于希腊神话，常用来比喻走出迷宫的方法和路径。——编者注

“我也马上要中考了！”尤里凑上前去挽住泰朵拉的手。

泰朵拉贴近尤里的脸：“说起来，我也很期待他来我们高中。你男朋友……”

“嘘，不能说！”

什么？他们在聊什么呢？

“我马上又要去美国了。”米尔嘉看向天空说。

“下次要什么时候才能看到米尔嘉大人呢？”尤里问。

“是啊，什么时候呢？”

米尔嘉看着我微笑。

10.7.2 冬天来了

“啊，俄罗斯的冬天不知道是不是也这么冷喵。”尤里说。

“春夏秋冬里，只有冬天的风特别冷。”我说。

“学长这么说就不对了。冬风冷冽，人们才能拥有等待春风的喜悦。天气越冷，人们期待春天的心情就越强烈！”

“你真乐观，不愧是泰朵拉。”我说，“说起来，那个 *Eulerians* 进行得还顺利吗？”

“冬天来了，春天还会远吗？”泰朵拉说，“我和小理纱现在很要好，对吧？”

“不要加‘小’。”和泰朵拉并肩走着的理纱说。

“我想把今天讲的庞加莱猜想，以及许多数学家在拓扑学上的研究成果整理之后一起放到 *Eulerians* 上。”

“不行。”理纱马上回答，“内容太多了。”

“又说这种话……”

“一个人不可能完成，一次也不可能完成。”理纱说，“泰朵拉一个人肯定办不到。正是因为这样才要召集更多人、才要写很多次。没必要一个人全部做完，也没必要一次性全部写完。要分而治之。”

理纱一口气说完很多话后，咳了好一阵子。

“你没事吧？”泰朵拉轻拍她的背，“确实如此。这也是个小小的接力赛……”

“我不会让 *Eulerians* 只办一册就结束的。”理纱说。

10.7.3 春天不远了

“大家已经要回家了吗？好无聊喵……接下来要不要去哪里开圣诞派对呢？”

“不了，我得回家了。”

“哦。”尤里说。

“我再捏一下你的脸吧。”米尔嘉说。

“那里！”泰朵拉指着某个方向说，“趁天还没有黑下来，我们在那棵树下拍一张纪念照吧。”

大学校门的附近有一棵需要抬头仰望才能看到全貌的常青树，树的品种和树龄皆不得而知。总之，我们站到了这棵大树前。

理纱设定好相机后，按下倒数计时的按钮。

就这样，相机记录了当下的我们。

纪念照拍摄结束。

冬天来了，春天还会远吗？

我想在大学里努力学习。

会不会遇见新的同好呢？

会不会从某人那里接过接力棒，再将接力棒传给下一个人呢？

高考近在眼前。

　　我无法预料。

　　我看不清未来。

我不知道自己是否能考上，

只能认真地朝着未来一步步前进。

我、我们，朝着各自的未来前进。

冬天来了，春天还会远吗？

让预言的喇叭通过我的嘴唇，
把昏睡的大地唤醒吧！
西风呵，
如果冬天来了，春天还会远吗？
——雪莱《西风颂》[1]

---

[1] 出自《雪莱抒情诗选》，查良铮译，人民文学出版社2019年出版。——编者注

尾　声

“老师，请问这是你吗？”

走进办公室的少女指着手上的照片问。

“真让人怀念。你是在哪里找到的？”

“果然是你啊。这张照片夹在旧社志里，刚才我在打扫同好会的教室时发现的。老师那时候真年轻。”

“老师我那时候上高三，马上要参加高考了。”

“真难想象老师是考生的样子，我还以为你一直都在这里当老师呢。”

“怎么可能。”

“高考前还被女孩子围在中间拍照，真受欢迎呢。”

少女一边说，一边呵呵地笑。

“其实那个时候老师我也有很多烦恼。”

“你也有烦恼吗？”

“当然，而且烦恼多得不像话。”

“我也是啊……”

“成绩优秀的数学同好会负责人也有烦恼吗？”

“老师别这么说啦，又是考试又是忧郁的，我都快哭出来了。”

“春天不是快到了吗？”

“今天早上还下雪了呢，春天还要很久才来吧。”

“‘时令仍冬日，空中降白花。云层飘忽处，春已到仙家。’[①] 这是清原深养父[②] 所作的一首被收录于《古今和歌集》里的和歌。意思是现在明明是冬天，却看得到从天散落的花，难道云的彼端已经是春天了吗？”

“散落的花，这是指雪花吗？”

“没错。他把冬天的雪想成春天的樱花。雪与花类似。不管是平安时代还是现代，人们都会在冬天期待春天的到来。这一点是不变的。天气越冷，人们期待春天的心情就越强烈。若盼春之心与温差成正比，我觉得可以写出一条微分方程呢。”

“老师你在说什么……不过，我也能迎来樱花盛开的春天吗？”

“你已经做好充分准备了。只要一鼓作气，发挥出实力就行了，就像之前考模拟考那样。”

“虽然做了不少真题，但我还是感到不安。”

“不是做完题就万事大吉了。做完题以后还要看参考答案，确认自己的解法好不好，给自己一些反馈才行。”

“放心吧，这点事我还是有做的。”

“最先进的数学也是这样的，解出问题并不代表结束，还要确认问题是如何解出来的，以及这个问题会衍生出哪些新的问题——数学家必须给世界一些反馈才行。”

---

① 和歌名为《雪降》，纪淑望译。——编者注

② 清原深养父（生卒年不详）是日本平安时代（794年～1192年）中期的著名诗人，亦是《枕草子》作者清少纳言的曾祖父。——编者注

“给世界反馈？”

“提出新的问题是解题人的责任。因为最了解这个问题的人，就是解开问题的人。站在领域最前沿的人，最适合站出来说明自己看到了什么样的风景，因此也肩负重任。”

“这样啊……”

“对了，站在那里的几个人是等你一起回去的数学同好会成员吗？”

办公室门口有几个探头观看屋内情况的学生。

“啊，是的！我得走了，老师再见！”

“嗯，再见。”

少女挥着手走出办公室，与数学同好会的成员会合。他们在谈笑声中踏上归途。

他们马上就要考大学了。

我看着窗外冬日里的天空。

确实，天气越冷，期待春天的心情就越强烈。

春天即将到来。

冬天到了，春天还会远吗？

On seeing fallen snow

still winter lingers

but from the heavens fall these

blossoms of purest

white it seems that spring must wait

on the far side of those clouds

——Kiyohara no Fukayabu[1]

---

①《雪降》的英文版。（Laurel Rasplica Rodd, Mary Catherine Henkenius. Kokinshu: A Collection of Poems Ancient and Modern[M]. Boston: Cheng & Tsui Co, 1996.）

后　记

我是作者结城浩。

不才拙笔，为各位献上《数学女孩 6：庞加莱猜想》一书。

本书是

- 《数学女孩》(2007 年[1])
- 《数学女孩 2：费马大定理》(2008 年)
- 《数学女孩 3：哥德尔不完备定理》(2009 年)
- 《数学女孩 4：随机算法》(2011 年)
- 《数学女孩 5：伽罗瓦理论》(2012 年)

的续篇，属于《数学女孩》系列的第六部作品。主要登场人物包括“我”、米尔嘉、泰朵拉、表妹尤里和理纱。数学与青春的故事一如既往地围绕

① 此处年份是《数学女孩》日文原书出版时间，并非中译本出版时间。接下来四行同此说明。——编者注

着这五个人展开。

从第五本《数学女孩 5：伽罗瓦理论》出版到本书完成已经过了六年。会隔那么久，主要是因为我需要一段时间好好消化庞加莱猜想的内容。

本书提到的数学内容主要包括拓扑学、基本群、非欧几何、微分方程、流形、傅里叶展开式以及庞加莱猜想。想进一步学习的读者，可以看一下本书最后列出来的参考文献。

《数学女孩》系列的姊妹篇、数学内容较平易近人的《数学女孩的秘密笔记》系列也在陆续出版。

另外，我也因为《数学女孩》系列与《数学文章创作方法》① 等著作实绩，获得了由日本数学会颁发的 2014 年出版奖，在此表示感谢。

本书和《数学女孩》系列的前五本一样，都使用 LaTeX2 ε 和 Euler 字体(AMS Euler)排版。排版方面，多亏了奥村晴彦老师的《LaTeX2 ε 精美文章制作入门》② 一书，在这里对奥村晴彦老师深表感谢。本书版式使用 OmniGraggle、TikZ 和 TEX2img 制作，在此对这些工具的开发者表示感谢。

另外，我还想对那些阅读我写作过程中完成的原稿，并发表宝贵意见的以下各位，以及匿名人士致以诚挚的谢意。当然，本书中若有错误，均为我疏漏所致，以下人士不负任何责任。

赤泽凉、井川悠佑、石井遥、石宇哲也、稻叶一浩、上原隆平、植松弥公、内田大晖、内田阳一、大西健登、镜弘道、北川巧、菊池夏美、木村严、桐岛功希、工藤淳、毛塚和宏、藤田博司、梵天宽松、前原正英、增田菜美、松浦笃史、松森至宏、三宅喜义、村井建、山田泰树、米内贵志。

① 原书名为『数学ガールの秘密ノート』，暂无中文版。——编者注

② 原书名为『LaTeX2 ε 美文書作成入門』，暂无中文版。——编者注

感谢所有一直以来支持着本系列图书的读者。

感谢一直支持我写完本书的野泽喜美男总编。

感谢我最爱的妻子和两个儿子。

谨以本书献给去年离世的岳母。

最后，感谢一直把本书读完的您。

我们有缘再会。

结城浩

2018 年，在漫天飞雪之际深感时光的流逝

参考文献和导读

十三世纪的学者伊本·贾马拉建议学生尽量自己买书读，

但他说重要的不是把书放在书架上，

而是把书中的内容装进心里。

——阿尔维托·曼古埃尔《夜晚的书斋》

参考文献使用指南

《数学女孩 6：庞加莱猜想》中介绍了基本群(一维同伦群)。拓扑学相关的书中会出现与同伦群名称相似的同调群，不过二者并不相同。

我刚开始读拓扑学的书时，就把同伦群和同调群弄混了，还记得自己当时很困惑，心想为何不同的书，介绍的内容会有如此大的差异。

初次接触拓扑学的读者还请将上述内容牢记在心。

读物

[1] 根上生也. トポロジカル宇宙　完全版——ポアンカレ予想解決への道[M]. 東京：技術評論社，2007.

《拓扑宇宙(完全版)：庞加莱猜想的解决之道》是一本非常简单的拓扑学相关读物，书中以浅显易懂的方式描述了如何制作用于理解流形的宇宙仪，以及三维球面切开后展开的状态等(本书第 5 章参考了这本书的内容)。

[2] 瀬山士郎. はじめてのトポロジー[M]. 東京：PHP研究所，2009.

《拓扑学入门》是一本介绍拓扑学概况的读物(本书第 2 章参考了这本书的内容)。

[3] George G. Szpiro. Poincare's Prize: The Hundred-Year Quest to Solve One of Math's Greatest Puzzles[M]. New York: Plume, 2008.

《庞加莱猜想：数学难题的百年探索历程》一书介绍了由庞加莱猜想推动的现代几何学的发展历程，以及多位数学家对庞加莱猜想的挑战历程。

[4] Donal O'Shea. The Poincare Conjecture : In Search of the Shape of the Universe[M]. London: Walker Books，2008.

《庞加莱猜想：关于宇宙形态的探索》一书根据几何学的发展、人类对宇宙形态的认知变化，以及围绕数学的社会条件的变化，总结了数学家群体及其所研究的数学内容等。

[5] 春日真人. 庞加莱猜想：追寻宇宙的形状[M]. 孙庆媛，译. 北京：人民邮电出版社，2015.

该书是以 NHK 同名纪录片为原型编写而成的，介绍了与庞加莱猜想有关的多位数学家的故事。

[6] 玛莎・葛森. 完美的证明：一位天才和世纪数学的突破[M]. 胡秀国，程姚英，译. 北京：北京理工大学出版社，2012.

该书结合国际数学奥林匹克竞赛和社会环境，介绍了佩雷尔曼的成长经历。

[7] 阿原一志. パリコレで数学を[M]. 東京：日本評論社，2017.

《巴黎时装周中的数学》一书采用对话的形式，围绕瑟斯顿描绘的八张宇宙形状之图进行介绍。该书中还收录了诸多三宅一生(ISSEY MIYAKE)以拓扑图形为创作灵感的 2010 年秋冬时装秀“庞加莱・奥德赛”的照片。

[8] 根上生也. 楽しもう！数学[M]. 東京：日本評論社，2011.

《享受数学》一书提到了很多有关数学的话题，其中包含拓扑学和庞加莱猜想。

[9] 数学セミナー編集部. ミレニアム賞問題[J]. 東京：日本評論社，2010.

《千禧年大奖难题》是一本介绍千禧年大奖难题相关内容的读物。

柯尼斯堡七桥问题

[10] Leonhard Euler. Solutio problematis ad geometriam situs pertinentis[D]. Commentarii academiae scientiarum Petropolitanae 8, 1736: 128-140.

这是欧拉所著的柯尼斯堡七桥问题的原论文。

[11] Brian Hopkins, Robin Wilson. The Truth about Königsberg[D]. The College Mathematics Journal, 2004: 198-207.

这篇论文对前述欧拉的论文进行了解析，就柯尼斯堡七桥问题总结了欧拉已实现的内容和未实现的内容。

拓扑几何学

[12] 松坂和夫. 集合・位相入門[M]. 東京：岩波書店，1968.

《集合、拓扑入门》是一本介绍集合和拓扑相关内容的教科书。

[13] 志賀浩二. 位相への30講[M]. 東京：朝倉書店，1988.

《拓扑学 30 讲》由浅入深地对距离空间、拓扑空间、紧空间和完备的距离空间等内容进行了讲解。

[14] 小竹義郎，瀬山士郎，玉野研一，根上生也，深石博夫，村上斉. トポロジー万花鏡 I [M]. 東京：朝倉書店，1996.

《拓扑万花镜 1》从距离空间、同调理论、纽结理论、拓扑空间、同伦理论和拓扑几何学中的图论这六个角度来描述拓扑学(本书第 2 章参考了这本书的内容)。

[15] 瀬山士郎. トポロジー：柔らかい幾何学 増補版[M]. 東京：日本評論社，2003.

《拓扑：灵活的几何学(增补版)》是一本介绍了柯尼斯堡七桥问题、闭曲面的分类、同调理论和同调群等内容的数学书。

[16] 一楽重雄. 位相幾何学　新数学講座8[M]. 東京：朝倉書店，1993.

《拓扑几何学》是一本介绍了拓扑空间、基本群、覆叠空间、若尔当曲线定理、闭曲面的分类和同调群等内容的拓扑几何学教科书。

[17] 田村一郎. トポロジー[M]. 東京：岩波書店，1972.

《拓扑学》是一本介绍了拓扑图形、同调群和基本群等拓扑几何学内容的数学书，透镜空间、正十二面体空间也有涉及。

[18] 小島定吉. トポロジー入門[M]. 東京：共立出版，1998.

《拓扑学入门》是一本介绍了同伦、黎曼曲面、基本群、覆叠空间、上同调和同调等内容的教科书。

[19] 阿原一志. 計算で身につくトポロジー[M]. 東京：共立出版，2013.

《通过计算掌握拓扑学》是一本介绍同调群和曲面分类定理的教科书(本书第 2 章的展开图和连通和参考了这本书)。

[20] 大田春外. 楽しもう射影平面[M]. 東京：日本評論社，2016.

《射影平面》是一本使用闭曲面分类定理和笛沙格定理讲解射影平面的数学书(本书第 2 章参考了这本书)。

曲面论和流形

[21] H.S.M Coxeter. Introduction to Geometry[M]. New York: Wiley , 1989.

《几何学导引》是使用变换群描述几何学的教科书，后半部分介绍了射影几何、双曲几何、曲线和曲面中的微分几何、高斯－博内定理和曲率等内容(本书第 8 章参考了这本书的内容)。

[22] 梅原雅顕，山田光太郎. 曲線と曲面(改訂版)[M]. 東京：裳華房，2015.

《曲线与曲面(修订版)》是一本从曲线、曲面和流形理论的角度解析曲面论的教科书(本书第 8 章中球面几何的求三角形面积的问题参考了这本书的内容)。

[23] サイエンス社. 数理科学 特集・ガウス[J]. 2017,12. 東京:サイエンス社,2017.

《数理科学之高斯特辑》介绍了在很多领域大显身手的高斯的事迹(本书第 8 章参考了这本书的内容)。

[24] 寺阪英孝,静間良次. 19世紀の数学 幾何学II(数学の歴史8-b)[M]. 東京:共立出版,1982.

《19 世纪的数学:几何学 2(数学历史 8-b)》是高斯《曲面论》的译本(本书第 8 章参考了这本书)。

[25] Bernhard Riemann. Ueber die Hypothesen, welche der Geometrie zu Grunde liegen[R]. 1854.

"论作为几何学基础的几个假设"是 1854 年黎曼就任演讲的内容。

非欧几何

[26] 欧几里得. 几何原本[M]. 张卜天,译. 北京:商务印书馆,2020.

本书第 4 章参考了《几何原本》的内容。

[27] 小林昭七. ユークリッド幾何から現代幾何へ[M]. 東京:日本評論社,1990.

《从欧几里得集合到现代几何》是一本从欧几里得几何、非欧几何、黎曼几何的角度介绍双曲几何的数学书。

[28] 阿原一志. 作図で身につく双曲幾何学[M]. 東京:共立出版,2016.

《通过绘图掌握双曲几何学》一书中使用了绘图软件 GeoGebra 描绘具体图形,以此来介绍双曲几何。

[29] 深谷賢治. 双曲幾何[M]. 東京:岩波書店,2004.

《双曲几何》是一本介绍作为非欧几何分支的双曲几何的数学书。

[30] 土橋宏康. 双曲平面上の幾何学[M]. 東京:内田老鶴圃,2017.

《双曲平面上的几何学》是一本讨论笛沙格定理和帕斯卡定理在双曲平面上是否成立的数学书。书中有许多图形描绘在庞加莱圆盘模型上。

[31] H.S.M Coxeter. Introduction to Geometry[M]. New York: Wiley, 1989.

《几何学导引》是使用变换群描述几何学的教科书，前半部分描述了欧几里得平面和欧几里得空间中的等距变换和相似变换，并从群的角度分析了埃舍尔的版画。

傅里叶展开式、热传导方程、微分方程

[32] 志賀浩二. 数学が育っていく物語　第3週　積分の世界(一様収束とフーリエ級数)[M]. 東京：岩波書店，1994.

《数学发展故事：第3周 积分的世界(一致收敛性和傅里叶级数)》是一本以浅显易懂的方式介绍傅里叶分析的数学书(本书第9章参考了这本书的内容)。

[33] 小暮陽三. なっとくするフーリエ変換[M]. 東京：講談社，1999.

《令人信服的傅里叶变换》是一本通过具体计算来讲解傅里叶级数、傅里叶变换和傅里叶分析的参考书(本书第9章和第10章参考了这本书的内容)。

[34] 威廉·蒂莫西·高尔斯. 普林斯顿数学指南[M]. 齐民友，译. 北京：科学出版社，2014.

《普林斯顿数学指南》是一本从各个角度解析和总结数学的综合图书(本书第10章参考了这本书的内容)。

[35] 前野昌弘. ヴィジュアルガイド　物理数学　1変数の微積分と常微分方程式[M]. 東京：東京図書，2016.

《Visual Guide 物理数学：单变量微积分和常微分方程》一书使用丰富的图例，以简单易懂的方式介绍了微积分和常微分方程的相关内容。

[36] 前野昌弘. ヴィジュアルガイド　物理数学　多変数関数と偏微分[M]. 東京：東京図書，2017.

《Visual Guide 物理数学：多变量函数和偏微分》一书使用丰富的图例，以简单易懂的方式介绍了多变量函数和偏微分的相关内容。

庞加莱猜想

[37] アンリ　ポアンカレ．ポアンカレトポロジー[C]．齋藤利弥，訳．東京：朝倉書店，1996．

《庞加莱：拓扑学》是有关庞加莱猜想的四篇论文的合集。在卷末附录中，松本幸夫讲解了拓扑学的基本猜想、三角形分割问题和庞加莱猜想等内容。

[38] 数学セミナー編集部．数学セミナー増刊：解決！ポアンカレ予想[J]．東京：日本評論社，2007．

《数学讲座增刊：解决！庞加莱猜想》记述了庞加莱猜想的相关内容。杂志收集了多位作者的文章，内容涉及庞加莱猜想、瑟斯顿几何化猜想、哈密顿里奇流方程以及佩雷尔曼证明庞加莱猜想所用到的方法等。

[39] Michael Monastyrsky. Modern Mathematics in the Light of the Fields Medals[M]. Natick：A K Peters，1998.

《从菲尔兹奖看现代数学》一书以菲尔兹奖为中心介绍了现代数学，简洁地总结了佩雷尔曼的贡献。

[40] Stephen Smale. Generalized Poincare's Conjecture in Dimensions Greater Than Four[D]. The Annals of Mathematics, 1961:391-406.

《广义庞加莱猜想》是斯梅尔证明高维庞加莱猜想的论文。

[41] Michael Hartley Freedman. The topology of four-dimensional manifolds[D]. Journal of differential Geometry，1982:357-453.

《四维流形的拓扑》是弗里德曼证明四维庞加莱猜想的论文。

[42] 小林亮一．リッチフローと幾何化予想[M]．東京：培風館，2011．

《里奇流和几何化猜想》一书详细介绍了哈密顿和佩雷尔曼是如何解决瑟斯顿几何化猜想的。

已出版的《数学女孩》系列

[43] 结城浩. 数学女孩[M]. 朱一飞，译. 北京：人民邮电出版社，2016.

该书是《数学女孩》系列的第一部作品，描写了“我”、米尔嘉和泰朵拉三人的邂逅和之后发生的故事。内容涉及质数、绝对值、斐波那契数列、卷积、调和数、泰勒展开和分拆数等。

[44] 结城浩. 数学女孩2：费马大定理[M]. 丁灵，译. 北京：人民邮电出版社，2016.

该书是《数学女孩》系列的第二部作品。在这本书中，出场人物增加了初中生尤里，她和高中生三人组一起为了求整数的“真实的样子”而踏上旅途。内容涉及互质、勾股定理、分解质因数、最大公约数、最小公倍数、反证法、群的定义、阿贝尔群、同构、欧拉公式和费马大定理等。

[45] 结城浩. 数学女孩3：哥德尔不完备定理[M]. 丁灵，译. 北京：人民邮电出版社，2017.

该书是《数学女孩》系列的第三部作品。书中描写了高中生三人组和尤里利用形式系统“把数学数学化”的故事。内容涉及皮亚诺公理、数学归纳法、罗素悖论、映射、极限、数理逻辑学、对角论证法、等价关系、希尔伯特计划和哥德尔不完备定理等。

[46] 结城浩. 数学女孩4：随机算法[M]. 丛熙，江志强，译. 北京：人民邮电出版社，2019.

该书是《数学女孩》系列的第四部作品。主人公们迎来了新的学年，计算机少女理纱登场。在这本书中，主人公们使用概率论探索随机算法的可能性，学习如何定量解析算法。内容涉及蒙提霍尔问题、排列组合、帕斯卡三角形、概率、样本空间、概率分布、期望、线性法则、矩阵、顺序查找算法、二分查找算法、冒泡排序算法和快速排序算法等。

[47] 结城浩. 数学女孩5：伽罗瓦理论[M]. 陈冠贵，译. 北京：人民邮

电出版社，2021.

该书是《数学女孩》系列的第五部作品。出场人物依旧，整本书讲述了几位主人公学习伽罗瓦提出的群论和现代代数学基本内容的故事。内容涉及鬼脚图、方程的求根公式、根与系数的关系、三等分角、尺规作图、线性空间、拉格朗日预解式、群与域、阿贝尔群、循环群、对称群、正规子群、拉格朗日定理、最小多项式、既约多项式、扩大域和伽罗瓦对应等。

她之所以知道很多东西，是因为她一直在学习。

这不是理所当然的吗？

——《数学女孩 6：庞加莱猜想》

版 权 声 明